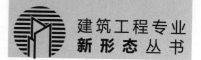

建筑工程专业
新形态丛书

建筑施工组织与项目管理

刘跃伟 主编　　　　兰 茗　刘忠洪　副主编

化学工业出版社
·北京·

内 容 简 介

本书以《建设工程项目管理规范》（GB/T 50326—2017）为基础，以建设工程项目施工阶段的管理为核心，突出建筑工程施工组织设计的内容。本书包括 8 个项目：项目 1 主要介绍建设工程项目与建设工程项目管理的基本概念，熟悉建设工程项目管理的内容、程序；项目 2 主要介绍建设工程项目组织机构的组织与运行、施工准备的内容；项目 3 主要介绍编制流水施工进度计划的方法；项目 4 主要介绍编制工程网络计划的方法；项目 5 和项目 6 主要介绍施工组织设计的内容及编制程序，施工方案选择、施工进度计划和施工平面图设计等；项目 7 主要介绍施工项目的进度管理、质量管理、成本管理、安全管理、现场管理、风险管理和合同管理的基本内容和基本方法；项目 8 主要介绍竣工验收的内容与程序，项目保修与回访的要求等。

本书可供大专院校建筑工程技术、工程造价等相关专业师生使用，也可供从事土建工程施工的技术人员、施工管理人员参考。

图书在版编目（CIP）数据

建筑施工组织与项目管理/刘跃伟主编；兰茗，刘忠洪副主编. —北京：化学工业出版社，2023.1
（建筑工程专业新形态丛书）
ISBN 978-7-122-42352-8

Ⅰ.①建…　Ⅱ.①刘…②兰…③刘…　Ⅲ.①建筑工程-施工组织-高等职业教育-教材②建筑工程-施工管理-高等职业教育-教材　Ⅳ.①TU7

中国版本图书馆CIP数据核字（2022）第188977号

责任编辑：徐　娟　　　　　　　　　文字编辑：徐照阳　陈小滔
责任校对：杜杏然　　　　　　　　　装帧设计：王晓宇

出版发行：化学工业出版社（北京市东城区青年湖南街13号　邮政编码100011）
印　　刷：三河市航远印刷有限公司
装　　订：三河市宇新装订厂
787mm×1092mm　1/16　印张15　字数392千字　2023年4月北京第1版第1次印刷

购书咨询：010-64518888　　　　　　售后服务：010-64518899
网　　址：http://www.cip.com.cn
凡购买本书，如有缺损质量问题，本社销售中心负责调换。

定　　价：68.00元

丛书编委会名单

丛书主编：卓　菁

丛书主审：卢声亮

编委会成员（按姓氏汉语拼音排序）：

丁　斌　方力炜　黄泓萍　李建华

刘晓霞　刘跃伟　卢明真　彭雯霏

陶　莉　吴庆令　臧　朋　赵　志

百年大计，教育为本；教育大计，教材为基。教材是教学活动的核心载体，教材建设是直接关系到"培养什么人""怎样培养人""为谁培养人"的铸魂工程。建筑工程专业新形态丛书紧跟建筑产业升级、技术进步和学科发展变化的要求，以立德树人为根本任务，以工作过程为导向，以企业真实项目为载体，以培养建设工程生产、建设、管理和服务一线所需要的高素质技术技能人才为目标。依托国家教学资源库、MOOC 等在线开放课程、虚拟仿真资源等数字化教学资源同步开发和建设，数字资源包括教学案例、教学视频、动画、试题库、虚拟仿真系统等。

建筑工程专业新形态丛书共 8 册，分别为《建筑施工组织与项目管理》（主编刘跃伟）、《建筑制图与 CAD》（主编卢明真、彭雯霏）、《Revit 建筑建模基础与实战》（主编赵志）、《建设工程资料管理》（主编李建华、丁斌）、《建筑材料》（主编吴庆令、黄泓萍）、《结构施工图识读与实战》（主编陶莉）、《平法钢筋算量（基于 16G 平法图集）》（主编臧朋）、《安装工程计量与计价》（主编刘晓霞、方力炜）。本丛书的编写具备以下特色。

1. 坚持以习近平新时代中国特色社会主义思想为指导，牢记"三个地"的政治使命和责任担当，对标建设"重要窗口"的新目标新定位，按照"把牢方向、服务大局，整体设计、突出重点，立足当下、着眼未来"的原则整体规划，切实发挥教材铸魂育人的功能。

2. 对接国家职业标准，反映我国建筑产业升级、技术进步和学科发展变化要求，以提高综合职业能力为目标，以就业为导向，理论知识以"必需"和"够用"为原则，注重职业岗位能力和职业素养的培养。

3. 融入"互联网+"思维，将纸质资源与数字资源有机结合，通过扫描二维码，为读者提供文字、图片、音频、视频等丰富学习资源，既方便读者随时随地学习，也确保教学资源的动态更新。

4. 校企合作共同开发。本丛书由企业工程技术人员、学校一线教师共同完成，教师到一线收集企业鲜活的案例资料，并与企业技术专家进行深入探讨，确保教材的实用性、先进性并能反映生产过程的实际技术水平。

为确保本丛书顺利出版，我们在一年前就积极主动联系了化学工业出版社，我们学术团队多次特别邀请了出版社的编辑线上指导本丛书的编写事宜，并最终敲定了部分图书选择活页式形式，部分图书选择四色印刷。在此特别感谢化学工业出版社给予我们团队的大力支持与帮助。

我作为本丛书的丛书主编深知责任重大，所以我直接参与了每一本书的编撰工作，认真地进行了校稿工作。在编写过程中以丛书主编的身份多次召集所有编者召开专业撰写书稿推进会，包括体例设计、章节安排、资源建设、思政融入等多方面工作。另外，卢声亮博士作为本系列丛书的主审，也对每本书的目录、内容进行了审核。

虽然在编写中所有编者都非常认真地多次修正书稿，但书中难免还存在一些不足之处，恳请广大的读者提出宝贵的意见，便于我们再版时进一步改进。

温州职业技术学院教授　卓菁

2021 年 5 月 31 日　于温州职业技术学院

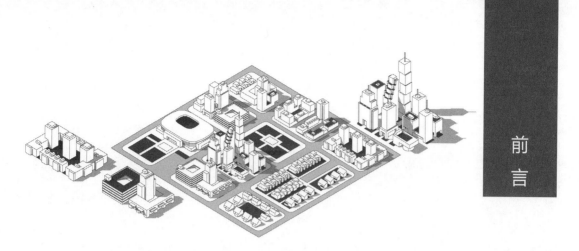

　　我国土木工程建设正处于向智能化转型的过程中，这对工程项目管理提出了更高的要求。工程项目管理对建设项目全生命周期进行"三控三管一协调"以及资源优化，对保证工程整体质量、提高投资效益、实现安全施工有着重要的意义。工程项目管理涵盖规划论证、勘测设计、招投标施工、保修、运营管理等多个阶段，其中施工阶段是工程建设管理极为重要的阶段。建设工程项目管理和施工组织设计是建筑工程类专业和工程管理类专业的核心课程。本书以培养建筑工程技术与管理领域的高层次技术技能型人才为目标，介绍建设工程项目管理和施工组织设计的基本理论和基本方法，使读者具备建设工程项目管理知识，培养读者从事建设工程项目管理的基本能力。本书以国家标准《建设工程项目管理规范》（GB/T 50326—2017）为基础，以建设工程项目施工阶段的管理为核心，突出建筑工程施工组织设计的内容，将项目管理的理论融入其中，形成适合于高等职业教育建筑工程及工程管理类专业课程体系要求的知识体系。

　　建设工程项目管理是一门实践性很强的课程。本书始终以"素质为本、能力为主"的原则进行编写，努力体现高层次技术技能型人才的教学特点，并结合现行建筑工程施工项目管理特点精选内容。本书包括 8 个项目，分别为：项目 1 建设工程项目管理概述，主要介绍建设工程项目与建设工程项目管理的基本概念，熟悉建设工程项目管理的内容、程序；项目 2 建设工程项目管理组织与施工准备，主要介绍建设工程项目组织机构的组织与运行、施工准备的内容；项目 3 流水施工计划，主要介绍编制流水施工进度计划的方法；项目 4 工程网络计划技术，主要介绍编制工程网络计划的方法；项目 5 施工组织总设计和项目 6 单位工程施工组织设计，主要介绍施工组织设计的内容及编制程序，施工方案选择、施工进度计划和施工平面图设计等；项目 7 施工项目管理，主要介绍施工项目的进度管理、质量管理、成本管理、安全管理、现场管理、风险管理和合同管理的基本内容和基本方法；项目 8 工程项目收尾管理，主要介绍竣工验收的内容与程序，项目保修与回访的要求等。

　　本书建议课时数 68，同时建议安排一定的实训课时。

　　本书由温州职业技术学院刘跃伟主编，兰茗、刘忠洪任副主编，参加编写的还有温州职业技术学院李建华、丁斌、陶莉等，以及浙江大成建设工程项目管理有限公司王任等。

　　由于编者水平有限，本书中难免存在不足之处，恳请读者批评指正。

编者

2022 年 10 月

目 录

二维码清单

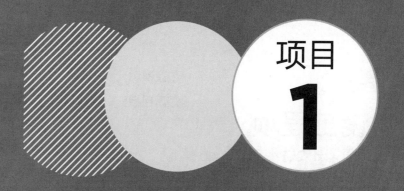

项目
1

建设工程项目管理概述

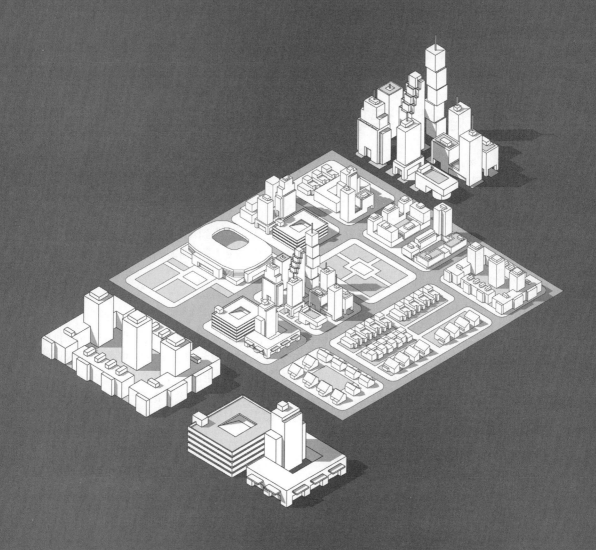

任务1.1

建设工程项目管理的特点与工程建设程序

建议课时： 1学时

知识目标： 掌握建设工程项目与建设工程项目管理的基本概念；熟悉建设工程项目及其建设程序；熟悉建设工程项目管理的内容、程序和类型；掌握建设工程项目管理及各方项目管理的目标和任务。

能力目标： 能规划建设工程项目建设程序；能组织建设工程项目管理的参与方；选用并绘制项目管理组织结构图。

思政目标： 提高对事物进行概念界定和属性分析的科学素养；培养对建设工程项目管理基本知识的认知能力；学会用系统的方法处理施工项目管理问题。

1.1.1　建设工程项目的概念与特点

1.1.1.1　概念

项目是指在一定的约束条件下，具有特定目标的一次性任务。建设工程项目是为完成依法立项的新建、扩建、改建工程而进行的，有起止日期的，达到规定要求的一组相互关联的受控活动，包括策划、勘察、设计、采购、施工、试运行、竣工验收和考核评价等阶段。本书所述的"项目"一般特指"建设工程项目"。

1.1.1.2　特点

（1）目标明确性。任何建设工程项目都有明确的建设目标，包括宏观目标和微观目标。政府主管部门主要审核项目的宏观经济效果、社会效果和环境效果；企业则更多重视项目的盈利能力等微观财务目标。每个建设工程项目的最终产品都有特定的用途和功能。

（2）一次性。建设工程项目的一次性主要是指建设工程项目设计的单一性和施工的单件性。建设工程项目不是批量生产。每个建设工程项目建设的时间、地点、条件和从事建设的人员等会有诸多差别，因此其具有一次性。

（3）不可逆转性。建设工程项目实施完成后，很难推倒重来，否则将会造成极大的损失。因此，建设工程项目具有不可逆转性。

（4）约束性。建设工程项目目标的实现要受多方面因素的约束，具体包括：质量约束，即建设工程项目要达取预期的使用要求；时间约束，即每个建设工程项目都有合理的工期限制；资金约束，即每个建设工程项目都要在一定的投资限额内完成；空间约束，即建设工程项目要在一定的空间范围内通过科学合理的方法来组织完成。

（5）投资风险性。建设工程项目投资巨大，建设工程项目的一次性及建设时间长等特点导致其不确定因素多、投资风险大。

（6）管理的复杂性。建设工程项目在实施过程中参与单位众多，各单位之间沟通、协调困难，导致管理过程复杂，管理难度大。

1.1.2　建设工程项目管理的概念与特点

1.1.2.1　概念

建设工程项目管理是运用系统的理论和方法，对建设工程项目进行的计划、组织、指挥、协调和控制等专业化活动，简称项目管理。

1.1.2.2　特点

（1）一次性。建设工程项目的一次性，决定了建设工程项目管理的一次性特征。没有完全相同的建设工程项目管理经验可以借鉴、重复。

（2）全过程性和综合性。建设工程项目的各阶段既有明显界限，又相互有机衔接，不可间断，这就决定了建设工程项目管理是对项目生命周期全过程的综合管理，如对项目可行性研究、勘察设计、招标投标、施工等各阶段全过程的管理，在每个阶段中又包含进度、质量、投资（成本）、安全的管理。因此，建设工程项目管理是全过程的综合性管理。

（3）动态性。建设工程项目在实施过程中，不同的阶段有着不同的工作内容和工作重点，不论进度还是质量以及费用各种因素都是动态变化的，为了保证建设工程项目按照计划完成，必须在建设工程项目实施过程中采用动态控制的方法。

（4）强约束性。任何建设工程项目都有明确的目标，即限定的进度、质量、投资（成本）、安全等要求，各种要求之间相互影响和制约，一旦某些方面的约束被突破，则可能对其他方面造成不利的影响，进而影响项目整体目标的实现，所以建设工程项目管理是一种强约束性管理。建设工程项目管理的重点在于管理者如何在不超越限制条件的前提下，充分调动和利用各种资源，完成既定任务，达到预期目标。

1.1.3　一般建设工程项目的建设程序

项目管理流程应包括启动、策划、实施、监控和收尾过程，各个过程之间既相对独立，又相互联系。启动过程应明确项目概念，初步确定项目范围，识别影响项目最终结果的内外部相关方。策划过程应明确项目范围，协调项目相关方期望，优化项目目标，为实现项目目标进行项目管理规划与项目管理配套策划。实施过程应按项目管理策划要求组织人员和资源，实施具体措施，完成项目管理策划中确定的工作。监控过程应对照项目管理策划，监督项目活动，分析项目进展情况，识别必要的变更需求并实施变更。收尾过程应完成全部过程或阶段的所有活动，正式结束项目或阶段。

建设工程项目的全寿命周期包括项目的决策、实施和使用三大阶段，又可详细地划分为7个阶段，如图1-1所示。

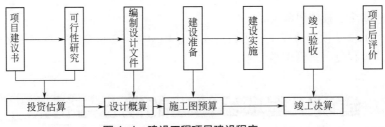

图1-1　建设工程项目建设程序

1.1.3.1　项目建议书阶段

项目建议书阶段，也称初步可行性研究阶段。项目建议书是项目法人向国家提出的，要求建设某一工程项目的建议性文件，是对拟建项目轮廓的设想，是从拟建项目的必要性及条件的可行性和获得的可能性方面进行的初步说明，供基本建设管理部门选择并确定是否进行下一步工作。

1.1.3.2　可行性研究阶段

项目建议书批准后，即可进入可行性研究阶段。可行性研究的内容和主要任务是在项目决策前，通过对项目有关的工程、技术、经济等各方面条件和情况进行调查、研究、分析，对各种可能的建设方案和技术方案进行比较并充分地论证，并对项目建成后的经济效益进行预测和评价，由此考察项目技术上的先进性和适用性、经济上的盈利性和合理性、建设的可能性和可行性，为项目最终决策提供直接的依据。

可行性研究一般应包括以下内容。

（1）投资必要性。主要根据市场调查及预测的结果，以及有关的产业政策等因素，论证项目投资建设的必要性。

（2）技术可行性。主要从项目实施的技术角度，合理设计技术方案，并进行比选和评价。

（3）财务可行性。主要从项目及投资者的角度，设计合理的财务方案，从企业理财的角度进行资本预算，评价项目的财务盈利能力，进行投资决策，并从融资主体（企业）的角度评价股东投资收益、现金流量计划及债务清偿能力。

（4）组织可行性。制定合理的项目实施进度计划、设计合理的组织机构、选择经验丰富的管理人员、建立良好的协作关系、制定合适的培训计划等，保证项目顺利执行。

（5）经济可行性。主要是从资源配置的角度衡量项目的价值，评价项目在实现区域经济发展目标、有效配置经济资源、增加供应、创造就业、改善环境、提高人民生活水平等方面的效益。

（6）社会可行性。主要分析项目对社会的影响，包括政治体制、方针政策、经济结构、法律道德、宗教民族、妇女儿童及社会稳定性等。

（7）风险因素及对策。主要是对项目的市场风险、技术风险、财务风险、组织风险、法律风险、经济及社会风险等因素进行评价，制定规避风险的对策，为项目全过程的风险管理提供依据。

在可行性研究的基础上编写的可行性研究报告，经评估后按项目审批权限由各级审批部门进行审批。可行性研究报告经批准后，项目才算正式立项。批准后的可行性研究报告是初步设计的依据，不得随意修改或变更。

1.1.3.3　编制设计文件阶段

可行性研究报告批准后，建设单位可委托设计单位，根据可行性研究报告的要求，编制设计文件。

一般建设工程项目，设计过程划分为初步设计和施工图设计两个阶段。

（1）初步设计。初步设计是项目的总体设计、布局设计，主要的工艺流程、设备的选型和安装设计，土建工程量及费用的估算等。初步设计文件应当满足编制施工招标文件、主要设备材料订货和编制施工图设计文件的需要，是技术设计和施工图设计的基础。

初步设计批准后，设计概算即为工程投资的最高限额，未经批准，不得随意突破。确因不可抗因素造成投资突破设计概算时，需上报原批准部门审批。

（2）施工图设计。施工图设计主要是根据批准的初步设计，绘制出正确、完整和尽可能详细的建筑、结构、安装图纸。施工图设计完成后，必须委托施工图设计审查单位审查并加盖审查专用章后使用。经审查的施工图设计还必须经有权审批的部门进行审批。

1.1.3.4　建设准备阶段

建设准备阶段的主要工作内容包括：征地、拆迁和场地平整；完成施工用水、电、路等工程；准备设备、材料订货；准备必要的施工图纸；组织施工招标，择优选定施工单位。

1.1.3.5　建设实施阶段

建设工程项目经批准开工后，便进入建设实施阶段。建设实施阶段是建设工程项目管理的重点阶段，在整个项目周期中工作量最大，投入的人力、物力和财力最多，管理的难度也最大。

在建设实施阶段还要进行生产准备。生产准备的内容一般包括组建组织机构，制定管理制度和有关办法；招收并培训生产人员，组织生产技术人员参加设备的安装、调试和工程验收；签订原材料、协作产品、燃料、水、电等供应及运输协议；进行工具、器具、备件、备品等制造或订购等。

1.1.3.6　竣工验收阶段

通过竣工验收是投资成果转入生产或使用的标志。当建设工程项目按照设计文件的规定内容全部完成，符合设计要求，并具备竣工图表、竣工决算、工程总结等必要文件资料时，由项目主管部门或建设单位向负责验收的单位提出竣工验收申请报告。

1.1.3.7　项目后评价阶段

建设工程项目后评价是建设工程项目竣工投产、生产运营一段时间后，对项目进行系统评价的一种技术经济活动。评价主要包括如下内容。

（1）影响评价：对项目投产后对各方面的影响进行评价。

（2）经济效益评价：对项目投资效益、国民经济效益、财务效益、技术进步和规模效益、可行性研究深度等进行评价。

（3）过程评价：对项目的立项决策、设计施工、竣工投产、生产运营等全过程进行评价。

目前我国开展的建设工程项目后评价一般按三个层次组织实施，即项目法人的自我评价、项目所在行业的评价和各级发展计划部门（或主要投资方）的评价。

1.1.4　建设工程项目管理的参与方

1.1.4.1　建设工程项目管理的主体

把建设工程项目管理的参与者称为建设工程项目管理的主体，主要包括：业主（建设单位）；承包商（施工方、建设项目总承包方）；设计单位；监理咨询机构；供货方。

与建设工程项目相关的其他主体还包括：政府的计划管理部门、建设管理部门、环境管理部门、审计部门等，它们分别对建设工程项目立项、工程建设质量、工程建设对环境的影响和工程建设资金的使用等方面进行管理。此外，还有工程招标代理公司、工程设备租赁公司、保险公司、银行等，它们均与建设工程项目业主方签订合同，提供服务或产品等。

项目建设相关责任方应在各自的实施阶段和环节，明确工作责任，实施目标管理，确保项目正常运行。项目各相关责任方应建立协同工作机制，宜采用例会、交底及其他沟通方式，避免项目运行中的障碍和冲突。建设单位应建立管理责任排查机制，按项目进度和时间节点，对各方的管理绩效进行验证性评价。

1.1.4.2　建设工程项目的主要利害关系者

建设工程项目的利害关系者是指那些积极参与该项目或其利益受到该项目影响的个人和组织。建设工程项目管理者必须明确参与本建设工程项目的利害关系者，了解各利害关系者的要求和期望，并对其要求和期望进行管理和施加影响，以确保建设工程项目获得成功。图1-2列出了建设工程项目的主要利害关系者。

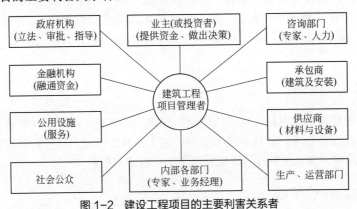

图 1-2　建设工程项目的主要利害关系者

1.1.4.3　建设工程项目管理的类型

建设工程项目在实施过程中，各阶段的任务和实施的主体不同，不同管理主体的具体管理职责、范围、采用的管理技术都会有各自的侧重，建设工程项目承包形式不同，由此就形成了建设工程项目管理的不同类型。常见的建设工程项目管理的类型可归纳为以下几种：建设方的项目管理；设计方的项目管理；施工方的项目管理；供货方的项目管理；建设项目总承包方的项目管理。

1.1.5　建设工程项目管理各方的目标和任务

1.1.5.1　建设方项目管理的目标和任务

建设方的项目管理包括投资方和开发方的项目管理，以及由工程管理咨询公司提供的代表建设方利益的项目管理服务。由于建设方是建设工程项目实施过程的人力资源、物质资源和知识的总集成者和总组织者，因此对于一个建设工程项目而言，虽然有代表不同利益方的项目管理，但建设方的项目管理是管理的核心。

建设方项目管理的目标是认真做好项目的投资机会研究，并做出正确的决策；按照设计、施工等合同的要求组织和协调建设各方的关系，实现合同规定的投资、进度、质量三大目标。

建设方的项目管理任务主要包括安全管理、投资管理、进度管理、质量管理、合同管理、信息管理、组织和协调。

1.1.5.2　设计方项目管理的目标和任务

设计方项目管理的目标包括设计的成本目标、设计的进度目标、设计的质量目标及项目的投资目标。项目的投资目标能否实现与设计工作密切相关。所以说设计方项目管理主要服务于项目的整体利益和设计方个体的利益。

设计方项目管理的主要任务包括与设计工作有关的安全管理、设计成本管理、与设计工作有关的工程造价管理、设计进度管理、设计质量管理、设计合同管理、设计信息管理，以及与设计工作有关的组织和协调等。

1.1.5.3　施工方项目管理的目标和任务

施工方是指承担施工任务的单位，包括施工总承包方、施工总承包管理方、分包施工方、建设项目总承包的施工任务执行方或仅提供施工劳务的参与方。

施工方项目管理的目标包括施工的安全目标、施工的成本目标、施工的进度目标和施工的质量目标。

施工方项目管理任务主要包括施工安全管理、施工成本管理、施工进度管理、施工质量管理、施工合同管理、施工信息管理，以及与施工有关的组织与协调。

施工方的项目管理工作主要在施工阶段进行，但也涉及设计准备阶段、设计阶段、动工前的准备阶段和保修期。

1.1.5.4　供货方项目管理的目标和任务

供货方项目管理的目标包括供货的成本目标、供货的进度目标和供货的质量目标。

主供货方项目管理的任务主要包括供货安全管理、供货成本管理、供货进度管理、供货质量管理、供货合同管理、供货信息管理，以及与供货有关的组织与协调。

供货方的项目管理工作主要在施工阶段进行，但也涉及设计准备阶段、设计阶段、动工前的准备阶段和保修期。

1.1.5.5 建设项目总承包方（建设项目工程总承包方）项目管理的目标和任务

建设项目总承包方项目管理工作涉及项目实施阶段的全过程，即设计前的准备阶段、设计阶段、施工阶段、动工前的准备阶段和保修期。

建设项目总承包有多种形式，如设计和施工任务综合的承包，设计、采购和施工任务综合的承包等，这些项目管理都属于建设项目总承包方的项目管理。

建设项目总承包方项目管理的目标包括项目的总投资目标和总承包方的成本目标、项目的进度目标和项目的质量目标。

建设项目总承包方项目管理的任务主要包括安全管理、投资控制和总承包方的成本管理、进度管理、质量管理、合同管理、信息管理，以及与建设项目总承包方有关的组织和协调。

建设工程项目管理各方的目标和任务归纳如表1-1所列。

表1-1 建设工程项目管理各方的目标和任务

序号	项目管理主体	项目管理目标	项目管理的主要任务
1	建设方（业主）	投资、进度、质量三大目标	安全管理、投资管理、进度管理、质量管理、合同管理、信息管理、组织和协调
2	设计方	设计的成本目标、设计的进度目标、设计的质量目标及项目的投资目标	与设计工作有关的安全管理，设计成本管理与设计工作有关的工程造价管理，设计进度管理，设计质量管理，设计合同管理，设计信息管理，与设计工作有关的组织和协调
3	施工方	施工的安全目标、施工的成本目标、施工的进度目标、施工的质量目标	施工安全管理，施工成本管理，施工进度管理，施工质量管理，施工合同管理，施工信息管理，以及与施工有关的组织与协调
4	供货方	供货的成本目标、供货的进度目标和供货的质量目标	供货安全管理，供货成本管理，供货进度管理，供货质量管理，供货合同管理，供货信息管理，以及与供货有关的组织与协调
5	总承包方	项目的总投资目标和总承包方的成本目标、项目的进度目标和项目的质量目标	安全管理，投资控制和总承包方的成本管理，进度管理，质量管理，合同管理，信息管理，以及与建设项目总承包方有关的组织和协调

案例：黄河万家寨水利枢纽工程参建各方简介　　　　规范：基本规定

任务1.2 施工项目管理

建议课时： 1学时

知识目标： 掌握施工项目管理的基本概念；熟悉施工项目管理的内容、程序和类型。

能力目标： 能规划施工项目执行程序；能制定施工项目的内容。

思政目标： 提高对事物进行概念界定和属性分析的科学素养；培养对建设工程项目管理基本知识的认知能力；学会用系统的方法处理施工项目管理问题。

施工项目管理一般是指施工方的建设工程项目管理，亦指施工方通过投标取得工程承包任务，根据承包合同界定的工程范围，运用系统的观点、理论和科学技术对建设工程项目所进行的计划、组织、指挥、协调和控制等专业化活动。

1.2.1　施工项目管理的阶段

1.2.1.1　投标签约阶段

本阶段是施工项目管理的第一阶段。在本阶段施工方根据招标广告或招标邀请函，做出投标决策，参与投标直至中标签约。本阶段的管理目标是签订工程承包合同，主要工作如表 1-2 所列。

1.2.1.2　施工准备阶段

施工企业与业主签订施工合同后，应立即选定项目经理，组建项目经理部，并以项目经理为主，与企业管理层、业主单位相互配合，进行施工准备。本阶段的主要工作如表 1-2 所列。

1.2.1.3　施工阶段

该阶段的目标是完成合同规定的全部施工任务，达到验收、交工条件。本阶段的主要工作如表 1-2 所列。

1.2.1.4　交工验收、竣工验收与结算阶段

这一阶段的目标是对项目成果进行总结、评价，清理各种债权和债务，移交工程和相关资料，项目经理部解体。本阶段的主要工作如表 1-2 所列。

1.2.1.5　用后服务阶段

在保修期内根据"工程质量保修书"的约定进行项目回访保修，保证使用单位正常使用，发挥效益。本阶段的主要工作如表 1-2 所列。

表 1-2　施工项目全过程各阶段的主要工作

	阶段	管理目标	主要工作
施工项目全过程	（1）投标签约阶段	签订工程承包合同	①施工方从经营战略的高度做出是否投标的决策
			②收集与项目相关的建筑市场、竞争对手、企业自身的信息
			③编制项目管理规划大纲，编制既能使企业盈利又有竞争力的投标书进行投标
			④如中标，则与招标方谈判，按照平等互利、等价有偿的原则依法签订工程承包合同
	（2）施工准备阶段	组建项目经理部；进行施工准备	①成立项目经理部，根据施工管理需要组建机构，配备相关人员
			②编制项目管理实施规划，用以指导施工项目实施阶段管理
			③进行施工现场准备，使现场具备开工条件
			④编报开工报告，待批开工
	（3）施工阶段	完成合同规定的全部施工任务，达到验收、交工条件	①根据项目管理实施规划安排施工，进行管理
			②努力做好各项控制工作，保证质量目标、进度目标、成本目标、安全目标的实现
			③做好施工现场管理，文明施工
			④严格履行工程承包合同，做好组织协调工作，做好合同变更与索赔工作
	（4）交工验收、竣工验收与结算阶段	项目总结、评价，清理各种债权和债务，移交工程和相关资料	①工程收尾
			②试运转
			③在预验收基础上正式验收
			④整理、移交竣工文件，进行财务结算，总结工作，编制竣工报告
			⑤办理工程交付手续
			⑥项目经理部解体
	（5）用后服务阶段	根据"工程质量保修书"的约定进行项目回访保修	①向用户进行必要的技术咨询服务
			②工程回访，听取使用单位意见，总结经验教训，根据使用中出现的问题，进行必要的维护、维修和保修
			③进行沉陷、抗震等观察

1.2.2　施工项目管理的内容

施工项目管理内容包括：建立施工项目管理组织，编制"项目管理规划大纲"和"项目管理实施规划"，进度管理，质量管理，职业健康安全管理，成本管理，资源管理（人力资源管理、材料管理、机械设备管理、技术管理、资金管理），合同管理，采购管理，环境管理，信息管理，风险管理，沟通管理，后期管理。

1.2.2.1　建立施工项目管理组织

（1）由企业选聘称职的施工项目经理。
（2）根据施工项目组织原则，选用符合施工企业特点的组织形式，组建施工项目管理机构，明确责任、权限和义务。

（3）在遵守企业规章制度的前提下，根据施工项目管理的需要，制定施工项目管理制度。

1.2.2.2　编制施工项目管理规划

项目管理规划包括项目管理规划大纲和项目管理实施规划两大类。施工项目管理规划大纲是由企业管理层在投标之前编制的作为满足招标文件要求及签订合同要求的文件，是投标依据。施工项目管理实施规划是在开工之前由项目经理主持编制的指导施工项目实施阶段管理的文件。

1.2.2.3　进行施工项目的目标管理

施工项目的控制目标包括进度、质量、成本、职业健康安全、现场控制目标。应坚持以控制论原理和理论为指导，进行全过程的科学管理。由于在施工项目目标的控制过程中，会不断受到各种客观因素和各种风险因素的干扰，故应通过组织协调和风险管理，对施工项目目标进行动态管理。

1.2.2.4　施工项目的资源管理

施工项目的资源主要包括人力资源、材料、机械设备、资金和技术（即5M）。施工项目资源管理的内容如下。

（1）分析各项资源的特点。

（2）按照一定原则、方法对施工项目资源进行优化配置，并对配置状况进行评价。

（3）对施工项目的各项资源进行动态管理。

1.2.2.5　施工项目的合同管理

施工项目必须依法签订合同，进行履约经营。要从招投标开始，加强工程承包合同的策划、签订、履行和管理，还必须注意处理好索赔。

1.2.2.6　施工项目的采购管理

施工项目在实施过程中的材料和设备采购工作应符合有关合同、设计文件所规定的数量、技术要求和质量标准，符合进度、安全、环境和成本管理等要求。施工方应设置采购部门，制定采购管理制度、工作程序和采购计划。

物资供应和服务单位应通过合格评定。采购过程中应按规定对产品或服务进行检验，对不符合要求或不合格品应按规定处置。

采购资料应真实、有效、完整，具有可追溯性。

1.2.2.7　施工项目的信息管理

施工项目管理需要依靠大量信息及对大量信息的管理。信息管理要依靠计算机辅助进行，依靠网络技术形成项目管理系统。要特别注意信息的收集与储存。

1.2.2.8　施工项目的风险管理

施工项目风险管理过程应包括施工项目实施全过程的风险识别、风险评估、风险响应和风险控制。

1.2.2.9　施工项目的沟通管理

沟通管理是指正确处理各种关系。沟通管理的内容包括人际关系、组织关系、配合关系、供求关系及约束关系的沟通协调。这些关系发生在施工项目管理组织内部、施工项目管理组织与其外部相关单位之间。所以要使用一定的组织形式、手段和方法进行沟通管理。

1.2.2.10　施工项目的后期管理

项目的后期管理是管理的总结阶段，它是对管理计划、执行、检查阶段经验和问题的提炼，又是进行新的管理的信息来源，其经验可作为新的管理制度和标准的参考，其问题有待于下一循环管理予以解决。由于项目具有一次性特点，因此其管理更应注意总结。

1.2.3　施工项目管理的程序

施工项目管理的程序依次为：

（1）编制项目管理规划大纲；

（2）编制投标书并进行投标；

（3）签订施工合同；

（4）选定项目经理；

（5）项目经理接受企业法定代表人的委托组建项目经理部；

（6）企业法定代表人与项目经理签订"项目管理目标责任书"；

（7）项目经理部编制"项目管理实施规划"；

（8）进行项目开工前的准备；

（9）施工期间按"项目管理实施规划"进行各项管理；

（10）在项目收尾阶段进行竣工结算、清理各种债权和债务、移交工程和相关资料；

（11）进行经济分析，做出项目管理总结报告并送企业管理层有关职能部门；

（12）企业管理层组织考核委员会对项目管理工作进行考核评价并兑现"项目管理目标责任书"中的奖惩承诺；

（13）项目经理部解体；

（14）在保修期满前企业管理层根据"工程质量保修书"的约定进行项目回访保修。

思考与练习

一、选择题

1.关于业主方项目管理目标和任务的说法，正确的是（　　）。

A.业主方的进度目标指项目交付使用的时间目标

B.业主方的投资目标指项目的施工成本目标

C.投资控制是业主方项目管理任务中最重要的任务

D.业主方项目管理任务不包括设计阶段的信息管理

2.根据《建设项目工程总承包管理规范》（GB/T 50358—2017），下列项目总承包方的工作中，首先应进行的是（　　）。

A.进行项目策划

B. 召开开工会议

C. 任命项目经理

D. 施工开工准备

3. 建设工程项目总承包方项目管理工作涉及（　　　）的全过程。

A. 决策阶段

B. 实施阶段

C. 使用阶段

D. 全寿命阶段

4. 关于施工方项目管理目标和任务的说法，正确的是（　　　）。

A. 施工方项目管理仅服务于施工方本身的利益

B. 施工方项目管理不涉及动工前准备阶段

C. 施工方成本目标由施工企业根据其生产和经营情况自行确定

D. 施工方不对业主方指定分包承担的目标和任务负责

5. 关于建设工程管理内涵的说法，正确的是（　　　）。

A. 建设工程项目管理和设施管理即为建设工程管理

B. 建设工程管理不涉及项目使用期的管理方对工程的管理

C. 建设工程管理是对建设工程的行政事务管理

D. 建设工程管理工作是一种增值服务

二、简答题

1. 什么叫建设工程项目？简述建设工程项目的特征。

2. 什么叫建设工程项目管理？简述建设工程项目管理的特点。

3. 简述建设工程项目的建设程序。

4. 建设工程项目管理的主体包括哪些？各方项目管理的目标和任务分别是什么？

5. 施工项目管理的全过程包括哪几个阶段？施工项目管理的内容包括哪些？简述施工项目管理的程序。

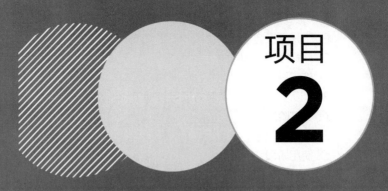

项目
2

建设工程项目管理组织与施工准备

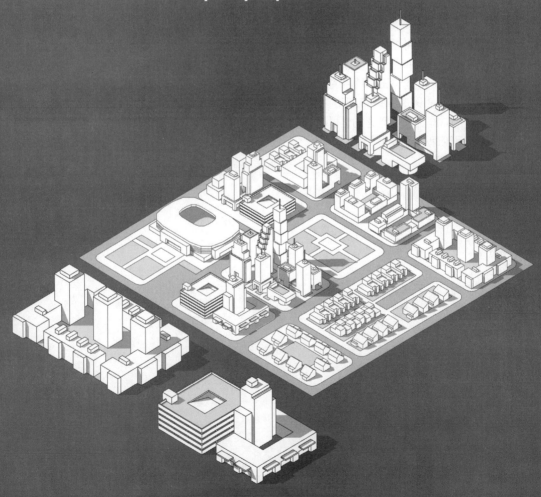

任务2.1

建设工程项目组织

建议课时: 2学时

知识目标: 掌握建设工程项目组织机构的基本概念；熟悉建设工程项目组织机构的类型；了解建设工程项目参与各方之间的经济法律关系和工作关系。

能力目标: 能识别各种建设工程项目组织方式的特点；能选择建设工程项目组织方式。

思政目标: 提高对组织工作的重视，加强责任与义务的观念；学会用系统的观点分析和处理建设工程项目管理组织问题。

2.1.1　建设工程项目组织机构的作用

建设工程项目组织是指为完成特定的建设工程项目任务而建立并从事建设工程项目具体工作的组织。该组织是在建设工程项目寿命期内临时组建的，是暂时的，是有时效性的，只是为完成特定的目标而建立的。

项目组织是对项目的最终成果负责的组织。其项目的生产过程和任务可以由不同部门甚至不同企业承担，形成一个新的独立于职能部门的项目管理部门，通过综合、协调、激励，共同完成目标任务。

建设工程项目组织机构的作用如下。

（1）组织机构的建立是施工项目管理的组织保证。项目经理在启动项目管理之前，首先要进行组织准备，建立一个能完成管理任务、令项目经理指挥灵便、运转自如、效率很高的项目组织机构，即项目经理部，其目的就是提供施工项目管理的组织保证。

（2）组织机构的建立便于形成一定权力的系统。组织机构的建立，首先是以法定的形式产生权力。所以施工项目组织机构的建立要伴随着授权，以便通过权力的使用来达到实现施工项目管理目标的目的。

（3）组织机构的建立便于形成责任制和信息沟通体系。责任制是施工项目组织中的核心问题。施工项目组织的每个成员都应肩负一定的责任，责任是项目组织对每个成员规定的一部分管理活动和生产活动的具体内容。

信息沟通是组织力形成的重要因素。信息产生的根源在组织活动之中，下级（下层）以报告的形式或其他形式向上级（上层）传递信息。同级不同部门之间为了相互协作而横向传递信息。越是高层领导，越需要信息，越要深入下层获得信息。领导离不开信息，有了充分的信息才能进行有效决策。

综上所述，组织机构在项目管理中是一个焦点。如果一个项目经理建立了理想有效的组织系统，他的项目管理就成功了一半。

2.1.2 建设工程项目组织的基本结构

建设工程项目中有两种工作过程：一种是为完成项目对象所必需的专业性工作过程，如产品设计、建筑施工、安装、技术鉴定等，这些工作一般由专业承包公司承担；另一种是项目管理过程，它包括专业性工作的形成及实施过程中所需的计划、协调、监督、控制等一系列项目管理工作，以及在项目的立项、实施过程中的决策和宏观控制工作。

项目组织主要是由完成项目结构图中各项工作的人、单位、部门组合起来的群体，有时还要包括为项目提供服务或与项目有某些关系的部门，如政府机关、鉴定部门等。它由项目组织结构图表示，受项目系统结构限定，按项目工作流程进行工作，其成员各自完成规定的任务和工作。

2.1.2.1 建设工程项目组织的结构层次

（1）项目的决策和管理层。该层是项目所有者或项目的上层领导者，也是项目的发起者，可能包括企业经理、对项目投资的财团、政府机构、社会团体领导等。它居于项目组织的最高层，对整个项目负责，最关心的是项目整体经济效益。

项目所有者组织一般由战略决策层和战略管理层组成。投资者通常委托一个项目管理主持人，即业主，承担项目实施全过程的主要责任和任务，通过确立目标、选择不同的方案，制定实现目标的计划，通过对项目进行宏观控制保证项目目标的实现。例如，进行项目战略决策，即确定生产规模，选择工艺方案；制定总体计划，确定项目组织战略；进行项目任务的委托，选择项目经理和承包单位；批准项目目标和设计，批准实施计划等；确定资源的使用，审定和选择建设工程项目所用材料、设备和工艺流程；决定各子项目实施次序；对项目进行宏观控制，给项目经理以持续的支持等。

（2）项目组织层。该层为项目管理者，通常是一个由项目经理领导的项目经理部。项目管理者由业主指定，为他提供有效的独立的管理服务，负责项目实施中的具体的事务性管理工作，其主要责任是实现业主的投资意图，保护业主利益，保证项目整体目标的实现。

（3）项目操作层。该层为具体项目任务的承担者，项目操作层包括承担项目工作的专业设计单位、施工单位、供应商和技术咨询工程师等。他们的主要任务和责任有：参与或进行项目设计、计划和实施控制；按合同规定的工期、成本、质量完成自己承担的项目任务；向业主和项目管理者提供信息和报表；遵守项目管理规则。

项目组织中还有可能包括上层系统（如企业部门）的组织，有项目合作或与项目相关的政府、公共服务部门等。

2.1.2.2 建设工程项目组织策划

项目组织策划过程如图2-1所示。项目组织策划是项目管理的一项重要工作，其大致过程如下。

（1）项目总目标分析及任务分解。进行项目组织策划前的项目总目标分析，完成相应阶段的技术设计和结构分解工作，这是项目组织策划的基础工作。

（2）确定项目的实施组织策略。即确定项目实施组织和项目管理模式总的指导思想。包括该项目的实施；业主的管理项目和项目控制程度。企业组织内部完成的各项工作，承包商或管理公司完成的各项工作；业主准备面对的承包商数量。业主准备投入管理力量的多少；所采用的材料和设备供应方式等。

（3）项目实施任务的委托及相关的组织工作。包括项目分标策划以及招标和合同策划工作。

（4）项目管理任务的组织工作。具体如下。

① 确定项目管理模式。即业主所采用的项目管理模式，如设计管理模式、施工管理模式、业主自己派人管理或采用监理制度。

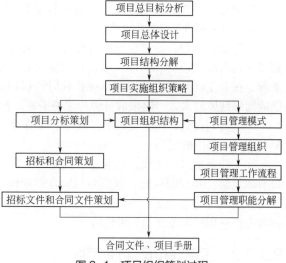

图 2-1　项目组织策划过程

② 设置项目管理组织。即业主委派项目经理（或业主代表）或委托监理单位，并构建项目管理组织体系，绘制项目管理组织图，选配具有相应能力的人员以适应项目的需求。

③ 分析项目管理工作流程。

④ 项目管理职能分解。即应将整个项目管理工作在业主自己委派的人员、委托的项目管理单位（如监理单位）和承包商之间进行分配，清楚划分各自的工作范围，分配职责，授予权力，确定协调范围。

⑤ 组织策划的结果通常由招标文件和合同文件、项目组织结构图、项目管理规范和组织责任矩阵图、项目手册等定义。

2.1.3　建设工程项目组织的基本原则

2.1.3.1　目标统一原则

要使一个组织有效地运行，各参加者必须有明确统一的目标，在项目的设计、合同、计划、组织管理规范等文件中贯彻总目标，项目的实施过程必须有统一的指挥、统一的方针和政策。

2.1.3.2　责权利平衡原则

在项目的组织设置过程中，应通过合同、计划、组织规则等文件明确定义项目投资者、业主、项目其他参加者及其他利益相关者之间的经济关系、职责和权限，它们应符合责权利平衡的原则。

（1）权责对等。项目中参加者各方的责任和权力有复杂的制约关系，责任和权益是互为前提条件的。

（2）权力制约。如果组织成员有一项权力的行使会对项目和其他方产生影响，则该项权力应受到制约，以防滥用该项权力。这种制约应体现在行使该权力就应承担相应的责任。

（3）责任制约。组织成员有一项责任或工作任务，则应有相应的权力。这个权力可能是他完成这个责任所必需的或由这个责任引申的。例如，合同规定承包商有一定责任，则他完成这项责任应有一定的前提条件；如果这些前提条件应由业主提供或完成，则应作为业主的一项责任，明确规定对业主进行反制约；如果缺少这些反制约，则双方责权利关系便失去了平衡。

（4）权益保护。通过合同、管理规范、奖励政策等对项目参加者各方的权益进行保护，特别是承包商和供应商。例如，承包合同中应有工期延误罚款的最高限额规定、索赔条件、仲裁条款，在业主严重违约的情况下终止合同的权利及索赔权利等。没有这些条款，会使承包商和供应商感到风险太大，但采取过多的保护措施，最终将导致项目效率的降低。

（5）责利促进。按照责任、工作量、工作难度、风险程度和最终的工作成果给予相应的报酬，或给予相应的奖励。

（6）公平地分配风险。项目中，风险的分配是个战略问题。分配风险的总体原则是：谁能最有效地防止和控制风险，或能将风险合理地转移，则由他承担相应的风险责任；承担者控制相关风险是经济有效的、方便的、可行的；通过风险分配，加强责任，能更好地进行计划，发挥各方管理和技术革新的积极性等。

2.1.3.3 适用性和灵活性原则

项目组织机构设置的适用性和灵活性原则主要有以下几方面考虑。

（1）考虑项目条件的适应性。为确保项目的组织结构适合项目的范围、项目组织的大小、环境条件及业主的项目战略，通常，项目的组织形式是灵活多样的，即使一个企业内部，不同的项目有不同的组织形式，甚至一个项目的不同阶段就有不同的授权和不同的组织形式。

（2）考虑与原组织的适应性。要处理好顾客及其他利益相关者、项目业主组织的有关职能部门、特别是负责项目进度计划、质量和成本监控的职能部门的关系。项目组织必须能同时兼顾产品研究、开发、供应、生产、营销过程和专业职能活动。

（3）考虑管理者的管理经验。应充分利用项目管理者过去的项目管理经验，选择最合适的组织结构。

（4）考虑项目参与者的关系。项目组织结构应有利于项目参加者的交流和合作，便于领导。

（5）考虑精干高效。组织结构简单，工作人员精干，最大限度地发挥部门中现有人员的作用。

2.1.3.4 组织制衡原则

（1）权责分明。任何权力必须有相应的责任和制约，应清楚地划分各自的任务和责任的界限，这是设立权力和职责的基础。权责界限不清，将会导致有任务而无人负责完成，推卸责任，争执权力，组织摩擦和低效率。

（2）设置责任制衡和工作过程制衡。工程活动或管理活动之间的联系，使项目参加者各方的责任之间也必然存在一定的逻辑关系。有时合同双方的责任是连环的、互为条件的。

（3）加强过程的监督，包括阶段工作成果的检查、评价、监督和审计工作。

（4）通过组织结构、责任矩阵、项目管理规范、管理信息系统设计，保持组织界面的清晰。

（5）通过其他手段达到制衡，如保险和担保等。

组织制衡要适当，过于强调组织制衡和过多的制衡措施会使组织结构复杂、程序烦琐，会产生沟通的障碍，破坏合作气氛。

2.1.3.5 保证组织人员和责任的连续性和统一性原则

（1）项目全面负责制。一个项目由一个单位或部门全过程、全面负责。例如，实行建设项目业主责任制，在工程中采用"设计——供应——施工"的总承包方式。

（2）责任与效益挂钩。项目的主要承担者的责任与项目的最终效益挂钩。在现代建设工程项目中，业主希望承包商能提供全面的、全过程（如前期策划、可行性研究、设计和计划、工程施工、物业管理等）的服务，甚至希望承包商参与项目融资，采用目标合同使承包商的工作与项目的最终效益相关联。

（3）杜绝责任的盲区。即防止出现无人负责的情况和问题以及无人承担的工作任务。

（4）减少责任连环性。项目管理过程中，过多的责任连环会损害组织责任的连续性和统一性。例如，在一个工程中，业主将土建施工发包给一个承包商，而其中商品混凝土的供应仍由业主与供应商签订合同；对商品混凝土供应商，所用的水泥仍由业主与水泥供应商签订合同供应等。工程中如果出现这种问题，责任的分析是极为困难的，而且计划和组织协调十分困难。

（5）项目组织的稳定性。保证项目组织的稳定性，包括项目组织结构、人员的稳定性，以及组织规则、程序的稳定性。

2.1.3.6 管理跨度和管理层次统一的原则

管理跨度是指某一组织单元直接管理下一层次的组织单元的数量。管理层次是指一个组织总的结构层次。通常，管理跨度窄造成组织层次多；反之，管理跨度宽造成组织层次少。管理跨度和管理层次如图2-2所示。

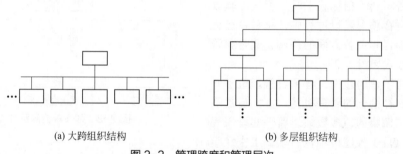

(a) 大跨组织结构　　　　　(b) 多层组织结构

图2-2 管理跨度和管理层次

按照组织效率原则，应建立一个规模适度、组织结构层次较少、结构简单、能高效率运作的项目组织。现代建设工程项目规模大，参加单位多，形成的组织结构非常复杂，所以组织结构设置需要在管理跨度与管理层次方面进行综合考虑和权衡。

（1）采用窄跨度、多层次组织结构的特点

① 项目组织层次太多，使决策速度放慢；当项目比较多时，计划和控制会变得复杂。若采用严密的监督和控制，一般不会出现失控现象。

② 容易造成上级过多地干预下级的工作现象，易影响下级人员的积极性和创造性。

③ 管理层次多，则管理费用多，管理人员增加，协调部门间的活动也增加；信息处理量大，用于管理的精力多，设施费用增加。

④ 联络复杂化，最低层与最高层之间的距离过长。当信息按照直线上下传递时便会发生遗漏和曲解现象，信息沟通复杂化。

⑤ 造成项目的低效率，工期延长，实施过程延缓。例如，需要多层次的检查验收、多层次的报告、多层次的分配和下达任务等。

⑥ 采用多层次分包时，会出现多层次的项目组织，造成指挥失灵，失去协调作用，失去组织总目标的明确性和一贯性。

（2）采用宽跨度、少层次组织结构的特点

① 组织结构变得扁平化，组织灵活，结构层次少。

② 高层负担过重，容易成为决策的"瓶颈"，有失控的危险，必须谨慎地选择下级管理人员。

③ 跨度大，使协调困难，必须制定明确的组织运作规则和政策等。

现代大型、特大型的项目及多项目的组织一般都是扁平化的组织结构。

2.1.4　建设工程项目组织方式

建设工程项目组织方式亦称项目管理方式或项目管理模式，是指项目建设参与方之间的生产关系，包括有关各方之间的经济法律关系和工作协作关系。下面介绍几种国内外常用的建设工程项目管理方式。

2.1.4.1　建设单位自管方式

建设单位自管方式是指建设单位直接参与并组织项目的管理。一般由建设单位（或业主）组建建设工程项目管理机构（基建办、筹建处、指挥部），负责项目全过程的管理。该机构负责建设资金的使用、办理前期手续、委托勘察设计、采购设备材料、招标施工及工程竣工验收等全部工作，在整个建设过程中，总是自己进行建设工程项目相关各方面的协调、监督和管理，其组织方式如图2-3所示。

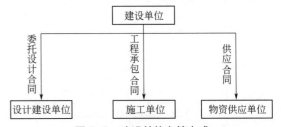

图2-3　建设单位自管方式

这种临时组建的建设工程项目管理班子并非是专业化、社会化的管理机构，其人员是临时从不同部门调集的，多数缺乏管理建设工程项目的经验，且工程建设项目有限，工作经验难以积累，随着项目的完成，管理班子以解散告终。因此，往往造成项目的管理不善，难以实现高效科学的管理。

2.1.4.2　设计—建造方式

设计—建造方式又称为传统的建筑师/工程师项目管理方式，在这种方式中，业主委托建筑师/工程师进行前期的各项工作，如投资机会研究、可行性研究等，待项目评估立项后再进行设计。在设计阶段的后期进行施工招标的准备，随后通过招标选择施工承包商。在这种方式中，施工承包又可分为总承包和分项直接承包两种。

（1）总承包方式。总承包方式是由项目业主、监理工程师、总承包商三个经济上独立的单位共同来完成工程的建设任务。在这种项目管理方式下，业主首先委托咨询、设计单位进行可行性研究和工程设计，并交付整个项目的施工详图，然后业主组织施工招标，最终选定一个施工总承包商，与其签订施工总承包合同。在施工招标之前，业主要委托咨询单位编制招标文件，组织招标、评标，协助业主定标签约。在工程施工过程中，监理工程师严格监督施工总承包商履行合同，业主与监理单位签订委托监理合同。

在总承包中，业主只选择一个总承包商，要求总承包商自身承担其中主体工程或其中一部分工程的施工任务。经业主同意，总承包商可以把一部分专业工程或子项工程分包给分包商。

总承包商向业主承担整个工程的施工责任，并接受
监理工程师的监督管理。分承包商与总承包商签订
分包合同，与业主没有直接的经济关系。总承包商
除组织好自身承担的施工任务外，还要负责协调各
分承包商的施工活动，起总协调和总监督的作用。施
工总承包的组织形式如图 2-4 所示。

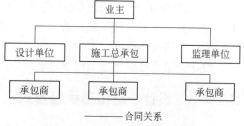

图 2-4　施工总承包的组织形式

　　总承包方式具有下列特点。

　　① 业主协调管理工作量小，合同关系简单。
业主只与施工总承包商签订一个施工总承包合同，施工总承包商全面负责协调现场施工，业主
的合同管理、协调工作量小。

　　② 设计与施工互相脱节，设计变更多。建设工程项目的设计和施工先后由不同的单位负责
实施，沟通困难，设计时很少考虑施工采用的技术、方法、工艺和降低成本的措施，工程施工
阶段的设计变更多，不利于业主的投资控制和合同管理。

　　③ 顺序作业的组织方式，建设周期长。施工总承包是一种传统的发包方式，按照设计→招
标→施工循序渐进的方式组织工程建设，即业主在施工图设计全部完成后组织整个项目的施工
发包，然后由中标的施工总包商组织进点施工。这种顺序作业的生产组织方式，工期较长。

　　总承包是一种国际上最早出现，也是目前广泛采用的建设工程项目承包方式。

　　（2）分项直接承包方式。分项直接承包方式是指业主将整个建设工程项目按子项工程或专业
工程分期分批，以公开或邀请招标的方式，分别直接发包给承包商，每一子项工程或专业工程的
发包均有发包合同。分项直接承包是目前我国大中型工程建设中广泛使用的一种建设管理方式。

　　采用分项直接承包方式，业主在可行性研究决策的基础上，首先要委托设计单位进行工程
设计，与设计单位签订委托设计合同。初步设计完成后，设计单位按业主提出的分项招标进度
计划要求，分项组织施工图设计，业主据此分期分批组织采购招标，各中标签约的承包商先后
进点施工，各分项直接承包商对业主负责，并接受监理工程师的监督，经业主同意，直接承包
的承包商也可进行分包。在这种方式
下，业主可根据工程规模的大小和专
业的情况，委托一家或几家监理单位
对施工进行监督和管理，其组织形式
如图 2-5 所示。

　　分项直接承包方式具有下列特点。

　　① 充分引入竞争机制，可以降低
合同价。采用分项发包，每一个招标
项目的规模相对较小，有资格投标的
单位多，能形成良好的竞争环境，降
低合同价，有利于业主的投资控制。

　　② 采取搭接组织方式，可缩短建
设周期。采用分项招标，往往在初步

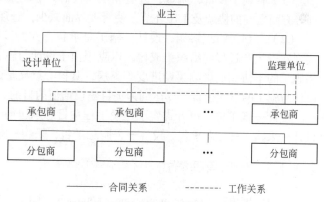

图 2-5　分项直接承包的组织形式

设计完成后就可以开始组织招标，按照"先设计、后施工"的原则，以招标项目为单元组织设
计、招标、施工流水作业，使设计、招标和施工活动充分搭接，从而缩短工期。

　　③ 业主协调工作量大，施工合同复杂。业主要与众多的项目建设参与者签约，特别是要与
多个施工承包商或供应商签约，施工合同多，界面管理复杂，沟通、协调工作量大，而且分标
数量越多，协调工作量越大。因此，对业主的协调管理能力有较高的要求。

④ 设计施工互相脱节，设计变更会增加。采用分项发包，设计和施工分别由不同的单位承担，设计者很少考虑施工采用的工艺、技术、方法和降低成本的措施，在施工中，设计变更多，不利于业主的投资控制。

设计—建造这种建设工程项目管理方式在国际上最为通用。

2.1.4.3　设计—施工总承包方式

在设计—施工总承包方式中，总承包商既承担工程设计，又承担施工任务，一般都是智力密集型企业如科研设计单位或设计、施工单位联营体，具有很强的总承包能力，拥有大量的施工机械和经验丰富的技术、经济、管理人才。总承包商可能把一部分或全部设计任务分包给其他专业设计单位，也可能把一部分或全部施工任务分包给其他承包商，使其与业主签订设计—施工总承包合同，向业主负责整个项目的设计和施工。这种模式把设计和施工紧密结合在一起，能起到加快工程建设进度和节省费用的作用，并使施工新技术结合到设计中去，也可加强设计施工的配合和设计施工的流水作业。但承包商既有设计职能，又有施工职能，使设计和施工不能相互制约和把关，这对监理工程师的监督和管理提出了更高的要求。设计—施工总承包的组织形式如图2-6所示。

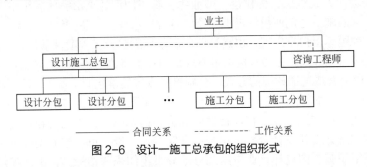

图2-6　设计—施工总承包的组织形式

设计—施工总承包方式具有下列优点。

（1）有利于投资、质量、进度和工期控制。业主最大限度地减少了设计、施工、支付、管理等方面之间的协调及工作环节，使管理界面减少，管理效率提高，管理费用降低。

（2）有利于组织协调。设计—施工总承包方式的基本出发点是借鉴工业生产组织的经验，实现建设生产过程的组织集成化，以克服由于设计与施工的分离致使投资增加，以及由于设计和施工的不协调而影响建设进度等弊病，其核心意义是通过设计与施工过程的组织集成，促进设计与施工的紧密接合，以达到为项目建设增值的目的。

设计—施工总承包方式属于建设工程项目总承包的一种，建设工程项目总承包的方式还有设计—采购—施工总承包、设计—采购总承包、采购—施工总承包等方式。

2.1.4.4　项目管理模式

项目管理模式（project management approach，PMA）是项目管理公司（一般为具备相当实力的工程公司或咨询公司）受项目业主委托，根据合同约定，代表业主对建设工程项目的组织实施进行全过程或若干阶段的管理和服务。项目管理公司作为业主的代表，帮助业主进行项目前期策划、可行性研究、项目定义、项目计划，以及工程实施的设计、采购、施工、试运行等工作。

根据项目管理公司的服务内容、合同中规定的权限和承担的责任不同，项目管理方式一般可分为下列两种类型。

（1）项目管理承包型。在这种类型中，项目管理公司与项目业主签订项目管理承包合同，代表业主管理项目，而将项目所有的设计、施工任务发包出去，承包商与项目管理公司签订承包合同。但在一些项目上，项目管理公司也可能会承担一些外界及公用设施的设计／采购／施工工作。在这种项目管理方式中，项目管理公司要承担费用超支的风险，当然，若管理得好，利润回报也较高。

（2）项目管理咨询型。在这种类型中，项目管理公司按照合同约定，在建设工程项目决策阶段，为业主编制可行性研究报告，进行可行性分析和项目策划；在建设工程项目实施阶段，为业主提供招标代理、设计管理、采购管理、施工管理和试运行（竣工验收）等服务，代表业主对建设工程项目进行质量、安全、进度、费用等管理。这种项目管理模式风险较低，项目管理公司根据合同承担相应的管理责任，并得到相对固定的服务费。

2.1.4.5　一体化项目管理方式

所谓一体化项目管理方式是指业主与项目管理公司在组织结构、项目程序，以及项目设计、采购、施工等各个环节上都实行一体化运作，以实现业主和项目管理公司的资源优化配置。

在实际运作中，常常是项目业主和项目管理公司共同派出人员组成一体化项目联合管理组，负责整个项目的管理工作。一体化项目联合管理组成员只有职责之分，不考虑成员的来源。这样项目业主既可以利用项目管理公司的项目管理技术和人才优势，又不失去对项目的决策权，同时也有利于业主把主要精力放在专有技术、资金筹措、市场开发等核心业务上，有利于项目竣工交付使用后业主的运营管理，如维修、保养等。

2.1.4.6　BOT 模式

BOT（build-operate-transfer）即建造—运营—移交模式。BOT 模式一般是由一国财团或投资人作为发起人，从一个国家的政府获得某个基础设施项目的建设和运营特许权，然后由其组建项目公司负责项目的融资、设计、建造和运营，整个特许期内项目公司通过项目的运营获得利润。特许期满后项目公司将整个项目无偿或以象征性的价格移交给东道国政府。

2.1.4.7　建设工程项目组织方式选择

项目业主在选择建设工程项目组织方式时一般应考虑以下因素：①项目规模和性质；②建筑市场状况；③业主的协调管理能力；④设计深度与详细程度等。

规模大且技术复杂的项目，对承包商的资金、信誉和技术管理能力要求高，建筑市场上有能力承包这样工程的承包商相对较少，市场竞争激烈程度不够，业主的优势地位不明显，那么业主可能会考虑采用分项直接发包模式，或将项目划分为几个部分，在各个部分分别采用不同的发包模式。如英国某民用机场项目就将机场分为候机大楼、跑道和外部停车库等项目，对候机大楼采用项目管理承包模式，对跑道采用施工总承包方式，对外部停车库采用设计—施工总承包方式。而施工总承包方式要求设计图纸比较详细，能够比较准确计算出工程量和造价，因此对于设计深度不够的项目就不能考虑采用施工总承包方式。另一方面，建筑市场上承包商的供应情况和建筑法律的完善程度也制约了业主对项目管理方式的选择。

案例：黄河小浪底水利枢纽工程承包商的现场组织结构

任务2.2

建设工程项目经理部

建议课时： 1学时

知识目标： 掌握建设工程项目经理部的组建与运行原则；熟悉项目管理参与人的责任和权利。

能力目标： 能制定建设工程项目经理部的组建与运行计划。

思政目标： 提高对组织工作的重视，加强责任与义务的观念；学会用系统的观点分析和处理建设工程项目管理组织问题。

2.2.1 项目经理部概述

项目经理部是施工项目管理的核心，设置项目经理部有利于各项管理工作顺利进行。因此，大中型施工项目，施工方必须在施工现场设立项目经理部，并根据目标控制和管理的需要设立专业职能部门。小型施工项目，一般也应设立项目经理部，但可简化。

2.2.1.1 项目经理部的组成

项目经理部是由项目经理在企业的支持下组建并领导的进行项目管理的组织机构。项目经理部由项目经理领导，接受企业职能部门的指导、监督、检查、服务和考核，并负责对项目资源进行合理使用和动态管理。

项目经理部是施工现场管理的一次性且具有弹性的施工生产经营管理机构，随项目的开始而产生，随项目的完成而解体。

项目经理部由项目经理及各种专业技术人员和相关管理人员组成。项目经理部成员的选聘，应根据各企业的规定，在企业的领导、监督下，以项目经理为主，以实现项目目标为宗旨，由项目经理在企业内部或面向社会，根据一定的劳动人事管理程序，进行择优聘用，并报企业领导批准。

2.2.1.2 项目经理部的地位

项目经理部的职能是对施工项目从开工到竣工实行全过程的综合管理。施工项目完成的好坏，在很大程度上取决于项目经理部的整体素质、管理水平和工作效率的高低。

对企业来讲，项目经理部既是企业的一个下属单位，必须服从企业的全面领导，又是一个施工项目机构独立利益的代表，与企业形成一种经济责任内部合同关系，代表企业对施工项目的各方面活动全面负责。它一方面是企业施工项目的管理层，另一方面又对劳务作业层担负着管理和服务的双重职能。对业主来讲，项目经理部是建设单位成果目标的直接责任者，是业主直接监督控制的对象。

2.2.1.3 项目经理部的作用

项目经理部是施工项目管理的工作班子，在项目经理的领导下开展工作，在施工项目管理中，项目经理部主要发挥以下作用。

（1）负责施工项目从开工到竣工全过程施工生产经营的管理，是企业在某一建设工程项目上的管理层，同时对作业层担负着管理与服务的双重职能。

（2）为项目经理决策提供信息依据，当好参谋，同时又要执行项目经理的决策意图，向项目经理全面负责。

（3）项目经理部作为组织主体，应完成企业所赋予的基本任务——项目管理任务；凝聚管理人员的力量，调动其积极性，促进管理人员的合作；协调部门之间、管理人员之间的关系，发挥每个人的岗位作用；影响和改变管理人员的观念和行为，使个人的思想、行为变为组织文化的积极因素；实行目标责任制，搞好管理；沟通项目经理部与企业部门之间，与建设单位、分包单位等之间的关系。

（4）项目经理部是代表企业履行工程承包合同的主体，对项目产品和建设单位全面、全过程负责。

2.2.2 项目经理部的组织形式

项目经理部的组织形式是指施工项目管理组织中处理管理层次、管理跨度、部门设置和上下级关系的组织结构的类型。

2.2.2.1 直线式

直线式组织形式如图 2-7 所示。

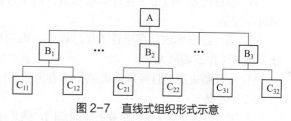

图 2-7 直线式组织形式示意

（1）特征。直线式组织形式是一种线性组织机构，其本质就是使命令线性化，即每一个工作部门、每一个工作人员都只有一个上级。

（2）优点。直线式组织形式具有结构简单、职责分明、指挥灵活等优点。

（3）缺点。项目经理的责任重大，往往要求其是全能式人物。

（4）适用范围。这种组织形式比较适合于中小型项目。

为了加快命令传递的过程，直线式组织形式要求组织结构的层次不要过多，否则会妨碍信息的有效沟通。图 2-8 所示为某直线式项目经理部组织结构。

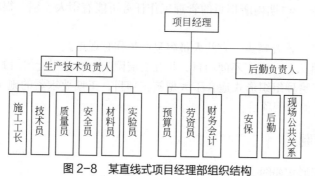

图 2-8 某直线式项目经理部组织结构

2.2.2.2 工作队式

工作队式组织形式如图2-9所示。

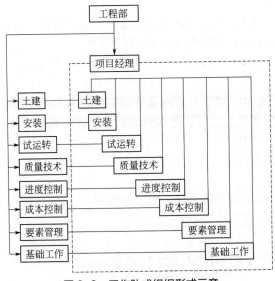

图2-9 工作队式组织形式示意

（1）特征

① 项目经理一般由企业任命或选拔，由项目经理在企业内招聘或抽调职能部门的人员组成项目经理部。

② 项目经理部成员在项目工作过程中，由项目经理领导，原单位领导只负责业务指导，不能干预其工作或调回人员。

③ 项目结束后项目经理部撤销，所有人员仍回原在部门。

（2）优点

① 项目经理部成员来自企业各职能部门，熟悉业务，各有专长，协同工作，能充分发挥其作用。

② 各种人才都在现场，解决问题迅速，减少了扯皮和等待时间，办事效率高。

③ 项目经理权力集中，受干扰少，决策及时，指挥灵便。

④ 不打乱企业的原建制。

（3）缺点

① 各类人员来自不同部门，彼此不够熟悉，工作需要一段磨合期。

② 各类人员在同一时期内所担负的管理工作任务可能有很大差别，很容易产生忙闲不均，导致人员浪费。

③ 由于项目施工一次性特点，有些人员容易产生临时观点。

④ 由于同一专业人员分配于不同项目，相互交流困难，专业职能部门的优势难以发挥。

（4）适用范围。这种组织形式适合于大型施工项目，工期要求紧的施工项目，或要求多工种、多部门密切配合的施工项目。

2.2.2.3 部门控制式

部门控制式组织形式如图2-10所示。

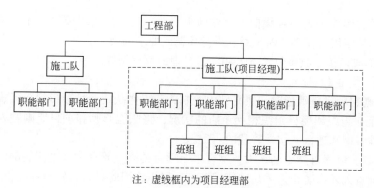

注：虚线框内为项目经理部

图2-10　部门控制式组织形式示意

（1）特征。按职能原则建立施工项目经理部，在不打乱企业现行建制的条件下，企业将施工项目委托给某一专业部门或施工队，由专业部门或施工队领导在本单位组织人员组成项目经理部，并负责实施施工项目管理。

（2）优点

① 从接受任务到组织运转，机构启动快。

② 人员熟悉，业务熟悉，职责明确，关系容易协调，工作效率高。

（3）缺点

① 人员固定，不利于精简机构。

② 不能适应大型复杂项目或者涉及各个部门的项目，局限性较大。

（4）适用范围。适用于小型的、专业性较强、不需涉及众多部门的项目。例如煤气管道施工、电缆铺设等项目。

2.2.2.4　矩阵式

矩阵式组织形式如图2-11所示。该组织形式是现代大型项目管理中应用最为广泛的组织形式。

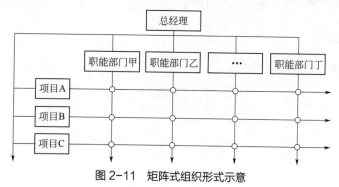

图2-11　矩阵式组织形式示意

（1）特征

① 按照职能原则和项目原则结合起来建立的项目管理组织，既能发挥职能部门的纵向优势，又能发挥项目组织的横向优势，多个项目组织的横向系统与职能部门的纵向系统形成了矩阵结构。

② 企业专业职能部门是相对长期稳定的，项目管理组织是临时性的。职能部门负责人对项目组织中本单位人员负有组织调配、业务指导、业绩考察责任。项目经理在各职能部门的支持

下，将参与本项目组织的人员在横向上有效地组织在一起，为实现项目目标协同工作，项目经理对其有权控制和使用，在必要时可对其进行辞退或要求调换。

③ 矩阵中的成员接受原单位负责人和项目经理的双重领导。

（2）优点

① 职能原则和项目原则相融。兼有部门控制式和工作队式两种项目组织形式的优点，解决了传统模式中企业组织和项目组织相互矛盾的状况，将职能原则和项目原则融为一体，实现了企业长期例行性管理和项目一次性管理的一致。

② 管理高效。以尽可能少的人力，实现多个项目的高效管理。通过职能部门的协调，可根据项目的需求配置人才，防止人才短缺或浪费，项目组织因此具有较好的弹性和应变能力。

③ 加强了部门之间的协调。打破了一个职工只接受一个部门领导的原则，大大加强了部门之间的协调，便于集中各种专业知识、技能和人才，迅速完成某个建设工程项目，提高了管理组织的灵活性。

④ 有利于人才的全面培养。可使不同知识背景的人在相互合作中取长补短；可发挥纵向专业优势。

（3）缺点

① 易引起沟通渠道不畅。矩阵式项目组织的结合部多，组织内部的人际关系、业务关系、沟通渠道等都较复杂，容易造成信息量膨胀，引起信息流不畅或失真，需要依靠有力的组织措施和规章制度规范管理。

② 易影响人员的积极性。由于人员来自职能部门，且仍受职能部门控制，这样就影响了他们在项目上积极性的发挥，项目的组织作用大为削弱。

③ 双重领导造成的矛盾使当事人无所适从，影响工作。

④ 在项目施工高峰期，一些人员身兼多职造成管理上顾此失彼。

（4）适用范围

① 大型、复杂的施工项目，需要多部门、多技术、多工种配合施工，在不同施工阶段，对不同人员有着不同的数量和搭配需求，宜采用矩阵式项目组织形式。

② 同时承担多个建筑施工项目管理的企业。

2.2.2.5　事业部式

事业部式组织形式如图 2-12 所示。

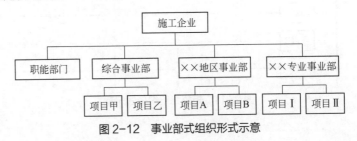

图 2-12　事业部式组织形式示意

（1）特征

① 在企业内部按地区、工程类型或经营内容设立事业部，事业部对内是一个职能部门，对外则享有相对独立的经营权，可以是一个独立单位。如图 2-12 中的地区事业部，可以是公司的驻外办事处，也可以是公司在外地设立的具有独立法人资格的分公司。专业事业部是公司根据其经营范围成立的事业部，如桩基础公司、装饰公司、钢结构公司等。

② 事业部中的工程部或开发部下设项目经理部。项目经理由事业部委派，一般对事业部负责，经特殊授权时，也可直接对业主负责。

（2）优点

① 事业部式项目经理部能充分调动并发挥事业部的积极性及独立经营作用，便于延伸企业的经营职能，有利于开拓企业的经营业务领域。

② 事业部式项目经理部能迅速适应环境变化，提高公司的应变能力，既可以加强公司的经营战略管理，又可以加强项目管理。

（3）缺点

① 企业对项目经理部的约束力减弱，协调指导机会减少，以致有时会造成企业结构松散。

② 事业部的独立性强，企业的综合协调难度大，必须加强制度约束和规范化管理。

（4）适用范围。事业部式项目组织适合大型经营性企业承包的施工项目，特别适用于远离企业本部的施工项目、海外建设工程项目。需要注意的是，一个地区只有一个项目，没有后续工程时，不宜设立地区事业部，即它适用于在一个地区有长期市场或有多种专业化施工力量的企业采用。地区没有项目时，该事业部应予以撤销。在这种情况下，事业部与地区市场同寿命。

2.2.3　项目经理部组织形式的选择

施工企业在选择项目经理部的组织形式时，应考虑项目的规模、业务范围、复杂性等因素，分析业主对项目的要求、标准规范、合同条件等情况，结合企业的类型、员工素质、管理水平、环境条件、工作基础等，选择适宜的项目管理组织形式。

2.2.3.1　选择项目经理部组织形式的思路

（1）项目自身的情况，如规模、难度、复杂程度、项目结构状况、子项目数量和特征。

（2）上层系统组织状况，同时进行的项目数量及其在本项目中承担的任务范围。同时进行的项目很多时，可以考虑采用矩阵式的组织形式。

（3）应采用高效率、低成本的项目组织形式，能使各方面有效地沟通，各方面责权利关系明确，能进行有效的项目管理。

（4）决策简便、快速。由于项目与企业部门之间存在复杂的关系，不同的组织形式有不同的指令权的分配，而这一点是最重要的。对此，企业和项目管理者都应有清醒的认识，并在组织设置及管理系统设计时贯彻这个精神。

（5）不同的组织结构可用于项目生命周期的不同阶段，即项目组织在项目期间不断改变。项目早期仅为一个小型的研究组织，可能为工作队式组织形式；进入设计阶段可能采用部门控制式组织形式，或由一个职能经理领导项目规划和设计、合同谈判；在施工阶段，为一个生产管理为主的组织；对一个大项目可能是矩阵式组织形式；在交工阶段，需要各层次参与，有再次产生集中的必要时，通常仍回到部门控制式组织形式。

2.2.3.2　项目经理部组织形式的确定

（1）大型综合企业的人员素质好，管理基础强，业务综合性强，可以承担大型任务，宜采用矩阵式、工作队式、事业部式组织形式。

（2）简单项目、小型项目、承包内容专一的项目，应采用部门控制式组织形式。

（3）同一企业内可以根据项目情况采用几种组织形式，如将事业部式与矩阵式组织形式结合使用，将工作队式与事业部式组织形式结合使用等，但不能同时采用矩阵式与工作队式组织形式，以免造成管理渠道和管理秩序的混乱。表2-1可供选择项目组织形式时参考。

表2-1　选择项目组织形式参考因素

项目组织形式	项目性质	企业类型	企业人员素质	企业管理水平
工作队式	大型、复杂、工期紧的项目	大型综合建筑企业	项目经理能力较强，人员素质与技术水平较高，专业人员多	管理水平较高，基础工作较强，管理经验丰富
部门控制式	小型、简单，只涉及个别少数部门的项目	小型且任务单一的建筑企业，大中型基本保持部门控制式的企业	人员构成单一，素质和力量薄弱	管理水平较低，基础工作较差，缺乏有经验的项目经理
矩阵式	多工种、多部门、多技术配合的项目，管理效率要求很高的项目	大型综合建筑企业，经营范围很宽、实力很强的建筑企业	文化素质、技术素质、管理素质很高，但人才紧缺，管理人员多，人员一专多能	管理水平很高，管理渠道畅通，信息沟通灵敏，管理经验丰富
事业部式	大型项目，远离企业基地项目，事业部企业承揽的项目	大型综合建筑企业，经营能力很强的企业，海外承包企业，跨地区承包企业	人员素质高，项目经理能力强，专业人才多	经营能力强，信息手段强，管理经验丰富，资金实力雄厚

2.2.4　项目经理部的运行

2.2.4.1　项目经理部的设置

（1）项目经理部的设置原则

① 要根据所设计的项目组织形式设置项目经理部。项目组织形式与企业对施工项目的管理方式有关，与企业对项目经理部的授权有关。不同的组织形式对项目经理部的管理力量和管理职责提出了不同要求，也提供了不同的管理环境。

② 要根据施工项目的规模、复杂程度和专业特点设置项目经理部。例如大型项目经理部可以设职能部、处，中型项目经理部可以设处、科，小型项目经理部一般只需设职能人员即可。

③ 项目经理部是为特定建设工程项目组建的，必须是一个具有弹性且一次性全过程的管理组织，随着建设工程项目的开工而组建，随着建设工程项目的竣工而解体，在其存在期间还应按工程管理需要的变化而调整。

④ 项目经理部的人员配置应面向施工项目现场，满足现场的计划与调度、技术与质量、成本与核算、劳务与物资、安全与文明施工的需要，而不应设置专管经营与咨询、研究与发展、政工与人事等与项目施工关系较少的非生产性管理部门。

（2）项目经理部的设置程序

① 根据项目管理规划大纲确定项目经理部的管理任务和组织形式。

② 根据项目管理目标责任书进行目标分解与责任划分。

③ 确定项目经理部的层次，设立职能部门与工作岗位。

④ 确定人员的职责、分工和权限。

⑤ 制定工作制度、考核制度与奖惩制度。

（3）项目经理部的职能部门

① 经营核算部门，主要负责预算、合同、索赔、资金收支、成本核算、劳动力的配置与分配等工作。

② 工程技术部门，主要负责生产调度、文明施工、技术管理、施工组织设计、计划统计等工作。

③ 物资设备部门，主要负责材料的询价、采购、计划供应、管理、运输、工具管理、机械设备的租赁配套使用等工作。

④ 监控管理部门，主要负责工程质量、职业健康安全管理、环境保护等工作。

⑤ 测试计量部门，主要负责计量、测量、试验等工作。

项目经理部职能部门及管理岗位的设置，必须贯彻因事设岗、有岗有责和目标管理的原则，明确各岗位的责、权、利和考核指标，并对管理人员的责任目标进行检查、考核与奖惩。

2.2.4.2 项目经理部的规章制度

项目经理部组建以后，应根据企业和项目的实际情况，制定项目经理部规章制度。项目经理部规章制度是建筑企业或项目经理部制定的针对施工项目实施所必需的工作规定和条例的总称，是项目经理部进行项目管理工作的标准和依据，是在企业管理制度的前提下，针对施工项目的具体要求而制定的，是规范项目管理行为、约束项目实施活动、保证项目目标实现的前提和基础。

项目经理部规章制度的作用主要有两方面：一是贯彻国家和企业与施工项目有关的法律、法规、方针、政策、标准、规程等，指导施工项目的管理；二是规范施工项目经理部及职工的行为，使之按规定的方法、程序、要求、标准进行施工和管理活动，从而保证施工项目经理部按正常秩序运转，避免发生混乱，保证各项工程的质量和效率，防止出现事故和纰漏，从而确保施工项目目标顺利实现。

项目经理部规章制度的内容包括：项目管理人员岗位责任制度，项目技术管理制度，项目质量管理制度，项目职业健康安全管理制度，项目计划、统计与进度管理制度，项目成本核算制度，项目材料、机械设备管理制度，项目环境管理制度，项目分配与奖励制度，项目例会及施工日志制度，项目分包及劳务管理制度，项目沟通管理制度，项目信息管理制度。

2.2.4.3 项目经理部的工作内容

（1）在项目经理领导下制定"项目管理实施规划"及项目管理的各项规章制度。

（2）对进入项目的资源进行优化配置和动态管理。

（3）有效控制项目工期、质量、成本和安全等目标。

（4）协调企业内部、项目内部以及项目与外部各系统之间的关系，增进项目有关各部门之间的沟通，提高工作效率。

（5）对施工项目目标和管理行为进行分析、考核和评价，并对各类责任制度执行结果实施奖罚。

2.2.4.4 项目经理部的解体

项目经理部作为一次性的组织，在对建设工程项目目标实现后应及时解体。项目经理部解体应具备下列条件。

（1）工程已经竣工验收。

（2）与各分包单位已经结算完毕。

（3）已协助企业管理层与发包人签订了"工程质量保修书"。

（4）"项目管理目标责任书"已经履行完成，经企业管理层审核合格。

（5）已与企业管理层办理了有关手续。主要是向相关职能部门交接清楚项目管理文件资料、核算账册、现场办公设备、公章保管、领借的工器具及劳防用品、项目管理人员的业绩考核评价材料等。

（6）现场清理完毕。

2.2.5　项目经理的概念和素质

2.2.5.1　项目经理的概念

项目经理是指受企业法定代表人委托和授权，在建设工程项目施工中担任项目经理岗位职务，直接负责建设工程项目施工的组织实施者；是对建设工程项目实施全过程、全面负责的项目管理者；是建设工程项目的责任主体；是企业法人代表在建设工程项目上的委托代理人。项目经理在项目管理中处于中心地位。

项目经理不应同时承担两个或两个以上未完建设工程项目领导岗位的工作。企业不应随意撤换项目经理。但在建设工程项目发生重大安全、质量事故或项目经理违法、违纪时，企业可撤换项目经理，而且必须进行绩效审计，并按合同规定报告有关合作单位。

2.2.5.2　项目经理的素质

（1）符合项目管理要求的能力，善于领导、组织协调与沟通。

（2）相应的项目管理经验和业绩。

（3）项目管理需要的专业技术、管理、经济、法律和法规知识。

（4）良好的职业道德和团结协作精神，遵纪守法、爱岗敬业、诚信尽责。

2.2.6　项目经理责任制

2.2.6.1　项目经理责任制概述

项目经理责任制是指以项目经理为责任主体的施工项目管理目标责任制度，它是以施工项目为对象，以项目经理全面负责为前提，以"项目管理目标责任书"为依据，以创优质工程为目标，以求得项目产品的最佳经济效益为目的，实行从施工项目开工到竣工验收的一次性全过程的管理。

（1）项目经理责任制的作用。项目经理责任制是项目管理目标实现的具体保障和基本条件。它有利于明确项目经理与企业、职工三者之间责、权、利、效的关系；有利于运用经济手段强化对施工项目的法制管理；有利于项目规范化、科学化管理和提高工程质量；有利于促进和提高企业项目管理的经济效益和社会效益。

（2）项目经理责任制的主体。项目经理责任制的主体是项目经理个人全面负责，项目经理部集体全面管理。其中个人全面负责是指施工项目管理活动中，由项目经理代表项目经理部统一指挥，并承担主要的责任；集体全面管理是指项目经理部成员根据工作分工，承担相应的责任并享受相应的利益。

（3）项目经理责任制的重点。项目经理责任制的重点在于管理。即要遵循科学规律，注重现代化管理的内涵和运用，通过强化项目管理，全面实现项目管理目标责任书的内容与要求。

2.2.6.2　项目管理目标责任书

项目经理责任制作为项目管理的基本制度，是评价项目经理绩效的依据，其核心是项目管理目标责任书确定的责任。

建设工程项目在实施之前，法定代表人或其授权人要与项目经理就建设工程项目全过程管理签订项目管理目标责任书，明确规定项目经理部应达到的成本、质量、进度和安全等管理目标，它是具有企业法规性的文件，也是项目经理的任职目标，具有很强的约束性。

项目管理目标责任书一般包括下列内容。

（1）项目管理实施目标。

（2）企业各部门与项目经理部之间的责任、权限和利益分配。

（3）项目施工、试运行等管理的内容和要求。

（4）项目需要资源的提供方式和核算办法。

（5）法定代表人向项目经理委托的特殊事项。

（6）项目经理部应承担的风险。

（7）项目管理目标评价的原则、内容和方法。

（8）对项目经理部进行奖惩的依据、标准和办法。

（9）项目经理解职和项目经理部解体的条件和办法。

项目管理目标责任书的重点是明确项目经理工作内容，其核心是为了完成项目管理目标，是组织考核项目经理和项目经理部成员业绩的标准和依据。

2.2.7　项目经理的责、权、利

2.2.7.1　项目经理应履行的职责

（1）代表企业实施施工项目管理。贯彻执行国家法律、法规、方针、政策和强制性标准，执行企业的管理制度，维护企业的合法权益。

（2）"项目管理目标责任书"规定的职责。

（3）主持编制项目管理实施规划，并对项目目标进行系统管理。

（4）对进入现场的资源进行优化配置和动态管理。

（5）建立质量管理体系和职业健康安全管理体系并组织实施。

（6）在授权范围内负责与企业管理层、劳务作业层、各协作单位、发包人、分包人和监理工程师等的协调，解决项目中出现的问题。

（7）在授权范围内处理项目经理部与国家、企业、分包单位以及职工之间的利益分配。

（8）收集工程资料，准备结算资料，参与工程竣工验收。

（9）接受审计，处理项目经理部解体的善后工作。

（10）协助企业进行项目的检查、鉴定和评奖申报。

2.2.7.2　项目经理应具有的权限

（1）参与企业进行的施工项目投标和签订施工合同。

（2）参与组建项目经理部，确定项目经理部的组织形式，选择、聘任管理人员，确定管理人员的职责，并定期进行考核、评价和奖惩。

（3）主持项目经理部工作，组织制定施工项目的各项管理制度。

（4）在企业财务制度规定的范围内，根据企业法定代表人授权和施工项目管理的需要，决定资金的投入和使用。

（5）制定项目经理部的计酬办法。

（6）参与选择并使用具有相应资质的分包人。

（7）在授权范围内，按物资采购程序性文件的规定行使采购权。

（8）在授权范围内，协调和处理与施工项目管理有关的内部与外部事项。

（9）法定代表人授予的其他权力。

2.2.7.3　项目经理应享有的利益

（1）获得相应的工资和奖励。

（2）完成"项目管理目标责任书"确定的各项责任目标、交工验收并结算后，经审计后给予奖励或处罚。

（3）除按"项目管理目标责任书"可获得物质奖励外，还可获得表彰、记功等奖励。

2.2.8　建造师执业资格制度

我国的建造师是指从事建设工程项目总承包和施工管理关键岗位的专业技术人员，分为一级建造师和二级建造师。大、中型建设工程项目施工的项目经理必须由取得建造师注册证书的人员担任。

一级建造师执业资格实行全国统一大纲、统一命题、统一组织的考试制度，由人力资源和社会保障部、住房和城乡建设部共同组织实施，原则上每年举行一次考试；二级建造师执业资格实行全国统一大纲，各省、自治区、直辖市命题并组织的考试制度。考试内容分为综合知识与能力和专业知识与能力两部分。报考人员要符合有关文件规定的相应条件。一级、二级建造师执业资格考试合格的人员，可分别获得《中华人民共和国一级建造师执业资格证书》《中华人民共和国二级建造师执业资格证书》。取得建造师执业资格证书的人员，必须经过注册登记，方可以建造师名义执业。

按照住房和城乡建设部颁布的《建筑业企业资质等级标准》，一级建造师可以担任特级、一级建筑业企业资质的建设工程项目施工的项目经理；二级建造师可以担任二级及以下建筑业企业资质的建设工程项目施工的项目经理。

规范：项目管理责任制度

任务2.3
施工准备

建议课时: 1学时
知识目标: 掌握施工准备的内容;掌握施工资料的收集与整理方法。
能力目标: 能制定施工准备计划。
思政目标: 提高对准备工作的重视,建立善于勘察与调研的工作方法;培养相关理论知识的认知及实际应用的能力。

2.3.1 技术准备

2.3.1.1 做好调查工作

(1)气象、地形和水文地质情况的调查。建筑施工由于周期长,一般要经过雨季、冬期。因此,需要掌握气象情况,组织好全年的均衡施工。高层建筑施工多为深基础,需要详细掌握水文地质、地形情况,如地质条件、最高和最低地下水日期及流向、流速和流量等。

(2)地上、地下情况的调查。应对建设地区及其周围的地上建筑(包括民宅)的位置、地下构造物、高压输变电线路和各种地下的管线位置和走向情况进行调查,以便于在施工前采取有效措施,及时进行拆迁、保护。在城区施工时,还要积极采取环境保护措施,降低施工噪声和粉尘污染,防止扰民及妥善解决污水处理的问题。

(3)各种物质资源和技术条件的调查

① 应对建筑施工所需物质资源的生产供应情况、价格、品种等均要做详细的调查,及早落实供需要求。对需要自行加工的构配件应明确加工的数量及所需设施的规模。

② 在做好交通道路和运输条件的调研的基础上,统筹规划,尽量减少交通堵塞和场内倒运。

③ 对水、电源及热力等供应情况做详细调查,包括给水的水源、水量、压力、接管地点;供电的能力、线路距离、用电负荷;以及热力、通信等基本情况。

2.3.1.2 做好施工与设计的结合工作

(1)扩大初步设计或技术设计阶段。施工单位要了解设计意图,与设计单位商讨有关问题,使工程设计从一开始就能适应当前建筑材料、建筑施工工的实际情况和发展水平,为施工扫清障碍。

(2)施工图阶段。进一步了解各种设计做法,组织有关人员对设计图纸进行学习和会审工作,使参与施工的人员掌握施工图的内容、要求和特点,同时审查和发现施工图中的问题,以便于能正确无误地施工。

2.3.1.3　编制施工方案和施工预算

（1）编制施工方案（施工组织设计）。施工方案是统筹规划拟建工程进行准备和正常施工的全面性的技术经济文件，也是编制施工预算、实行项目管理的依据。是施工前准备工作的一项重要内容。

建筑施工由于工程量大、工期长、技术负责和因素多变等特点，不可能通过开工前的一次统筹规划，就能毫无变动地来指导全过程的施工。因此，施工方案的拟订，应根据工程进展中实际条件的变化，在总的施工部署指导下，进行必要的调整或补充制定分阶段（如基础、结构、装修）切实可行的施工方案，以确保好、快、省、安全地完成工程。

（2）编制施工预算。施工预算是施工企业内部根据施工方案中的施工方法与施工定额编制的施工所需人工、材料、机械台班数量及费用的预算文件。施工预算是编制施工作业计划、向工人班组签发施工任务单和限额领料的依据，也是进行"两算"（工程预算和施工预算）对比、控制工程成本、实行内部经济核算、进行经济活动分析的依据。

2.3.2　物资条件准备

2.3.2.1　材料准备

（1）根据施工方案中的施工进度计划和施工预算中的工料分析，编制工程所需材料用量计划，作为备料、供料以及确定仓库、堆场面积和组织运输的依据。

（2）根据材料需用量计划，做好材料的申请、订货和采购工作，使得计划得到落实。

（3）组织材料按计划进场，并做好保管工作。

2.3.2.2　构配件及设备加工订货准备

（1）根据施工进度计划及施工预算所提供的各种构配件及设备数量，做好加工翻样工作，并编制相应的需用量计划。

（2）根据需用计划，向有关厂家提出加工订货计划要求，并签订订货合同。

（3）组织构配件和设备进场计划，按施工平面布置图做好存放及保管工作。

2.3.2.3　施工机具准备

（1）根据施工方案中确定的施工方法，对施工机具配备的要求、数量以及施工进度安排，编制施工机具需用量计划。

（2）拟由本企业内部负责解决的施工机具，应根据需用量计划组织落实，确保按期供应。

（3）对于大型施工机械（如塔式起重机、挖土机、桩基设备等）的需求量和时间，应与有关方面（如专业分包单位）联系，提出要求，在落实后签订有关分包合同，并为大型机械按期进场做好现场有关准备工作。

2.3.2.4　运输准备

（1）根据上述三项需用量计划，编制运输量需用量计划，并组织落实运输工具。

（2）按照上述三项需用量计划明确的进场日期，联系和调配所需运输工具，确保材料、构配件和机具设备按期进场。

2.3.3 施工组织准备

2.3.3.1 建立健全现场施工管理体制

这项工作应在承接工程任务后立即进行，以便于进行开工前的各项准备工作。

（1）现场施工管理体制设置的原则

① 要形成有一定权威性的统一指挥，着重协调各方面的关系，排除各种障碍。

② 设置的规模应根据工程任务的大小、技术复杂程度以及纵横关系情况决定，做到因事设职，因职选人，建立有施工经验、有开拓精神和效率高的组织班子。

（2）现场施工管理体系的形式

① 工程负责人为施工现场总负责人，有多栋号的现场还应该设置栋号主管，负责本栋号的施工。

② 成片建设的大现场，为了便于统一指挥，可以设立以工程总负责人为首的现场领导小组或指挥部，以总包为主吸收主要部分分包单位参加，必要时亦可请建设单位、监理单位和设计单位派代表参加。

③ 施工队和专业分包包括总包内部和外分包的施工队伍，应按照施工进度计划和工程负责人的指令进入栋号施工。

④ 各职能组，是工程负责人的参谋部门，对各栋号、施工队、专业队亦起辅助和促进作用。对于规模较小或仅为单栋建筑的施工现场，也可只设职能人员。

2.3.3.2 确定合理的劳动组织

根据工程特点和拟采用的施工方法，建立相应的专业或混合劳动组织；按照施工方案确定的劳动力需要量计划，组织工人进场，安排好工人生活，并进行职工进场教育。

2.3.4 现场施工准备

2.3.4.1 施工现场控制网的测量

建筑施工由于工期长、现场情况变化大，因此，保证控制网点的稳定、正确是确保建筑施工质量的先决条件。必须根据规划部门给定的永久性坐标和高程，按照建筑总平面图，进行施工现场控制网点的测量，妥善设立现场永久性桩，为施工全过程中的投测创造条件。

2.3.4.2 配合建设单位做好"三通一平"工作

确保施工现场水通、电通、道路通和场地平整（"三通一平"），是建设工程开工前一项十分重要的工作。虽然此项工作应由建设单位承担，但施工单位应密切配合促使工作顺利进行。建设单位也可以把厂区的"三通一平"工作委托施工单位承担，此项费用不包括在投标报价之内。施工单位也可以与建设单位签订"三通一平"的协议。

（1）施工临时用水。施工临时用水，最好利用附近现有供水管道；施工临时用水分为现场施工用水、机械施工用水、施工现场及生活用水和消防用水。

（2）施工临时用电。施工现场临时用电大体上可分为施工机械用电和照明用电两大类。施工现场临时供电变压器的选择，应根据现场临时用电总量，确定变压器的容量。根据供电系统的电压等级及现场使用条件，查找有关变压器系列参数，选择变压器的类型和规格。变压器的安装位置，应安全可靠，便于安装和维修。周围无污秽气体，并应设在供电范围负荷中心附近，使线路能满足电压质量要求，减少线路损耗。由于建筑工程施工面积大，启动电流大、负荷变化多和手持式用电机具多，所以施工现场临时用电要考虑安全和节能措施。如现场低压供电采用三相五线制、设置漏电开关保护和改善功率因数等。

2.3.4.3　做好施工现场排水工作

建筑施工工程除了要做好现场和临时道路的排水和生活污水的排放工作外，还应该注意做好以下几项排水工作。

（1）深基础的排水。特别是高层建筑的基坑深、面积大，施工往往要经过雨季，因此，要做好基坑周围的挡土支护工作，防止坑外雨水向坑内汇流。另外，还要做好基坑底部汇集雨水的排放工作。

（2）污、废水的处理和排放。采用现浇钢筋混凝土结构时，现浇混凝土量大，应对洗刷罐车和搅拌机的污水，进行认真的处理（如沉淀处理），应先除去杂质再排放到地下管网中或做回收使用。

（3）楼层的排水。为了使楼层的雨水、施工污水直接或经过沉淀，排放到城市管网中去，防止污染环境和影响工程施工，应集中设置排水管道；排水管道的设置可以根据具体条件，采取一栋一设或几栋共设。

3.3.4.4　搭建临时性生产、生活设施

施工现场临时性生产、生活设施的搭建，应尽量利用施工现场或附近原有设施（包括要拆迁，但可暂时利用的建筑物）和在建工程本身的建筑物，如先完成结构供施工使用，交工前再进行装修的过程。

（1）钢筋加工车间：有条件的施工企业应集中进行配料加工，运往现场使用；现场设置临时性钢筋加工车间，可以减少运输量。

（2）模板加工厂：现场主要是拼装、堆放，可根据实际情况设置露天堆场。

（3）现场作业棚。

（4）机械停放及检修。

（5）生活临时设施。

上述施工现场各项准备工作基本完成并能满足施工要求后，即可向有关单位申报开工。

2.3.5　场外组织与管理的准备

2.3.5.1　签订施工合同

根据国家颁发的《中华人民共和国民法典》《建筑安装承包合同条例》以及各省、市颁发的

有关基本建设工程实行合同制的办法、规定，在承接工程任务后，由施工企业（承包方）与建设单位（发包方）签订施工合同。

（1）签订合同必须具备的条件

① 基建项目已正式列入国家、地区、部门的固定资产投资计划。

② 资金来源落实，其中银行贷款已列入信贷计划；自筹资金在建设银行存储的最少时间符合有关规定。

③ 基建材料、设备等物质来源落实，并能满足施工进度需要。

④ 建设用地的征购及拆迁工作已基本完成，并有所在地区规划部门批准的设计许可证。

（2）施工合同的主要内容

① 明确设计文件及基本建设批准的文号，规定承包工程的范围、工程名称、工程量以及工程施工的地点。

② 明确施工期限，开工、竣工日期。

③ 明确双方承担的施工准备工作内容。

④ 明确招投标后所中标的工程造价。

⑤ 明确材料、设备物资的供应方式和分工责任。

⑥ 明确工程质量要求及交工验收要求。

⑦ 明确拨款方式和工程结算及财务问题。

⑧ 关于设计变更的方式和说明，包干范围及经济责任。

⑨ 关于对工程合同的仲裁和奖罚。

⑩ 其他需要在合同中明确的责任、权利和义务等。

2.3.5.2 落实材料、构配件的加工和订货工作

根据材料、构配件、设备等需用量计划，与建材、加工、设备等部门（厂家）取得联系，签订加工订货合同，确保按期供应。

2.3.5.3 施工机具的订购和租赁

对施工企业确实且需要的施工机具，应与有关方面签订订购和租赁合同，以保证施工的需要。

2.3.5.4 做好分包安排

对于本企业难以承担的一些专业费用，如深基础开挖和支护、大型结构安装和设备安装等项目，应及早做好分包或劳务安排，与有关单位协调，签订分包合同或劳务合同，以保证按计划施工。

2.3.5.5 组织好科研攻关

凡工程中采用带有试验的一些新材料、新产品、新工艺项目，应在建设单位、主管部门的参加下，组织有关设计、科研、教学单位共同进行科研工作。要明确相互承担的试验项目、工作步骤、时间要求、经费来源和职责分工。所有科研项目，必须经过技术鉴定后再用于施工。

一、选择题

1. 下列组织工具中，可以用来对项目的结构进行逐层分解，以反映组成该项目的所有工作任务的是（　　）。

A. 项目结构图　　　　　　　　　　B. 组织结构图

C. 工作任务分工表　　　　　　　　D. 管理职能分工表

2. 关于管理职能分工表的说法，错误的是（　　）。

A. 是用表的形式反映项目管理班子内部项目经理、各工作部门和各工作岗位对各项工作任务的项目管理职能分工

B. 管理职能分工表无法暴露仅用岗位责任描述书时所掩盖的矛盾

C. 可辅以管理职能分工描述书来明确每个工作部门的管理职能

D. 可以用管理职能分工表来区分业主方、代表业主利益的项目管理方和工程建设监理方等的管理职能

3. 关于工作流程组织的说法，正确的是（　　）。

A. 同一项目不同参与方都有工作流程组织任务

B. 工作流程组织不包括物质流程组织

C. 一个工作流程图只能有一个项目参与方

D. 一项管理工作只能有一个工作流程图

二、简答题

1. 国内外常用的建设工程项目管理方式有哪些？各有什么特点？

2. 项目业主在选择建设工程项目组织方式时应考虑哪些因素？

3. 简述项目经理部的地位。

4. 常见的项目经理部的组织形式有哪些？各有何优缺点？适用范围是什么？

5. 施工企业在选择项目经理部的组织形式时，应考虑哪些因素？

6. 施工项目经理部通常设置哪些部门？

7. 简述对项目经理责任制和项目管理目标责任书的认识。

8. 项目经理的责、权、利各是什么？

9. 简述注册建造师与项目经理的关系。

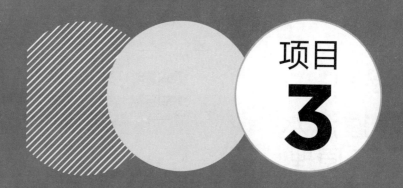

项目
3

流水施工计划

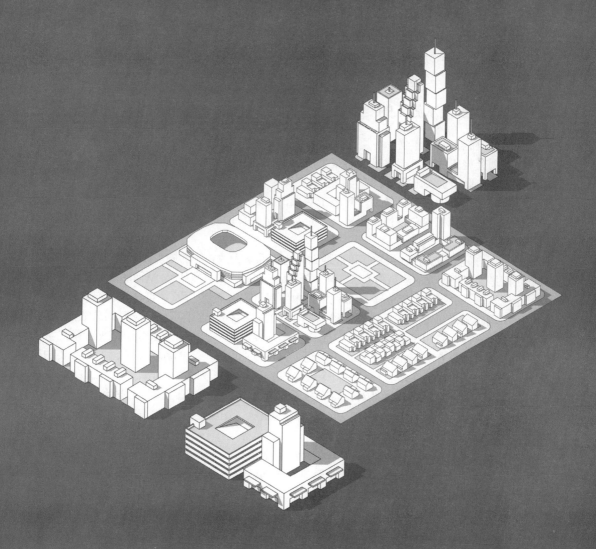

任务3.1

掌握流水施工原理

建议课时： 2学时

知识目标： 掌握流水施工的原理；掌握依次施工、平行施工、流水施工的基本原理；掌握流水施工主要参数的定义与计算方法。

能力目标： 能编制流水施工进度计划。

思政目标： 树立对工作任务科学研究、积极改进的工作态度；培养统筹兼顾、分工协作、善于沟通和合作的意识。

3.1.1 流水施工的实质

流水施工是一种以分工为基础的协作，是大批量生产的一种作业方法，其实质就是连续作业，组织均衡施工。

3.1.1.1 组织流水施工的要点

组织建筑施工流水作业，必须进行以下准备工作。

（1）划分施工过程。把建筑物的整个建造过程分解为若干个施工过程，每个施工过程分别由固定的专业队负责实施完成。

划分施工过程的目的，是为了对施工对象的建造过程进行分解，以便于逐一实现局部对象的施工，从而使施工对象整体得以实现。也只有这种合理的分解，才能组织专业化施工和有效的协作。

（2）划分施工段。把建筑物尽可能地划分为劳动量大致相等的施工段，也可称为流水段。划分施工段是为了把庞大的建筑物（建筑群）划分成"批量"的"产品"，从而形成流水作业的前提。每一个段就是一个假定"产品"。一般说来，单体建筑物施工分"段"，群体建筑施工分"区"。

（3）确定各施工专业队在各施工段内的工作持续时间。这个工作持续时间代表施工的节奏性。工作持续时间要用工程量、人数、工作效率（或定额）三个因素进行计算或估算。

（4）各专业队在各施工段上依次连续施工。各专业队按一定的施工工艺，配备必要的机具，依次、连续地由一个施工段转移到另一个施工段，反复地完成同类工作。

这就相当于专业队要连续地对假定产品逐个进行专业的"加工"。与工业流水生产线不同的是建筑产品是固定的，所以"流水"的只能是专业队。这是建筑流水施工与工业生产流水作业的本质区别。

（5）不同专业队完成各施工过程的时间适当地搭接起来。不同的专业队之间的关系，关键是工作时间上有搭接。搭接工作的目的是节省时间，也往往是连续施工或工艺上所要求的。要通过计算，实现搭接适当，工艺技术上可行。

3.1.1.2　组织流水施工的效果

（1）可以相对缩短工作时间。这里是指相对于"依次作业"来说，时间可以有效地缩短。实现缩短时间的手段是"搭接"，"搭接"的前提是分段（或分区）。

例如，某建筑物基础有三个施工过程，分三段组织施工，采用"依次作业"时，工期是45周，平行施工工期是15周，流水施工工期是25周。不同施工组织方式对比如图3-1所示。

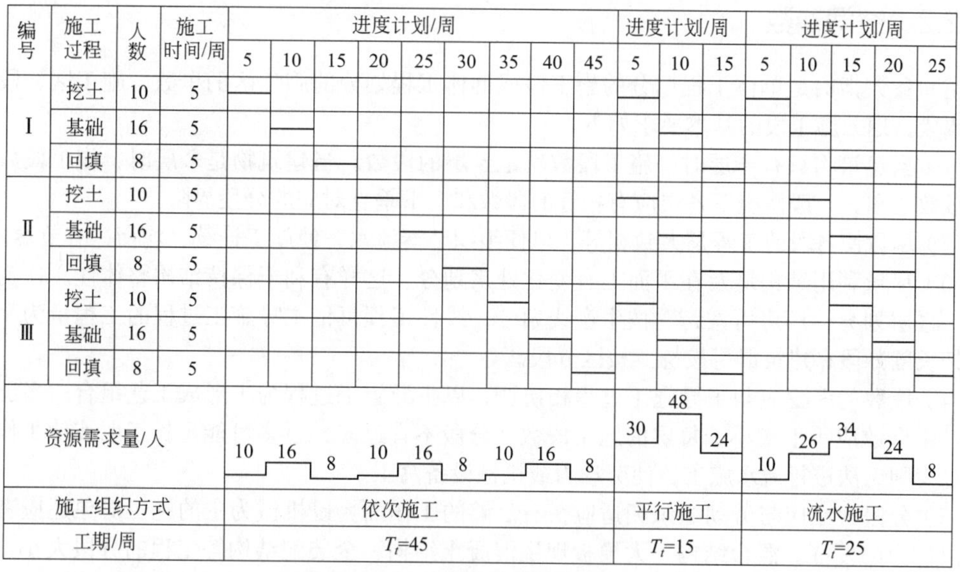

编号	施工过程	人数	施工时间/周	进度计划/周 (5 10 15 20 25 30 35 40 45)	进度计划/周 (5 10 15)	进度计划/周 (5 10 15 20 25)
I	挖土	10	5			
	基础	16	5			
	回填	8	5			
II	挖土	10	5			
	基础	16	5			
	回填	8	5			
III	挖土	10	5			
	基础	16	5			
	回填	8	5			
资源需求量/人				10　16　8　10　16　8　10　16　8	30　48　24	10　26　34　24　8
施工组织方式				依次施工	平行施工	流水施工
工期/周				$T_{\mbox{}}=45$	$T_{\mbox{}}=15$	$T_{\mbox{}}=25$

图3-1　不同施工组织方式对比

（2）可以实现均衡、有节奏地施工。工人按一定的时间要求进行施工，在每段上的工作时间也可以尽量安排得有规律。综合各专业队的工作，便可以实现施工均衡、有节奏。"均衡"是指不同时间段的资源数量变化幅度较小，它对组织施工十分有利，可以达到节约使用资源的目的；"有节奏"是指工人作业时间有一定规律性，这种规律性可以带来良好的施工秩序，和谐的施工气氛，可观的经济效果。由图3-1可见，组织"依次施工"时，劳动力分布曲线最平缓，但工期最长；组织"平行施工"时，劳动力需求量最集中，但工期最短；组织"流水施工"时，劳动力需求量分布比较均衡，工期较短。

（3）可以有效地提高劳动生产率。组织流水施工以后，使工人的工作连续，工作面充分利用，资源的利用均衡，容易管理，必然会实现在一定时间内生产成果增加的效果，即提高了劳动生产率。

3.1.2　流水施工的参数

3.1.2.1　工艺参数

工艺参数是指一组流水中施工过程的个数。施工过程是施工进度计划的基本组成单元，可以根据计划的需要确定其粗细程度。施工过程可以是一个个工序，也可以是一项项分项工程，还可以是它们的组合。组织流水的施工过程如果各由一个专业队（组）施工，则施工过程数和专业队数相等。有时由几个专业队负责完成一个施工过程或一个专业队完成几个施工过程，于是施工过程数与专业队数便不相等。计算时可以用 N 表示施工过程数，用 N' 表示专业队数。

对工期影响最大的，或对整个流水施工起决定性作用的施工过程（工程量大，需配备大型机械），称为主导施工过程。在划分施工过程以后，首先应找出主导施工过程，以便抓住流水施工的关键环节。

3.1.2.2　空间参数

空间参数指的是单体工程划分的施工段或群体工程划分的施工区的个数。施工区、段可称为流水段。划分施工段的基本要求如下。

（1）当建筑物只有一层时，施工段数就是一层的段数。当建筑物是多层时，施工段数是各层的段数之和。一般情况下各层应有相等的段数和上下垂直对应的分段界限。

（2）尽量使各段的工程量大致相等，以便组织节奏流水，使施工连续、均衡、有节奏。

（3）尽量利用结构缝及在平面上有变化处来划分，这样有利于保持结构整体性。住宅可按单元、楼层划分；厂房可按跨、按生产线划分；线性工程可依主导施工过程的工程量为平衡条件，按长度分段；建筑群可按栋、按区分段。

（4）段数的多少应与主导施工过程相协调，以主导施工过程为主形成工艺组合。多层工程的工艺组合数应等于或小于每层的施工段数。分段不宜过多，过多可能延长工期或使工作面狭窄；过少则无法进行流水施工，使劳动力或机械设备窝工。

（5）分段大小应与劳动组织相适应，有足够的工作面。以机械为主的施工对象还应考虑机械台班能力的发挥。混合结构、大模板现浇混凝土结构、全装配结构等工程的分段大小，都应考虑吊装机械能力的充分利用。

3.1.2.3　时间参数

（1）流水节拍。流水节拍是指某个专业队在一个施工段上的施工作业时间，其计算公式是：

$$t = \frac{Q}{RS} = \frac{P}{R} \qquad (3-1)$$

式中　t——流水节拍；

　　　Q——一个施工段的工程量；

　　　R——专业队的人数或机械数；

　　　S——产量定额，即单位时间（工日或台班）完成的工程量；

　　　P——劳动量或台班量。

如果没有定额可查，可使用三时估计法计算流水节拍，其计算公式如下：

$$t = \frac{a + 4c + b}{6} \qquad (3-2)$$

式中　a——乐观估计时间；

　　　b——悲观估计时间；

　　　c——最可能估计时间。

确定流水节拍应注意以下问题。

① 流水节拍的取值必须考虑到专业队组织方面的限制和要求，尽可能不过多地改变原来的

劳动组织状况，以便于对专业队进行领导。专业队的人数应有起码的要求，以使他们具备集体协作的能力。

② 应考虑到工作面条件的限制，流水节拍的确定，必须保证有关专业队有足够的施工操作空间，保证施工操作安全和能提高专业队的劳动效率。

③ 应考虑到机械设备的实际负荷能力和可能提供的机械设备数量，也要考虑机械设备操作场所安全和质量的要求。

④ 应考虑材料和构配件供应能力对进度的影响和限制，合理确定有关施工过程的流水节拍。

⑤ 应考虑特殊技术工程的限制要求，如有防水要求的钢筋混凝土工程，受潮汐影响的水工作业，受交通条件影响的道路改造工程、铺管工程，以及设备检修工程等。这些都受技术操作或安全质量等方面的限制，对作业时间长度和连续性都有限制或要求，在安排其流水节拍时要充分考虑。

⑥ 应首先确定主导施工过程的流水节拍，并以它为依据确定其他施工过程流水节拍。主导施工过程的流水节拍应是各施工过程流水节拍的最大值，应尽可能是有节奏的，以便组织节奏流水。

（2）流水步距。流水步距是指两个相邻的工作队进入流水作业的最小时间间隔，以符号"k"表示。流水步距的长度要根据需要及流水方式的类型经过计算确定，计算时应考虑的因素有以下几点。

① 考虑每个专业队连续施工的需要。流水步距的最小长度，必须使专业队进场以后，不发生停工、窝工的现象。

② 考虑技术间歇的需要。有些施工过程完成后，后续施工过程不能立即投入作业，必须有足够的时间间歇，这个间歇时间应尽量安排在专业队进场之前，不然不能保证专业队工作的连续。

③ 考虑施工程序的需要。流水步距的长度应保证每个施工段的施工作业程序不乱，不发生前一施工过程尚未全部完成，而后一施工过程便开始施工的现象。有时为了缩短时间，某些次要的专业队可以提前插入，但必须在技术上可行，而且不影响前一个专业队的正常工作。提前插入的现象越少越好，多了会打乱节奏，影响均衡施工。

（3）工期。工期是指从第一个专业队投入流水作业开始，到最后一个专业队完成最后一个施工过程的最后一段工作退出流水作业为止的整个持续时间。值得提及的是：由于一项工程往往由许多流水组组成，所以这里的工期指的是流水组的工期，而不是整个工程的总工期，可用符号"T_t"表示。

3.1.3　流水施工的分类

流水施工有以下几类。

3.1.3.1　按流水施工对象的范围分类

根据流水施工的工程对象范围，可分为细部流水、专业流水、建设工程项目流水和综合流水。

（1）细部流水。指一个专业队利用同一生产工具依次地、连续不断地在各个区段中完成同一施工过程的工作流水（即工序流水）。

（2）专业流水（或称工艺组合流水）。把若干个工艺上密切联系的细部流水组合起来，就形成了专业流水。它是各个专业队共同围绕完成一个分部工程的流水，如基础工程流水、结构工程流水、装修工程流水等。

（3）建设工程项目流水。即为完成单位工程而组织起来的全部专业流水的总和。

（4）综合流水。是为完成工业企业或民用建筑群而组织起来的完整建设工程项目流水的总和。

3.1.3.2   按施工过程分解的深度分类

根据流水施工组织的需要，有时要求将工程对象的施工过程分解得细些，有时则要求分解得粗些，这就形成了施工过程分解深度的差异。

（1）彻底分解流水。即经过分解后的所有施工过程都由单一工种完成，故所组织的专业队都应该是由单一工种的工人（或机械）组成。

（2）局部分解流水。在进行施工过程的分解时将一部分施工任务适当合并在一起，形成多工种协作的综合性施工过程，这就是不彻底分解的施工过程。这种包含多工种协作的施工过程的流水，就是局部分解流水。如钢筋混凝土圈梁作为一个施工过程，它包含了支模、扎筋和混凝土浇注这几项工作。该施工过程如果由一个混合工作队（由木工、钢筋工和混凝土工组成）负责施工，这个流水组就称为局部分解流水。

3.1.3.3   按流水的节奏特征分类

（1）有节奏流水施工。有节奏流水施工又分为等节奏流水施工和异节奏流水施工。

① 等节奏流水施工。指流水组中，每一个施工过程本身在各施工段上的作业时间（流水节拍）都相同，即流水节拍是一个常数，并且各个施工过程的流水节拍相等。

② 异节奏流水施工。指流水组中，每一个施工过程的流水节拍都相同，但不同施工过程的流水节拍不一定相等。

（2）无节奏流水施工。流水组中各施工过程在各流水段上的作业时间（流水节拍）不完全相同，各施工过程的流水节拍无规律可循。

任务3.2
流水施工的组织方法

建议课时： 2学时

知识目标： 掌握流水施工的组织方法；掌握流水施工主要参数的定义与计算方法；初步掌握横道图的绘制方法和步骤。

能力目标： 能编制流水施工进度计划。

思政目标： 树立对工作任务科学研究、积极改进的工作态度；培养统筹兼顾、分工协作、善于沟通和合作的意识。

3.2.1   等节奏流水施工的组织方法

等节奏流水（亦称全等节拍流水）施工是指流水施工速度相等的组织流水方式，也是最理想的组织流水方式，因为这种方式能够保证专业队的工作连续、有节奏，可以实现均衡施工，从而最理想地达到组织流水施工的目的。在可能的情况下，应尽量采用这种方式组织流水施工。

3.2.1.1 组织等节奏流水施工的前提

（1）首要的前提是使各施工段的工程量基本相等。

（2）确定主导施工过程的流水节拍。

（3）使其他施工过程的流水节拍与主导施工过程的流水节拍相等（调节各专业队的人数可做到这一点）。

3.2.1.2 施工段数与施工过程数之间的关系

在多层建筑施工中，使每层流水段数与专业队数相等最为理想（即 $M=N'$），这样可以使得专业队的工作连续，工作面也充分利用。如果 $M > N'$，虽可使专业队的工作连续，但工作面有间歇，故效果稍差。如果 $M < N'$，则造成专业队窝工，这是组织流水施工不能允许的。施工段数与施工过程数之间的关系如图 3-2 所示。

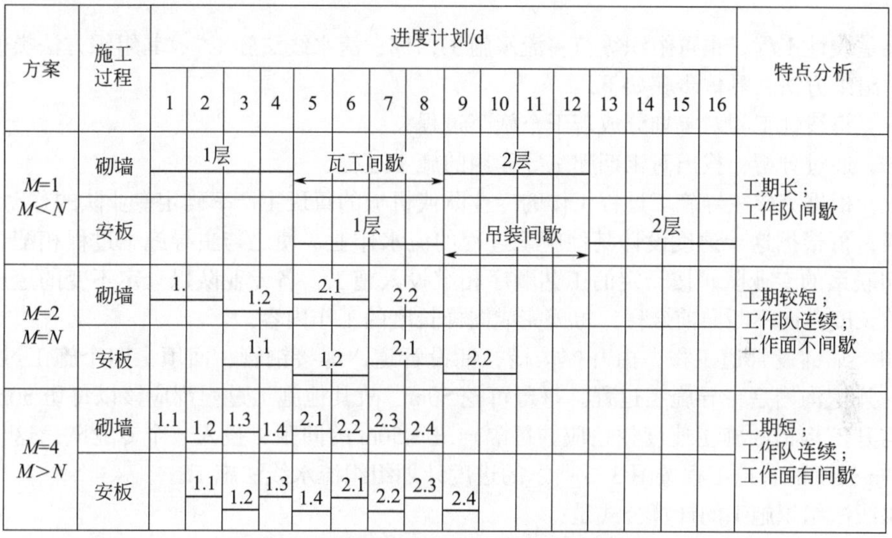

方案	施工过程	进度计划/d																特点分析
		1	2	3	4	5	6	7	8	9	10	11	12	13	14	15	16	
$M=1$ $M<N$	砌墙		1层			瓦工间歇				2层								工期长；工作队间歇
	安板				1层					吊装间歇				2层				
$M=2$ $M=N$	砌墙	1.		1.2		2.1		2.2										工期较短；工作队连续；工作面不间歇
	安板			1.1		1.2		2.1		2.2								
$M=4$ $M>N$	砌墙	1.1	1.2	1.3	1.4	2.1	2.2	2.3	2.4									工期短；工作队连续；工作面有间歇
	安板		1.1	1.2	1.3	1.4	2.1	2.2	2.3	2.4								

图 3-2 施工段数与施工过程数之间的关系

3.2.1.3 工期的计算

在没有技术间歇时间和插入时间的情况下，等节奏流水施工的流水步距与流水节拍在时间上相等。工期的计算公式是：

$$T_t = (M + N' - 1)t \qquad (3-3)$$

或

$$T_t = (M + N' - 1)k \qquad (3-4)$$

式中 T_t——工期，d；

M——各层的流水段数。

在有技术间歇时间和插入时间的情况下，工期的计算公式是：

$$T_t = (M + N' - 1)k - \sum C + \sum Z \qquad (3-5)$$

式中　$\sum C$——插入时间之和；

　　　$\sum Z$——间歇时间之和。

图 3-3 是一个等节奏流水施工图。其中，$M = 4$，$N = N' = 5$，$t = 4\text{d}$，$\sum Z = 4\text{d}$，$\sum C = 4\text{d}$，其工期计算如下：

$$T_t = (M + N' - 1)k - \sum C + \sum Z = (4 + 5 - 1) \times 4 - 4 + 4 = 32(\text{d})$$

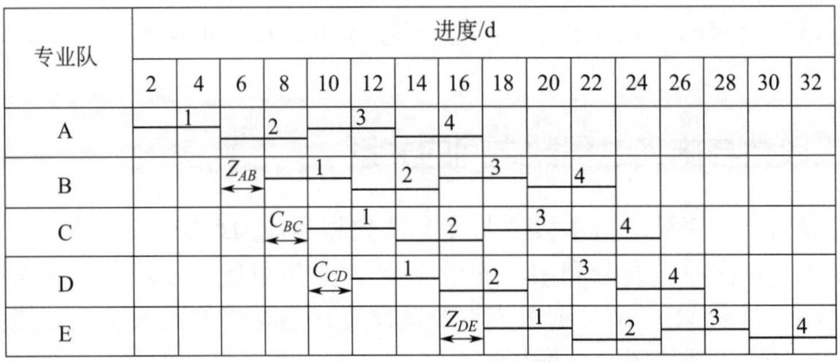

专业队	进度/d															
	2	4	6	8	10	12	14	16	18	20	22	24	26	28	30	32
A	1		2			3		4								
B			Z_{AB}	1		2		3		4						
C				C_{BC}		1		2		3		4				
D					C_{CD}		1		2		3		4			
E								Z_{DE}		1		2		3		4

图 3-3　等节奏流水施工图

如果是线性工程，也可组织等节奏流水施工，称"流水线法施工"，其组织方法类似于建筑物施工的组织方法，具体步骤如下。

第一，将线性工程对象划分成若干个施工过程。

第二，通过分析，找出对工期起主导作用的施工过程。

第三，根据完成主导施工过程工作的专业队或机械的每班生产率确定专业队的移动速度。

第四，再根据这一速度设计其他施工过程的流水作业，使之与主导施工过程相配合。即工艺上密切联系的专业队，按一定的工艺顺序相继投入施工，各专业队以一定不变的速度沿着线性工程的长度方向不断向前推移，每天完成同样长度的工作内容。

例如，某铺设管道工程，由开挖沟槽、铺设管道、焊接钢管、回填土四个施工过程组成。经分析，开挖沟槽是主导施工过程。每班可挖 50m。故其他施工过程都应该以每班 50m 的施工速度，与开挖沟槽的施工速度相适应。每隔一班（50m 的间距）投入一个专业队。这样，就可以对 500m 长度的管道工程按图 3-3 所示的进度计划组织流水线法施工。

流水线法组织施工的计算公式是：

$$T_t = (N' - 1)k + \frac{L}{V}k - \sum C + \sum Z \tag{3-6}$$

令 $\dfrac{L}{V} = M$，则

$$T_t = (M + N' - 1)k - \sum C + \sum Z \tag{3-7}$$

式中　T_t——线性工程施工工期，d；

　　　L——线性工程总长度；

　　　k——流水步距；

　　　N'——工作队数；

　　　V——每班移动速度。

本例中，$k = 1d$，$N' = 4$，$M = \dfrac{500}{50} = 10$，故：

$$T_t = (10 + 4 - 1) \times 1 = 13(\text{d})$$

此计算成果与图 3-4 相符。

施工过程专业队		进度/d												
		1	2	3	4	5	6	7	8	9	10	11	12	13
开挖沟槽	甲													
铺设管道	乙													
焊接钢管	丙													
回填土	丁													

图 3-4　流水线法施工计划

3.2.2　异节奏流水施工的组织方法

当各专业队的流水节拍都是某一个常数的倍数时，我们可以仿照全等节拍流水的方式组织施工，产生与全等节拍流水施工同样的效果。这种组织方式可称为成倍节拍流水。

例如，某工程有 7 段，划分为甲、乙、丙三个施工过程，经计算，确定其流水节拍为 2d、6d 和 4d，这三种节拍都是 2 的倍数。于是，可以通过增加工作队的办法，把它组织成类似于全等节拍流水的成倍节拍流水，这个全等节拍就是各节拍的最大公约数。组织方法如下。

（1）以最大公约数去除各施工过程的流水节拍，其商数就是各施工过程需要组建的专业队。本例中，甲施工过程需要 1 个队，乙施工过程需要 3 个队，丙施工过程需要 2 个队。

（2）分配每个专业队负责的施工段，以便按时到位施工。

（3）以常数为流水步距，绘制流水施工图。图 3-5 就是该工程的成倍节拍流水施工图。

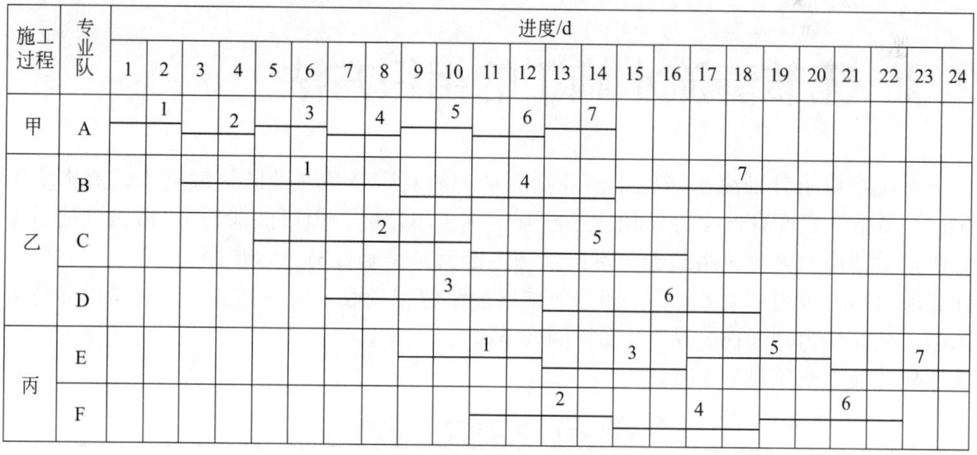

施工过程	专业队	进度/d																							
		1	2	3	4	5	6	7	8	9	10	11	12	13	14	15	16	17	18	19	20	21	22	23	24
甲	A		1		2		3		4		5		6		7											
乙	B						1						4						7							
	C								2						5											
	D										3							6								
丙	E											1			3				5			7				
	F													2				4			6					

图 3-5　成倍节拍流水施工图

（4）检查图的正确性，防止发生错误。既不能有"超前"作业，又不能有中间停歇。

（5）计算工期。计算公式与全等节拍流水施工相同，即：

$$T_{t} = (M + N' - 1)k - \sum C + \sum Z$$

本例的工期是：$T_t = (M + N' - 1)k = (7 + 6 - 1) \times 2 = 24$ (d)

在异节奏流水施工中，如果各施工过程之间的流水节拍没有成倍的规律，可有两种组织方法：一种方法是计算其流水步距，然后绘制流水作业图，计算的方法可参照无节奏流水施工的流水步距计算方法，图 3-6 是一种节拍不成倍数的异节奏流水施工；另一种方法是以最大节拍为准组织等节奏间断流水施工，如图 3-7 所示。

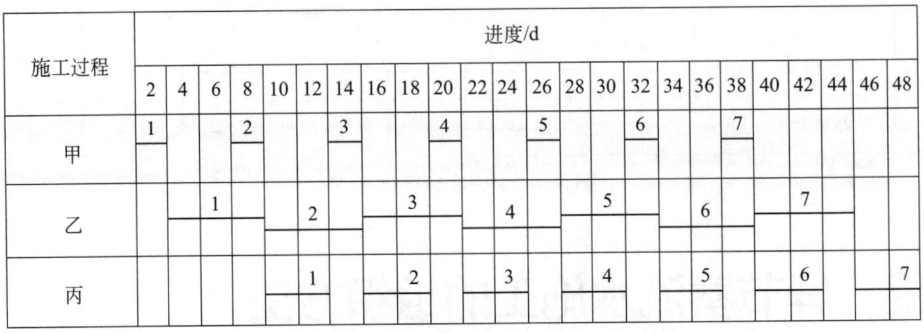

图 3-6　按无节奏法组织异节奏流水施工图

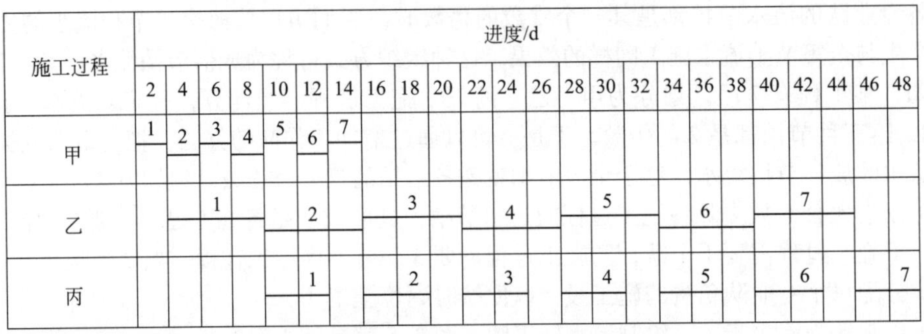

图 3-7　按等节奏法组织异节奏流水施工图

3.2.3　无节奏流水施工的组织方法

无节奏流水可用分别流水法施工。分别流水法的实质是各专业队连续施工，流水步距经计算确定，是专业队之间在一个施工段内不相互干扰（不超前，但可能滞后），或做到前后工作队之间工作紧紧衔接。因此，组织无节奏流水的关键就是正确计算流水步距。

计算流水步距可用"大差法"，即"节拍累加错位相减取大值"的方法，它是由潘特考夫斯基提出的，故又称为"潘氏方法"，现举例如下。

某工程的流水节拍见表 3-1。

表 3-1　某工程的流水节拍

施工过程	流水节拍 /d			
	一段	二段	三段	四段
甲	2	4	3	2
乙	3	3	2	2
丙	4	2	3	2

流水步距的步骤如下。

第一步，累加各施工过程的计算流水节拍，形成累加数据系列。

第二步，相邻两施工过程的累加数据系列错位相减。

第三步，取差数之大者，作为该两个施工过程的流水步距。

根据以上三个步骤对本例进行计算。首先求甲、乙两施工过程的流水步距：

$$
\begin{array}{rrrrr}
 & 2 & 6 & 9 & 11 & 0 \\
- & 0 & 3 & 6 & 8 & 10 \\
\hline
 & 2 & 3 & 3 & 3 & -10 \\
\end{array}
$$

可见，其最大差值为3，故甲、乙两施工过程的流水步距可取3d。

同理可求乙、丙两施工过程的流水步距是3d。

$$
\begin{array}{rrrrr}
 & 3 & 6 & 8 & 10 & 0 \\
- & 0 & 4 & 6 & 9 & 11 \\
\hline
 & 3 & 2 & 2 & 1 & -11 \\
\end{array}
$$

该工程的流水作业图见图3-8。

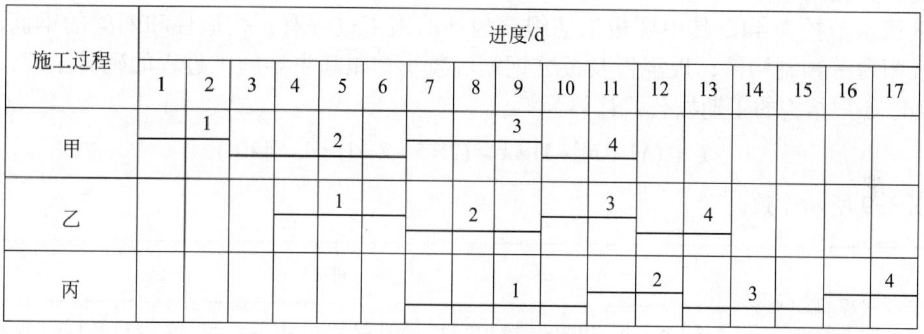

施工过程	进度/d																
	1	2	3	4	5	6	7	8	9	10	11	12	13	14	15	16	17
甲		1			2				3		4						
乙					1			2			3		4				
丙									1			2		3			4

图3-8 流水作业图

无节奏流水的工期计算公式是：

$$T_{t} = \sum k_{i,i+1} + \sum t_{n}^{z} - \sum C + \sum Z \tag{3-8}$$

式中 $\sum k_{i,i+1}$ ——流水步距之和；

$\sum t_{n}^{z}$ ——最后一个施工过程的各段累计施工时间。

该工程的工期为：

$$
\begin{aligned}
T_{t} &= \sum k_{i,i+1} + \sum t_{n}^{z} - \sum C + \sum Z \\
&= (3+3) + (4+2+3+2) = 17(\text{d})
\end{aligned}
$$

任务3.3

流水施工进度计划的编制

建议课时：4学时

知识目标：掌握横道图的绘制方法和步骤；掌握流水施工进度计划的编制方法。

能力目标：能编制流水施工进度计划。

思政目标：树立对工作任务科学研究、积极改进的工作态度；培养统筹兼顾、分工协作、善于沟通和合作的意识。

3.3.1 等节奏流水施工进度计划

等节奏流水施工进度计划是用等节奏流水施工原理编制的。组织等节奏流水施工在一个群体工程总体上及在一个单体工程总体上是难以做到的。但是完全可以在分部工程中或分区工程中实现等节奏流水施工。

图 3-9 是一幢 5 层 4 单元砖混结构工程结构分部工程的等节奏流水施工进度计划，安排一个瓦工组，实施以 2d 完成一个单元层砌砖为主导施工过程的等节奏流水施工。每段由 2 个单元组成，故流水节拍为 4d。其中楼板工艺组合包括的施工过程有：构造柱和圈梁的钢筋混凝土；吊楼板及阳台等预制构件；现浇板及板缝钢筋混凝土；跟随主导施工过程的砌砖工程，流水节拍也为 4d。5 层结构的工期按公式计算为：

$$T_{\mathrm{t}}=(M+N'-1)\times k=(2\times5+2-1)\times4=44(\mathrm{d})$$

与图 3-9 所示一致。

序号	施工过程	施工队	进度/d																					
			2	4	6	8	10	12	14	16	18	20	22	24	26	28	30	32	34	36	38	40	42	44
1	砌砖	甲	Ⅰ-1		Ⅰ-2		Ⅱ-1		Ⅱ-2		Ⅲ-1		Ⅲ-2		Ⅳ-1		Ⅳ-2		Ⅴ-1		Ⅴ-2			
2	楼板	乙			Ⅰ-1		Ⅰ-2		Ⅱ-1		Ⅱ-2		Ⅲ-1		Ⅲ-2		Ⅳ-1		Ⅳ-2		Ⅴ-1		Ⅴ-2	

图 3-9 砖混结构工程结构流水施工进度计划

3.3.2 成倍节拍流水施工进度计划

成倍节拍流水施工是把异节奏流水施工中流水节拍为某一常数的倍数的工程换为等节奏流水施工。在许多工程中，可以利用这一原理编制施工进度计划，现举例说明如下。

某建筑群体平面布置图见图3-10，该群体工程的基础为浮筏式钢筋混凝土基础，包括挖土、垫层、钢筋混凝土、砌墙基、回填土5个施工过程，1个单元的施工时间见表3-2。要求组织成倍节拍流水施工，并绘制出基础工程施工的流水施工图。

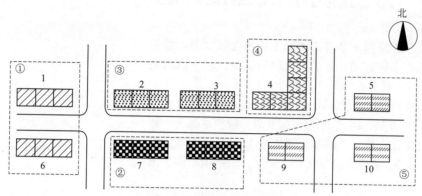

图3-10 建筑群平面布置图

表3-2 1个单元各施工过程的施工时间

施工过程	挖土	垫层	钢筋混凝土	砌墙基	回填土
施工时间 /d	2	1	3	2	1

该建筑群体共30个单元，如果划分流水区，只能以4号楼为最大单元组合，以保持其基础的整体性。全部建筑分成如图3-10所示的五个流水区，每个区6个单元。为了合理利用已有道路，确定施工流向自西向东，施工顺序为：1号、6号（一区）→7号、8号（二区）→2号、3号（三区）→4号（四区）→5号、9号、10号（五区），每个区施工过程的流水节拍为一个单元施工时间的6倍。

组织异节奏流水时，由于各流水节拍均为6的倍数，故可将该工程组织为成倍节拍流水施工，流水步距为6d，各施工过程的专业队数是：挖土2个队，垫层2个队，钢筋混凝土3个队，砌砖基础2个队，回填土1个队，基础流水施工的进度计划图见图3-11所示。其工期计算如下：

$$T_t = (M + N' - 1)k = [5 + (2 + 1 + 3 + 2 + 1) - 1] \times 6$$
$$= (5 + 9 - 1) \times 6 = 78(d)$$

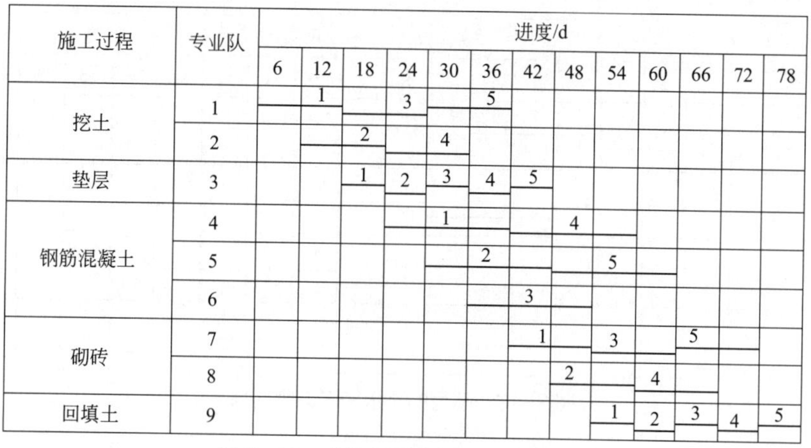

施工过程	专业队	进度/d												
		6	12	18	24	30	36	42	48	54	60	66	72	78
挖土	1		1		3		5							
	2			2		4								
垫层	3			1	2	3	4	5						
钢筋混凝土	4				1			4						
	5					2			5					
	6						3							
砌砖	7					1		3		5				
	8						2		4					
回填土	9							1	2	3	4	5		

图3-11 成倍节拍流水施工进度计划

总工期为 78d，与进度计划图相一致。

3.3.3 分别流水施工进度计划

分别流水法编制无节奏流水施工的进度计划时，按施工顺序可能有多种方案，可进行比较后确定。现举例说明如下。

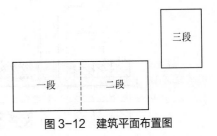

图 3-12　建筑平面布置图

某工程由主楼和塔楼组成，现浇柱、预制梁板框架剪力墙结构，主楼 14 层，塔楼 17 层，拟分成三段流水施工，施工顺序有待优化决策。平面布置图如图 3-12 所示。每层流水节拍见表 3-3。要求合理安排施工顺序，绘制流水施工进度计划图。

表 3-3　各施工过程的流水节拍

序号	施工过程	流水节拍 /d		
		一段	二段	三段
1	柱	2	1	3
2	梁	3	3	4
3	板	1	1	2
4	节点	3	2	4

为了保证主楼施工连续，可能的施工顺序有：
① 一段→二段→三段；
② 二段→一段→三段；
③ 三段→一段→二段；
④ 三段→二段→一段。

采用"大差法"对各流水施工方案的流水步距进行计算，并求出每个方案每层的工期，可得：第 1 方案 20d，第 2 方案 19d，第 3 方案 21d，第 4 方案 21d，故以第 2 方案工期最短，以此顺序安排的流水施工计划见图 3-13 所示。

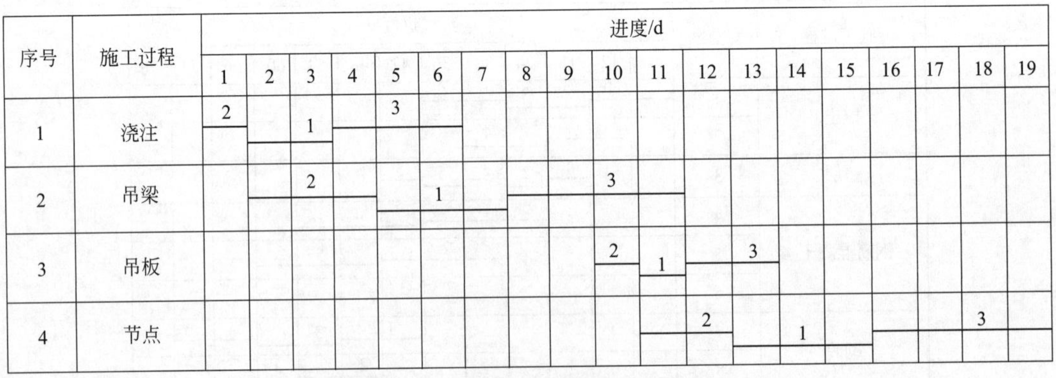

序号	施工过程	进度/d																		
		1	2	3	4	5	6	7	8	9	10	11	12	13	14	15	16	17	18	19
1	浇注	2		1		3														
2	吊梁			2			1				3									
3	吊板										2	1		3						
4	节点												2		1				3	

图 3-13　每层的流水施工进度计划

思考与练习

?

一、选择题

1. 不属于流水施工时间参数的是（   ）。

A. 流水节拍　　　　B. 流水步距　　　C. 工期　　　　D. 施工段

2. 最理想的组织流水施工方式是（   ）。

A. 全等节拍流水　　B. 异节奏流水　　C. 无节奏流水　　D. 成倍节拍流水

3. 成倍节拍流水属于（   ）。

A. 等节奏流水　　　B. 异节奏流水　　C. 无节奏　　　D. 均不是

4. 流水节拍是指（   ）。

A. 某个专业队的施工作业时间

B. 某个专业队在一个施工段上的作业时间

C. 某个专业队在各个施工段上平均作业时间

D. 两个相邻工作队进入流水作业的时间间隔

5. 砖混结构主体分部工程的主导工序是（   ）。

A. 安装预制板　　　　　　　　　B. 现浇圈梁构造柱

C. 砌墙　　　　　　　　　　　　D. 现浇板带

6. 流水步距是指（   ）。

A. 相邻两个施工过程开始进入同一个施工段的时间间隔

B. 相邻两个施工过程开始进入第一个施工段的时间间隔

C. 任意两个施工过程进入同一个施工段的时间间隔

D. 任意两个施工过程进入第一个施工段的时间间隔

7. 流水施工中，（   ）必须连续均衡施工。

A. 所有施工过程　　B. 主导工序　　C. 次要工序　　D. 无特殊要求

二、简答题

1. 已知某工程任务划分为五个施工过程 A、B、C、D、E，分四段组织流水施工，流水节拍均为 3d，在第二个施工过程 B 结束后有 2d 技术和组织间歇时间，试计算其工期并绘制进度计划。

2. 某两层现浇钢筋混凝土工程，施工过程分为安装模板、绑扎钢筋和浇注混凝土。已知每段每层各施工过程的流水节拍分别为：$t_模=2d$，$t_扎=2d$，$t_混=1d$。当安装模板工作队转移到第二结构层的第一段施工时，需待第一层第一段的混凝土养护一天后才能进行。在保证各工作队连续施工的条件下，求该工程每层最少的施工段数，并绘制流水施工进度表。

3. 某工程有 A、B、C、D 四个施工过程，均划分为六个施工段。设 $t_A=2d$，$t_B=6d$，$t_C=4d$，$t_D=2d$。试组织成倍节拍流水施工，计算其工期，并绘制施工进度计划。

项目
4

工程网络计划技术

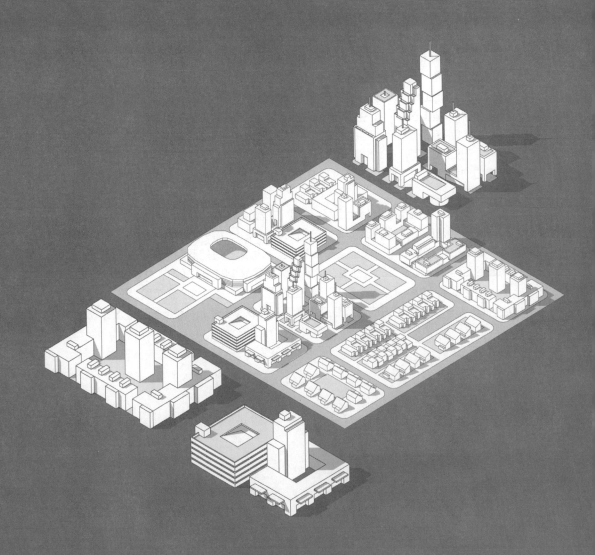

任务4.1

掌握网络计划技术基本概念

建议课时： 1学时

知识目标： 掌握网络计划技术的原理；初步了解工程网络计划的表达方式。

能力目标： 能识读网络计划，能编制网络计划。

思政目标： 树立对工作任务科学研究、积极改进的工作态度；培养统筹兼顾、分工协作、善于沟通和合作的意识。

4.1.1　网络计划技术的原理和特点

网络计划技术的原理可以表述为：用网络图的形式和数学运算来表达一项计划中各项工作的先后顺序和相互关系，通过时间参数的计算，找出关键工作、关键线路并确定工期，在满足既定约束条件下，按照规定的目标，不断改善网络计划，选择最优方案并付诸实施。在计划实施过程中，不断进行跟踪检查、调整，保证计划自始至终有计划、有组织地顺利进行，从而达到工期短、费用低、质量好的目的。

网络计划技术具有下列特点。

（1）各项工作之间的逻辑关系全面完整、明确清晰。

（2）通过各种时间参数的计算，明确对全局有影响的关键工作和关键线路，便于管理者抓住主要矛盾，及时解决主要问题，确保工程按计划工期完成。

（3）便于对网络计划进行调整和优化，加强进度的目标管理，取得更好、更快、更省的整体效果，可以更科学、更合理地调配人力、物力和财力，根据选定的目标寻求最优方案。

（4）在计划实施过程中，可通过实际检查与时间参数计算进行对比，预见各工作提前或推迟完成对整个计划的影响程度，有利于发现偏差，并能根据变化的情况迅速进行调整，保证计划始终受到控制和监督。

（5）能利用计算机编制程序、绘图网络计划、调整和优化进行跟踪管理，以适应施工现场实际情况的变化。

但是网络计划技术也存在一些缺点，具体表现为：绘图较麻烦，表达不直观，流水施工的特点不像横道图那样直观，不宜显示资源需要量等。

综上所述，网络计划技术的最大特点是其能够提供施工管理所需的多种信息，有利于加强建设工程项目管理。网络计划技术最适用于项目计划，尤其适用于大型、复杂、协作范围广泛的项目实施进度控制。

4.1.2　工程网络计划的表达方式

网络计划技术的基本模型是网络图。所谓网络图，是指由箭线和节点按一定的次序排列而成的网状图形。在网络图中，按节点和箭线所代表的含义不同，分为双代号网络图和单代号网络图两大类。

4.1.2.1　双代号网络图

用双代号表示方法将计划中的全部工作根据它们的逻辑关系，从左到右绘制而成的网状图形就叫做双代号网络图，如图 4-1（a）所示。

双代号表示方法是指用两个节点（圆圈）和一根箭线表示一项工作，工作的名称标注在箭线的上方，持续时间标注在箭线的下方，箭尾表示工作的开始，箭头表示工作的结束。由于各工作均可用箭尾和箭头两个节点内的代号表示，因此，该表示方法称为双代号表示方法，如图 4-1（b）所示。

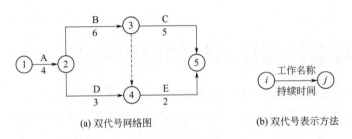

(a) 双代号网络图　　　　　　　　(b) 双代号表示方法

图 4-1　双代号网络图及其表示方法

4.1.2.2　单代号网络图

用单代号表示方法将计划中的全部工作根据它们的逻辑关系，从左到右绘制而成的网状图形就叫做单代号网络图，如图 4-2（a）所示。

单代号表示方法是指用一个节点（圆圈或方形）表示一个工作，箭线表示工作之间的逻辑关系，工作的名称、持续时间、节点编号都在节点中体现。由于各工作均可用节点内的一个代号来表示，因此，这种表示方法称为单代号表示方法，如图 4-2（b）所示。

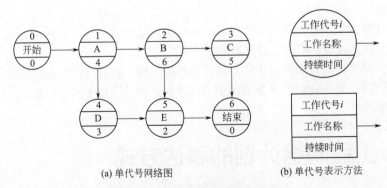

(a) 单代号网络图　　　　　　　　(b) 单代号表示方法

图 4-2　单代号网络图及其表示方法

任务4.2

双代号网络计划的编制

建议课时： 4学时

知识目标： 掌握双代号网络计划的编制方法。

能力目标： 能编制双代号网络计划；能找出关键线路和关键工作。

思政目标： 树立对工作任务科学研究、积极改进的工作态度；培养统筹兼顾、分工协作、善于沟通和合作的意识。

网络图是用箭线和节点组成的，用来表示工作流程的有向、有序的网状图形。所谓网络计划，是用网络图表达任务构成、工作顺序，并加注时间参数的进度计划。双代号网络图是以箭线及其两端节点的编号表示工作的网络图，如图4-3所示。

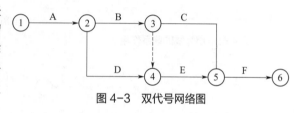

图4-3　双代号网络图

4.2.1　基本符号

4.2.1.1　箭线（工作）

（1）工作的表示。在双代号网络图中，每一条箭线表示一项工作。箭线的箭尾节点表示该工作的开始，箭头节点表示该工作的结束。工作的名称标注在箭线的上方，完成该项工作所需要的持续时间标注在箭线的下方，如图4-4（a）所示。

（2）虚箭线与实箭线。在双代号网络图中，箭线分为实箭线和虚箭线两种。任意一

图4-4　双代号网络图工作的表示法

条实箭线都要占用时间、消耗资源。有时，只占时间，不消耗资源，如混凝土的养护。在建筑工程中，一条箭线表示项目中的一个施工过程，它可以是一道工序、一个分项工程、一个分部工程或一个单位工程，其粗细程度、大小范围的划分根据计划任务的需要来确定。

（3）虚箭线的作用。在双代号网络图中，为了正确地表达工作之间的逻辑关系，往往需要应用虚箭线，其表示方法如图4-4（b）所示。虚箭线是实际工作中并不存在的一项虚拟工作，故它们既不占用时间，也不消耗资源，一般起着工作之间的联系、区分和断路作用。

① 联系作用。虚箭线的联系作用是指运用虚箭线正确表达工作之间相互依存的关系。如A、B、C、D四项工作的相互关系是：A完成后进行B，A、C均完成后进行D，则图形如图4-5所示，图中必须用虚箭线把A和D的前后关系连接起来。

  ② 区分作用。虚箭线的区分作用是指双代号网络图中每一项工作都必须用一条箭线和两个代号表示，若有两项工作同时开始，又同时完成，绘图时应使用虚箭线才能区分两项工作的代号，如图4-6所示。

  ③ 断路作用。虚箭线的断路作用是用虚箭线把没有关系的工作隔开，如图4-7所示，第一段的绑钢筋工作与第三段的支模板两项工作并没有约束关系，但在这里却有了约束，它表示第三段的支模板工作要在第一段的绑钢筋完成之后进行，故而产生了多余约束。混凝土Ⅰ和绑钢筋Ⅲ的关系也是如此。如图4-8所示，在第二段支模板与绑钢筋两项工作之间加上一条虚线，则上述的多余约束就断开了。扎筋Ⅱ和混凝土Ⅱ之间也是如此处理。

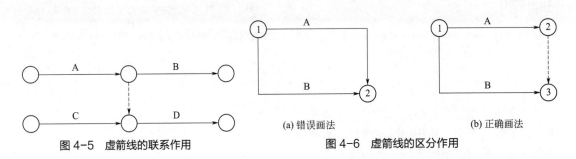

图 4-5　虚箭线的联系作用　　　　　　图 4-6　虚箭线的区分作用

(a) 错误画法　　　　　　　(b) 正确画法

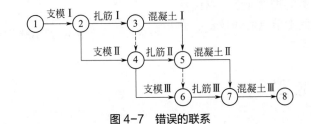

图 4-7　错误的联系

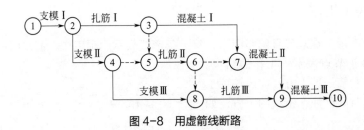

图 4-8　用虚箭线断路

  （4）箭线的长度与方向。在无时间坐标限制的网络图中，箭线的长度原则上可以任意画，其占用的时间以下方标注的时间参数为准。箭线可以为直线、折线或斜线，但其行进方向均应从左向右，如图4-9所示。在有时间坐标限制的网络图中，箭线的长度必须根据完成该工作所需持续时间的大小按比例绘制。

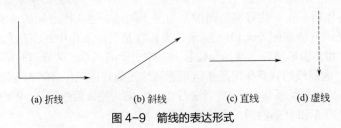

(a) 折线　　　　　(b) 斜线　　　　　(c) 直线　　　　　(d) 虚线

图 4-9　箭线的表达形式

（5）工作间的关系。在双代号网络图中，通常将被研究的对象称为本工作，用 $i—j$ 表示；
紧排在本工作之前的工作称为紧前工作，用 $h—i$ 表示；紧跟在本工作之后的工作称为紧后工作，用 $j—k$ 表示，与之平行进行的工作称为平行工作。各项工作之间的关系如图4-10所示。

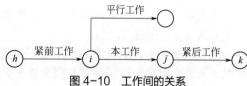

图4-10　工作间的关系

4.2.1.2　节点

节点是网络图中箭线之间的连接点，只表示工作的开始或结束的瞬间，即起着承上启下的衔接作用。所以，在双代号网络图中，节点既不占用时间、也不消耗资源。网络图中有三种类型的节点。

（1）起点节点。网络图中的第一个节点叫起点节点，它只有外向箭线，一般表示一项任务或一个项目的开始，如图4-11（a）所示。

（2）中间节点。网络图中既有内向箭线，又有外向箭线的节点称为中间节点，如图4-11(b)所示。

（3）终点节点。网络图中的最后一个节点叫终点节点，它只有内向箭线，一般表示一项任务或一个项目的完成，如图4-11（c）所示。

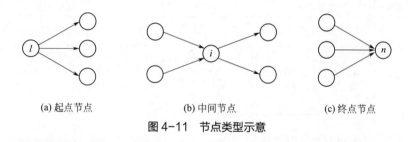

(a) 起点节点　　　　(b) 中间节点　　　　(c) 终点节点

图4-11　节点类型示意

（4）在双代号网络图中，节点应用圆圈表示，并在圆圈内编号。一项工作应当只有唯一的一条箭线和相应的一对节点，且要求箭尾节点的编号小于其箭头节点的编号。例如在图4-12中，应有：$i<j<k$。网络图节点的编号顺序应从小到大，可不连续，但严禁重复。

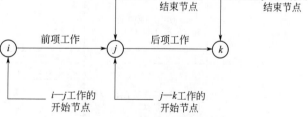

图4-12　箭尾节点和箭头节点

4.2.1.3　线路

网络图中从起点节点开始，沿箭头方向顺序通过一系列箭线与节点，最后达到终点节点的通路称为线路。线路上各项工作持续时间的总和称为该线路的计算工期。一般网络图有多条线路，可依次用该线路上的节点代号来记述，其中最长的一条线路被称为关键线路，位于关键线路上的工作称为关键工作。

4.2.2　逻辑关系

网络图中工作之间相互制约或相互依赖的关系称为逻辑关系，它包括工艺关系和组织关系，在网络中均应表现为工作之间的先后顺序。

（1）工艺关系。生产性工作之间由工艺过程决定的先后顺序关系，非生产性工作之间由工作程序决定的先后顺序称为工艺关系。例如先做基础，后做主体；先进行结构，后进行装修等，工艺关系是不能随意改动的。

（2）组织关系。组织关系是指在不违反工艺关系的前提下，工作之间由于组织安排需要或资源（人力、材料、机械设备和资金等）调配需要而规定的先后顺序关系，是人为安排的。例如：建筑群体工程中建筑物开工顺序的安排；组织流水施工等。

网络图的绘制应正确地表达整个工程或任务的工艺流程和各工作开展的先后顺序及它们之间相互依赖、相互制约的逻辑关系，因此，绘图时必须遵循一定的基本规则和要求。

4.2.3　双代号网络图的绘图规则

（1）双代号网络图必须正确表达已定的逻辑关系。双代号网络图中常见的逻辑关系的表达方式如图 4-13 所示。

序号	逻辑关系	双代号表示方法	备注
1	A、B两项工作依次进行		A工作结束后开始B工作
2	A、B、C三项工作同时开始		三项工作具有共同的起点节点
3	A、B、C三项工作同时结束		三项工作具有共同的结束节点
4	A、B、C三项工作，A完成后进行B、C		A工作的结束节点是B、C工作的开始节点
5	A、B、C三项工作，A、B完成后进行C		A、B工作的结束节点是C工作的开始节点
6	A、B、C、D四项工作，A、B完成后进行C、D		A、B工作的结束节点是C、D工作的开始节点
7	A、B、C、D四项工作，A完成后进行C、A、B完成后进行D		加入虚箭线，使A工作成为D工作的紧前工作

续表

序号	逻辑关系	双代号表示方法	备注
8	A、B、C、D、E五项工作，A、B完成后进行D，B、C完成后进行E	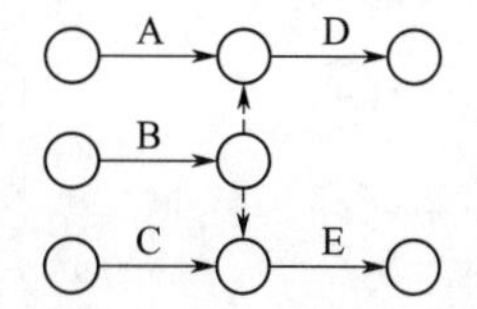 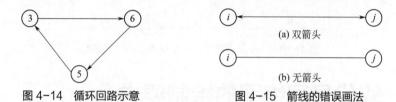	加入两条虚箭线，使B工作成为D、E共同的紧前工作
9	A、B、C、D、E五项工作，A、B、C完成后进行D，B、C完成后进行E	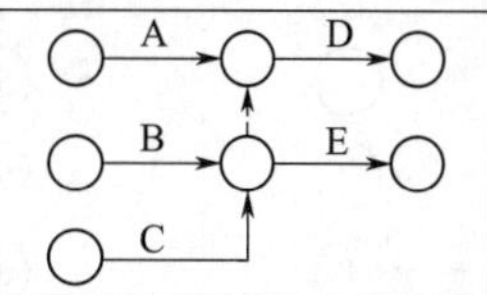 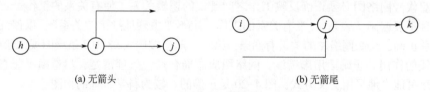	引入虚箭线，使B、C工作成为D工作的紧前工作
10	A、B两个施工过程，按三个施工段流水施工	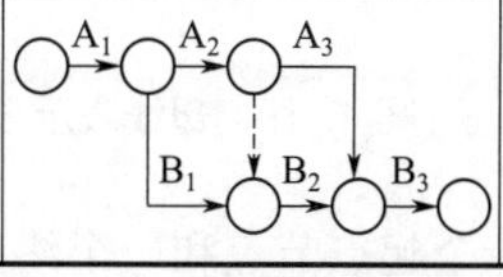 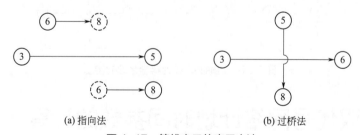	引入虚箭线，B_2工作的开始受到A_2和B_1两项工作的制约

图 4-13　逻辑关系表达方式

（2）双代号网络图中，严禁出现循环回路。所谓循环回路是指从网络图中的某一个节点出发，顺着箭线方向又回到了原来出发点的线路。如图 4-14 所示的逻辑关系是错误的，工艺顺序也是矛盾的。

（3）双代号网络图中，在节点之间严禁出现带双向箭头或无箭头的连线，如图 4-15 所示。

图 4-14　循环回路示意　　　　图 4-15　箭线的错误画法

（4）双代号网络图中，严禁出现没有箭头节点或没有箭尾节点的箭线，如图 4-16 所示。

(a) 无箭头　　　　　　　　　　　(b) 无箭尾
图 4-16　没有箭头和箭尾节点的箭线

（5）绘制网络图时，箭线不宜交叉；当交叉不可避免时，可采用指向法或过桥法，如图 4-17 所示。

(a) 指向法　　　　　　　　　　(b) 过桥法
图 4-17　箭线交叉的表示方法

（6）当双代号网络图的某些节点有多条外向箭线或多条内向箭线时，为使图形简洁，可使用母线法绘制（但一项工作应用一条箭线和对应的一对节点表示），如图4-18所示。

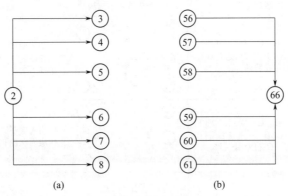

图4-18　母线表示方法

（7）双代号网络图中应只有一个起点节点和一个终点节点（多目标网络图计划除外）；而其他所有节点均应是中间节点，如图4-19所示。

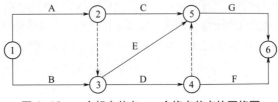

图4-19　一个起点节点、一个终点节点的网络图

4.2.4　双代号网络图的绘制要求

绘制双代号网络图必须正确反映工作之间既定的逻辑关系，使有关系的工作一定把关系表达准确，且不要漏画"关系"；没有关系的工作一定不要生硬地扯上"关系"，以保证工作之间的逻辑关系正确。绘制网络图的关键有两条：第一，严格按照4.2.3中7条绘图规则绘图；第二，发挥虚箭线的作用并正确运用虚箭线。网络图应布局合理，条理清楚，尽量横平竖直，避免歪斜零乱，尽可能少地采用交叉方式。图4-20是正确的、较为科学合理的构图。

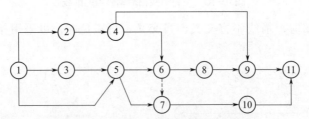

图4-20　正确的、较为科学合理的构图

4.2.5　双代号网络计划时间参数的计算

网络计划时间参数是指网络图、工作及节点所具有的各种时间值。通过计算各项工作的时

间参数，以确定网络计划的关键工作、关键线路和计算工期等，为网络计划的优化、调整和执行提供明确的时间参数和依据。双代号网络计划时间参数的计算方法，常用的有：按工作计算法和按节点计算法进行计算；在计算方式上又可分为分析计算法、表上计算法、图上计算法、矩阵计算法和计算机计算法等。本部分只介绍按工作时间和节点时间在图上进行计算的方法（图上计算法和分析计算法）。

4.2.6　时间参数的概念及其符号

4.2.6.1　工作持续时间：$D_{i\text{-}j}$

工作持续时间是对一项工作规定的从开始到完成的时间。在双代号网络计划中，工作 $i—j$ 的持续时间用 $D_{i\text{-}j}$ 表示。

4.2.6.2　工期：T

工期泛指完成任务所需要的时间，一般有以下三种。

（1）计算工期：T_c。根据网络计划时间参数计算所得到的工期，用 T_c 表示。

（2）要求工期：T_r。任务委托人所提出的指令性工期，用 T_r 表示。

（3）计划工期：T_p。根据要求工期和计算工期所确定的作为实施目标的工期，用 T_p 表示。

网络计划的计划工期 T_p 应按下列情况分别确定。

① 当已规定要求工期 T_r 时，取 $T_p < T_r$。

② 当未规定要求工期时，可令计划工期等于计算工期，即 $T_p = T_c$。

4.2.6.3　网络计划工作的六个时间参数

（1）工作的最早时间

① 最早开始时间。工作最早开始时间是在紧前工作全部完成后，本工作有可能开始的最早时刻。工作 $i—j$ 的最早开始时间用 $ES_{i\text{-}j}$ 表示。

② 最早完成时间。工作最早完成时间是在紧前工作全部完成后，本工作有可能完成的最早时刻。工作 $i—j$ 的最早完成时间用 $EF_{i\text{-}j}$ 表示。

（2）工作的最迟时间

① 最迟开始时间。最迟开始时间是在不影响整个任务按期完成的前提下，工作必须开始的最迟时刻。工作 $i—j$ 的最迟开始时间用 $LS_{i\text{-}j}$ 表示。

② 最迟完成时间。最迟完成时间是在不影响整个任务按期完成的前提下，工作必须完成的最迟时刻。工作 $i—j$ 的最迟完成时间用 $LF_{i\text{-}j}$ 表示。

（3）工作时差的计算

① 总时差。总时差是在不影响总工期的前提下，本工作可以利用的机动时间。工作 $i—j$ 的总时差用 $TF_{i\text{-}j}$ 表示。

② 自由时差。自由时差是在不影响其紧后工作最早开始的前提下，本工作可以利用的机动时间。工作 $i—j$ 的自由时差用 $FF_{i\text{-}j}$ 表示。

按工作计算法计算时间参数应在确定各项工作的持续时间之后进行。虚工作必须视同工作进行计算，其持续时间为零。各项工作时间参数的计算结果应标注在箭线之上，如图4-21所示。

图4-21 工作时间参数标注形式

注：当为虚工作时，图中的箭线为虚线

4.2.7 按工作计算法计算

按工作计算法在网络图上计算工作的六个时间参数，必须在清楚计算顺序和计算步骤的基础上，列出必要的公式，以加深对时间参数计算的理解。时间参数的计算步骤如下。

4.2.7.1 工作最早开始时间和最早完成时间的计算

工作最早时间参数受到紧前工作的约束，故其计算顺序应从起点节点开始，顺着箭线方向依次逐项计算。

（1）以网络计划的起点节点 i 为箭尾结点的工作 $i—j$，当未规定其最早开始时间时，其最早开始时间取零。如果网络计划起点节点的编号为1，则：

$$ES_{i\text{-}j}=0\ (i=1) \tag{4-1}$$

（2）顺着箭线方向依次计算各个工作的最早完成时间和最早开始时间。最早完成时间等于最早开始时间加上其持续时间，即：

$$EF_{i\text{-}j}=ES_{i\text{-}j}+D_{i\text{-}j} \tag{4-2}$$

最早开始时间等于各紧前工作 $h—i$ 的最早完成时间 $EF_{h\text{-}i}$ 的最大值，即：

$$ES_{i\text{-}j}=\max(EF_{h\text{-}i}) \tag{4-3}$$

或

$$ES_{i\text{-}j}=\max(ES_{h\text{-}i}+D_{h\text{-}i}) \tag{4-4}$$

4.2.7.2 确定计算工期 T_c

计算工期等于以网络计划的终点节点为箭头节点的各个工作的最早完成时间的最大值。当网络计划终点节点的编号为 n 时，计算工期为：

$$T_c=\max(EF_{i\text{-}n}) \tag{4-5}$$

当无要求工期的限制时，取计划工期等于计算工期，即取：$T_p=T_c$。

4.2.7.3 工作最迟开始时间和最迟完成时间的计算

工作最迟时间参数受到紧后工作的约束，故其计算顺序应从终点节点起，逆着箭线方向依次逐项计算。

（1）以网络计划的终点节点（$j=n$）为箭头节点的工作的最迟完成时间等于计划工期 T_p，即：

$$LF_{i-j} = T_p \qquad (4-6)$$

（2）逆着箭线方向依次计算各个工作的最迟开始时间和最迟完成时间。最迟开始时间等于最迟完成时间减去其持续时间，即：

$$LS_{i-j} = LF_{i-j} - D_{i-j} \qquad (4-7)$$

最迟完成时间等于其紧后工作的最迟开始时间 LS_{j-k} 的最小值，即：

$$LF_{i-j} = \min(LS_{j-k}) \qquad (4-8)$$

或

$$LF_{i-j} = \min(LF_{j-k} - D_{j-k}) \qquad (4-9)$$

4.2.7.4　计算工作总时差

总时差等于其最迟开始时间减去最早开始时间，或等于最迟完成时间减去最早完成时间，即：

$$TF_{i-j} = LS_{i-j} - ES_{i-j} \qquad (4-10)$$

$$TF_{i-j} = LF_{i-j} - EF_{i-j} \qquad (4-11)$$

4.2.7.5　计算工作自由时差

当工作 $i—j$ 有紧后工作 $j—k$ 时，其自由时差应为：

$$FF_{i-j} = ES_{i-j} - EF_{i-j} \qquad (4-12)$$

或

$$FF_{i-j} = ES_{i-j} - ES_{i-j} - D_{i-j} \qquad (4-13)$$

以网络计划的终点节点（$j=n$）为箭头节点的工作，其自由时差 FF_{i-n} 应按网络计划的计划工期 T_p 确定，即：

$$FF_{i-n} = T_p - EF_{i-n} \qquad (4-14)$$

或

$$FF_{i-n} = T_p - ES_{i-n} - D_{i-n} \qquad (4-15)$$

4.2.7.6　关键工作和关键线路的确定

（1）关键工作。总时差最小的工作是关键工作。

（2）关键线路。自始至终全部由关键工作组成的线路为关键线路，或线路上总的工作持续时间最长的线路为关键线路。网络图上的关键线路可用双线或粗线标注。

【例 4-1】已知网络计划的资料如表 4-1 所示，试绘制双代号网络计划。若计划工期等于计算工期，试计算各项工作的六个时间参数并确定关键线路，并标注在网络计划上。

表 4-1　网络计划资料表

工作名称	A	B	C	D	E	F	G
紧前工作	—	A	—	A、C	A、C	B、D	E
持续时间 /d	1	2	5	4	5	5	3

【解】（1）根据表 4-1 中网络计划的有关资料，按照网络图的绘图规则，绘制双代号网络图，如图 4-22 所示。

（2）计算各项工作的时间参数，并将计算结果标注在箭线上方相应的位置。

① 计算各项工作的最早开始时间和最早完成时间。从起始节点（①节点）开始顺着箭线方向依次逐项计算到终点节点（⑥节点）。

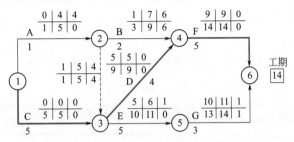

图4-22 双代号网络计划按工作计算法计算实例（单位：d）

a. 以网络计划起点节点为开始节点的各工作的最早开始时间为零，即：$ES_{1-2}=ES_{1-3}=0$。

b. 计算各项工作的最早开始时间和最早完成时间：

$$EF_{1-2}=ES_{1-2}+D_{1-2}=0+1=1(d)$$
$$EF_{1-3}=ES_{1-3}+D_{1-3}=0+5=5(d)$$
$$ES_{2-3}=EF_{1-2}=1(d)$$
$$EF_{2-3}=ES_{2-3}+D_{2-3}=1+0=1(d)$$
$$ES_{2-4}=EF_{1-2}=1(d)$$
$$EF_{2-4}=ES_{2-4}+D_{2-4}=1+2=3(d)$$
$$ES_{3-4}=ES_{3-5}=\max(EF_{1-3},\ EF_{2-3})=\max(5，\ 1)=5(d)$$
$$EF_{3-4}=ES_{3-4}+D_{3-4}=5+4=9(d)$$
$$EF_{3-5}=ES_{3-5}+D_{3-5}=5+5=10(d)$$
$$ES_{4-6}=\max(EF_{3-4},\ EF_{2-4})=\max(9，\ 3)=9(d)$$
$$EF_{4-6}=ES_{4-6}+D_{4-6}=9+5=14(d)$$
$$ES_{5-6}=EF_{3-5}=10(d)$$
$$EF_{5-6}=ES_{5-6}+D_{5-6}=10+3=13(d)$$

将以上计算结果标注在图4-22的相应位置。

② 确定计算工期 T_c 及计划工期 T_p。计算工期：$T_c=\max(EF_{5-6},EF_{4-6})=\max(13,14)=14(d)$。

由于没有要求工期，取计划工期等于计算工期，即计划工期：$T_p=T_c=14(d)$。

③ 计算各项工作的最迟开始时间和最迟完成时间。从终点节点（⑥节点）开始逆着箭头方向依次逐项计算到起点节点（①节点）。

a. 以网络计划终点节点为箭头节点的工作的最迟完成时间等于计划工期，即：$LF_{4-6}=LF_{5-6}=14(d)$。

b. 计算各项工作的最迟开始时间和最迟完成时间。

$$LS_{4-6}=LF_{4-6}-D_{4-6}=14-5=9(d)$$
$$LS_{5-6}=LF_{5-6}-D_{5-6}=14-3=11(d)$$
$$LF_{3-5}=LS_{5-6}=11(d)$$
$$LS_{3-5}=LF_{3-5}-D_{3-5}=11-5=6(d)$$
$$LF_{2-4}=LF_{3-4}=LS_{4-6}=9(d)$$
$$LS_{2-4}=LF_{2-4}-D_{2-4}=9-2=7(d)$$
$$LS_{3-4}=LF_{3-4}-D_{3-4}=9-4=5(d)$$

$$LF_{1-3} = LF_{2-3} = \min\ (LS_{3-4},\ LS_{3-5}) = \min(5,\ 6) = 5(d)$$
$$LS_{1-3} = LF_{1-3} - D_{1-3} = 5-5 = 0$$
$$LS_{2-3} = LF_{2-3} - D_{2-3} = 5-0 = 5(d)$$
$$LF_{1-2} = \min\ (LS_{2-3},\ LS_{2-4}) = \min(5,\ 7) = 5(d)$$
$$LS_{1-2} = LF_{1-2} - D_{1-2} = 5-1 = 4(d)$$

④ 计算各项工作的总时差。TF_{i-j} 可以用工作的最迟开始时间减去最早开始时间或用工作的最迟完成时间减去最早完成时间：

$$TF_{1-2} = LS_{1-2} - ES_{1-2} = 4-0 = 4(d)$$
或
$$TF_{1-2} = LF_{1-2} - EF_{1-2} = 5-1 = 4(d)$$
$$TF_{1-3} = LS_{1-3} - ES_{1-3} = 0-0 = 0$$
$$TF_{2-3} = LS_{2-3} - ES_{2-3} = 5-1 = 4(d)$$
$$TF_{2-4} = LS_{2-4} - ES_{2-4} = 7-1 = 6(d)$$
$$TF_{3-4} = LS_{3-4} - ES_{3-4} = 5-5 = 0$$
$$TF_{3-5} = LS_{3-5} - ES_{3-5} = 6-5 = 1(d)$$
$$TF_{4-6} = LS_{4-6} - ES_{4-6} = 9-9 = 0$$
$$TF_{5-6} = LS_{5-6} - ES_{5-6} = 11-10 = 1(d)$$

将以上计算结果标注在图 4-22 中的相应位置。

⑤ 计算各工作的自由时差。FF_{i-j} 等于紧后工作的最早开始时间减去本工作的最早完成时间：

$$FF_{1-2} = ES_{2-3} - EF_{1-2} = 1-1 = 0$$
$$FF_{1-3} = ES_{3-4} - EF_{1-3} = 5-5 = 0$$
$$FF_{2-3} = ES_{3-5} - EF_{2-3} = 5-1 = 4(d)$$
$$FF_{2-4} = ES_{4-6} - EF_{2-4} = 9-3 = 6(d)$$
$$FF_{3-4} = ES_{4-6} - EF_{3-4} = 9-9 = 0$$
$$FF_{3-5} = ES_{5-6} - EF_{3-5} = 10-10 = 0$$
$$FF_{4-6} = T_p - EF_{4-6} = 14-14 = 0$$
$$FF_{5-6} = T_p - EF_{5-6} = 14-13 = 1(d)$$

将以上计算结果标注在图 4-22 中的相应位置。

（3）确定关键工作及关键线路。在图 4-22 中，最小的总时差是 0，所以，凡是总时差为 0 的工作均为关键工作。该例中的关键工作是：①—③，③—④，④—⑥（或关键工作是：C、D、F）。时间最长的线路是关键线路，即①—③—④—⑥。关键线路用双箭线标注，如图 4-22 所示。

4.2.8　按节点计算法

按节点计算法计算网络计划的时间参数是先计算节点的最早时间（ET_i）和节点的最迟时间（LT_i），再根据节点时间推算工作时间参数。按节点计算法计算时间参数，其计算结果应标注在节点之上，如图 4-23 所示。

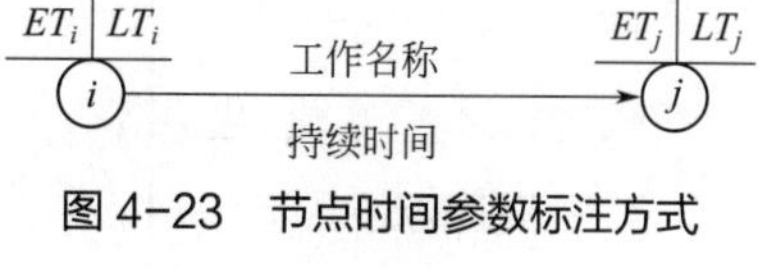

图 4-23　节点时间参数标注方式

4.2.8.1　计算节点时间

（1）节点最早时间 ET_i 的计算。双代号网络计划中，节点的最早时间是以该节点为开始节点的各项工作的最早开始时间。

节点 i 的最早时间 ET_i，应从网络计划的起点节点开始，顺着箭线方向逐项依次计算。

① 起点节点的最早时间为 0，即：

$$ET_i = 0 \ (i=1) \tag{4-16}$$

② 其他节点的最早时间 ET_j 按式（4-17）计算：

$$ET_j = \max(ET_i + D_{i\text{-}j}) \tag{4-17}$$

（2）网络计划计算工期 T_c 的计算。网络计划的计算工期等于其终点节点 n 的最早时间，即：

$$T_c = ET_n \tag{4-18}$$

（3）节点最迟时间 LT_i 的计算。节点最迟时间是以该节点为完成节点的工作的最迟完成时间。节点 i 的最迟时间 LT_i 应从网络计划的终点节点开始，逆着箭线方向逐项依次计算。

① 终点节点的最迟时间 LT_n 应按网络计划的计划工期 T_p 确定，即：

$$LT_n = T_p \tag{4-19}$$

② 其他节点的最迟时间 LT_i 应为：

$$LT_i = \min(LT_j - D_{i\text{-}j}) \tag{4-20}$$

4.2.8.2　根据节点时间计算工作时间参数

根据节点时间计算工作时间参数的公式如表 4-2 所示。

表 4-2　根据节点时间计算工作时间参数

工作 i—j 的时间参数	计算公式
最早开始时间 $ES_{i\text{-}j}$	$ES_{i\text{-}j} = ET_i$
最早完成时间 $EF_{i\text{-}j}$	$EF_{i\text{-}j} = ET_i + D_{i\text{-}j}$
最迟完成时间 $LF_{i\text{-}j}$	$LF_{i\text{-}j} = LT_j$
最迟开始时间 $LS_{i\text{-}j}$	$LS_{i\text{-}j} = LT_j - D_{i\text{-}j}$
总时差 $TF_{i\text{-}j}$	$TF_{i\text{-}j} = LT_j - ET_i - D_{i\text{-}j}$
自由时差 $FF_{i\text{-}j}$	$FF_{i\text{-}j} = ET_j - ET_i - D_{i\text{-}j}$

【例 4-2】计算图 4-24 中双代号网络计划的节点时间参数，并标注在网络图上。

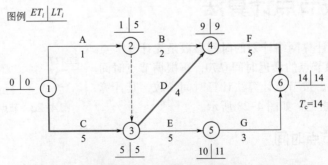

图 4-24　双代号网络计划节点计算法计算实例（单位：d）

【解】（1）计算各节点的时间参数，并将计算结果标注在节点上方相应位置，如图 4-24 所示。

① 计算各节点的最早时间：

$$ET_1 = 0$$
$$ET_2 = ET_1 + D_{1\text{-}2} = 0 + 1 = 1(\text{d})$$
$$ET_3 = ET_1 + D_{1\text{-}3} = 0 + 5 = 5(\text{d})$$
$$ET_4 = \max(ET_2 + D_{2\text{-}4},\ ET_3 + D_{3\text{-}4}) = \max(1+2,\ 5+4) = 9(\text{d})$$
$$ET_5 = ET_3 + D_{3\text{-}5} = 5 + 5 = 10(\text{d})$$
$$ET_6 = \max(ET_4 + D_{4\text{-}6},\ ET_5 + D_{5\text{-}6}) = \max(9+5,\ 10+3) = 14(\text{d})$$

② 网络计划的计算工期 $T_c = ET_6 = 14(\text{d})$。由于未规定要求工期，可令计划工期等于计算工期，即：$T_p = T_c = 14(\text{d})$。

③ 计算各节点的最迟时间：

$$LT_6 = T_P = 14(\text{d})$$
$$LT_5 = LT_6 - D_{5\text{-}6} = 14 - 3 = 11(\text{d})$$
$$LT_4 = LT_6 - D_{4\text{-}6} = 14 - 5 = 9(\text{d})$$
$$LT_3 = \min(LT_4 - D_{3\text{-}4},\ LT_5 - D_{3\text{-}5}) = \min(9-4,\ 11-5) = 5(\text{d})$$
$$LT_2 = \min(LT_3 - D_{2\text{-}3},\ LT_4 - D_{2\text{-}4}) = \min(5-0,\ 9-2) = 5(\text{d})$$
$$LT_1 = \min(LT_2 - D_{1\text{-}2},\ LT_3 - D_{1\text{-}3}) = \min(5-1,\ 5-5) = 0$$

（2）根据节点时间推算各工作时间参数

① 工作 i—j 最早开始时间 $ES_{i\text{-}j}$ 的计算：

$$ES_{1\text{-}2} = ES_{1\text{-}3} = ET_1 = 0$$
$$ES_{2\text{-}3} = ES_{2\text{-}4} = ET_2 = 1(\text{d})$$
$$ES_{3\text{-}4} = ES_{3\text{-}5} = ET_3 = 5(\text{d})$$
$$\cdots\cdots$$

余类推，以上计算结果见图 4-24。

② 工作 i—j 最早完成时间 $EF_{i\text{-}j}$ 的计算：

$$EF_{1\text{-}2} = ET_1 + D_{1\text{-}2} = 0 + 1 = 1(\text{d})$$
$$EF_{1\text{-}3} = ET_1 + D_{1\text{-}3} = 0 + 5 = 5(\text{d})$$
$$EF_{2\text{-}3} = ET_2 + D_{2\text{-}3} = 1 + 0 = 1(\text{d})$$
$$\cdots\cdots$$

余类推，以上计算结果见图 4-24。

③ 工作 i—j 最迟完成时间 $LF_{i\text{-}j}$ 的计算：

$$LF_{1\text{-}2} = LT_2 = 5(\text{d})$$
$$LF_{1\text{-}3} = LT_3 = 5(\text{d})$$
$$LF_{2\text{-}4} = LT_4 = 9(\text{d})$$
$$\cdots\cdots$$

余类推，以上计算结果见图 4-24。

④ 工作 i—j 最迟开始时间 $LS_{i\text{-}j}$ 的计算：

$$LS_{1\text{-}2} = LT_2 - D_{1\text{-}2} = 5 - 1 = 4(\text{d})$$
$$LS_{1\text{-}3} = LT_3 - D_{1\text{-}3} = 5 - 5 = 0$$
$$LS_{2\text{-}4} = LT_4 - D_{2\text{-}4} = 9 - 2 = 7(\text{d})$$
$$\cdots\cdots$$

余类推，以上计算结果见图4-24。

⑤ 工作 $i—j$ 总时差 TF_{i-j} 的计算：

$$TF_{1-2} = LT_2 - ET_1 - D_{1-2} = 5 - 0 - 1 = 4(d)$$
$$TF_{1-3} = LT_3 - ET_1 - D_{1-3} = 5 - 0 - 5 = 0$$
$$TF_{2-4} = LT_4 - ET_2 - D_{2-4} = 9 - 1 - 2 = 6(d)$$
$$TF_{3-5} = LT_5 - ET_3 - D_{3-5} = 11 - 5 - 5 = 1(d)$$
$$……$$

余类推，以上计算结果见图4-24。

⑥ 工作 $i—j$ 自由差 FF_{i-j} 的计算：

$$FF_{1-2} = ET_2 - ET_1 - D_{1-2} = 1 - 0 - 1 = 0$$
$$FF_{1-3} = ET_3 - ET_1 - D_{1-3} = 5 - 0 - 5 = 0$$
$$FF_{2-4} = ET_4 - ET_2 - D_{2-4} = 9 - 1 - 2 = 6(d)$$
$$FF_{3-5} = ET_5 - ET_3 - D_{3-5} = 10 - 5 - 5 = 0$$
$$……$$

余类推，以上计算结果见图4-24。

关键工作及关键线路的确定同【例4-1】，见图4-24。

4.2.9　用节点标号法计算工期并确定关键线路

标号法是计算总工期和确定关键线路的简单办法，计算步骤如下。

（1）设网络计划起点节点的标号值为零，即 $b_1 = 0$。

（2）顺箭线方向逐个计算节点的标号值。每个节点的标号值，等于以该节点为完成节点的各工作的开始节点标号值与相应工作持续时间之和的最大值，即：

$$b_j = \max(b_i + D_{i-j}) \tag{4-21}$$

将标号值的来源节点及得出的标号值标注在节点上方。

（3）节点标号完成后，终点节点的标号值即为计算工期。

（4）从网络计划终点节点开始，逆箭线方向按原节点寻求出关键线路。

【例4-3】试用节点标号法计算图4-25所示的网络计划工期并确定关键线路。

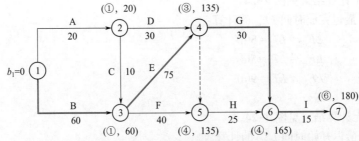

图4-25　用节点标号法计算工期并确定关键线路实例（单位：d）

由图4-25可知关键工作是：B、E、G、I，总工期为180d。

建议课时： 4学时

知识目标： 掌握单代号网络计划的编制方法。

能力目标： 能编制单代号网络计划；能找出关键线路和关键工作。

思政目标： 树立对工作任务科学研究、积极改进的工作态度；培养统筹兼顾、分工协作、善于沟通和合作的意识。

　　单代号网络图是以节点及其编号表示工作，以箭线表示工作之间逻辑关系的网络图。在单代号网络图中加注工作的持续时间，便形成单代号网络计划，如图 4-26 所示。

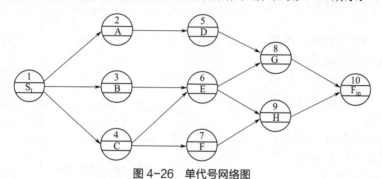

图 4-26　单代号网络图

4.3.1　单代号网络图

4.3.1.1　单代号网络图的基本符号

　　（1）节点。单代号网络图中的每一个节点表示一项工作，节点宜用圆圈或矩形表示。节点所表示的工作名称、持续时间和工作代号等应标注在节点内，如图 4-27 所示。

　　单代号网络图中的节点必须编号。编号标注在节点内，其号码可间断，但严禁重复。箭线的箭尾节点编号应小于箭头节点的编号。一项工作必须有唯一的一个节点及相应的一个编号。

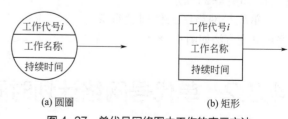

图 4-27　单代号网络图中工作的表示方法

　　（2）箭线。单代号网络图中的箭线表示紧邻工作之间的逻辑关系，既不占用时间，也不消耗资源。箭线应画成水平直线、折线或斜线。箭线水平投影的方向应自左向右，表示工作的行进方向。工作之间的逻辑关系包括工艺关系和组织关系，在网络图中均表现为工作之间的先后顺序。

（3）线路。单代号网络图中，各条线路应用该线路上的节点编号从小到大依次表述。

4.3.1.2　单代号网络图的特点

与双代号网络图相比，单代号网络图具有以下特点。

（1）工作之间的逻辑关系容易表达，且不用虚箭线，故绘图较简单。

（2）便于网络图检查和修改。

（3）由于工作的持续时间表示在节点之中，没有长度，故不够形象直观。

（4）表示工作之间逻辑关系的箭线可能产生较多的纵横交叉现象。

4.3.1.3　单代号网络图的绘图规则

单代号网络图的绘图规则大部分与双代号网络图的绘图规则相同，具体如下。

（1）单代号网络图必须正确表达已定的逻辑关系。

（2）单代号网络图中，严禁出现循环回路。

（3）单代号网络图中，严禁出现双向箭头或无箭头的连线。

（4）单代号网络图中，严禁出现没有箭尾节点的箭线和没有箭头节点的箭线。

（5）绘制网络图时，箭线不宜交叉，当交叉不可避免时，可采用过桥法或指向法绘制。

（6）单代号网络图只应有一个起点节点和一个终点节点；当网络图中有多项起点节点或多项终点节点时，应在网络图的两端分别设置一项虚工作，作为该网络图的起点节点 (S_t) 和终点节点 (F_{in})，如图 4-26 所示。

单代号网络图工作间逻辑关系的处理方法如图 4-28 所示。

序号	逻辑关系	单代号表示方法
1	A、B、C三项工作依次进行	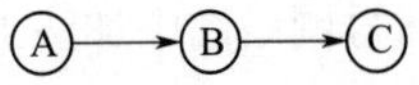
2	A、B、C三项工作同时开始	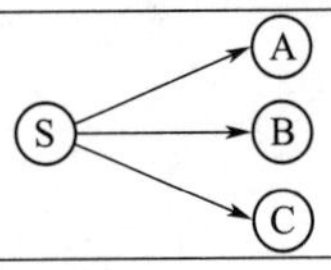
3	A、B、C三项工作同时结束	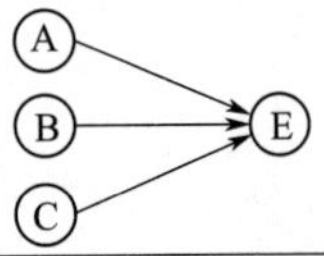
4	A、B、C三项工作，A完成后进行B、C	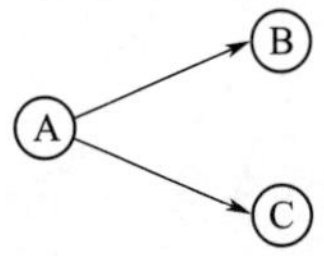
5	A、B、C三项工作，A、B完成后进行C	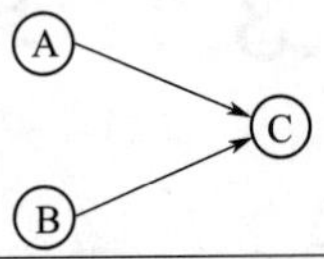
6	A、B、C、D四项工作，A、B完成后进行C、D	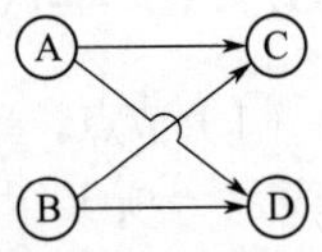

图 4-28　常见单代号逻辑关系表示方法

4.3.2　单代号网络计划时间参数的计算

单代号网络计划时间参数的计算应在确定各项工作的持续时间之后进行。时间参数的计算顺序和计算方法基本上与双代号网络计划时间参数的计算相同。单代号网络计划时间参数的标注形式如图 4-29 所示。

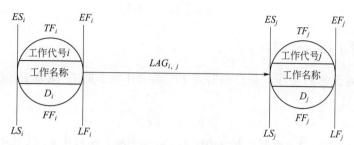

图 4-29 单代号网络计划时间参数的标注形式

单代号网络计划时间参数的计算步骤如下。

4.3.2.1 计算最早开始时间和最早完成时间

网络计划中各项工作的最早开始时间和最早完成时间的计算应从网络计划的起点节点开始，顺着箭线方向依次逐项计算。

（1）网络计划的起点节点的最早开始时间为零。如起点节点的编号为 1，则：

$$ES_i = 0 \ (i = 1) \tag{4-22}$$

（2）工作的最早完成时间等于该工作的最早开始时间加上其持续时间，即：

$$EF_i = ES_i + D_i \tag{4-23}$$

（3）工作的最早开始时间等于该工作的各个紧前工作的最早完成时间的最大值。如工作 j 的紧前工作的代号为 i，则：

$$ES_j = \max \ (EF_i) \tag{4-24}$$

或

$$ES_j = \max \ (EF_i + D_i) \tag{4-25}$$

式中 ES_j——工作 j 的最早开始时间。

（4）网络计划的计算工期 T_c。T_c 等于网络计划的终点节点 n 的最早完成时间 EF_n，即：

$$T_c = EF_n \tag{4-26}$$

4.3.2.2 计算相邻两项工作之间的时间间隔 $LAG_{i,j}$

相邻两项工作 i 和 j 之间的时间间隔 $LAG_{i,j}$ 等于紧后工作 j 的最早开始时间 ES_j 和本工作的最早完成时间 EF_i 之差，即：

$$LAG_{i,j} = ES_j - EF_i \tag{4-27}$$

4.3.2.3 计算工作总时差 TF_i

工作 i 的总时差 TF_i 应从网络计划的终点节点开始，逆着箭线方向依次逐项计算。

（1）网络计划终点节点的总时差 TF_i，如计划工期等于计算工期，其值为零，即：

$$TF_i = 0 \tag{4-28}$$

（2）其他工作 i 的总时差 TF_i 等于该工作的各个紧后工作 j 的总时差 TF_j 加该工作与其紧后

工作之间的时间间隔 $LAG_{i,j}$ 之和的最小值，即：

$$TF_i = \min(TF_j + LAG_{i,j}) \tag{4-29}$$

4.3.2.4　计算工作自由时差 FF_i

（1）工作 i 若无紧后工作，其自由时差 FF_i 等于计划工期 T_p 减该工作的最早完成时间 EF_n，即：

$$FF_i = T_p - EF_n \tag{4-30}$$

（2）当工作 i 有紧后工作 j 时，其自由时差 FF_i 等于该工作与其紧后工作 j 之间的时间间隔 $LAG_{i,j}$ 的最小值，即：

$$FF_i = \min(LAG_{i,j}) \tag{4-31}$$

4.3.2.5　计算工作的最迟开始时间和最迟完成时间

（1）工作 i 的最迟开始时间 LS_i，等于该工作的最早开始时间 ES_i 加上其总时差 TF_i 之和，即：

$$LS_i = ES_i + TF_i \tag{4-32}$$

（2）工作 i 的最迟完成时间 LF_i 等于该工作的最早完成时间 EF_i 加上其总时差 TF_i 之和，即：

$$LF_i = EF_i + TF_i \tag{4-33}$$

4.3.2.6　关键工作和关键线路的确定

（1）关键工作。总时差最小的工作是关键工作。

（2）关键线路。关键线路的确定按以下规定：从起点节点开始到终点节点均为关键工作，且所有工作的时间间隔为零的线路为关键线路。

【例4-4】已知单代号网络计划如图4-30所示，若计划工期等于计算工期（工期单位：d），试计算单代号网络计划的时间参数，将其标注在网络计划上，并用双箭线标标出关键线路。

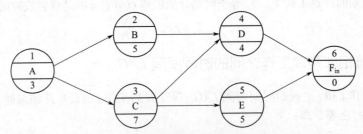

图4-30　单代号网络计划计算示例（单位：d）

【解】（1）计算最早开始时间和最早完成时间

$$ES_1 = 0 \qquad EF_1 = ES_1 + D_1 = 0 + 3 = 3(\text{d})$$
$$ES_2 = EF_1 = 3(\text{d}) \quad EF_2 = ES_2 + D_2 = 3 + 5 = 8(\text{d})$$
$$ES_3 = EF_1 = 3(\text{d}) \quad EF_3 = ES_3 + D_3 = 3 + 7 = 10(\text{d})$$
$$ES_4 = \max(EF_2, \ EF_3) = \max(8, \ 10) = 10(\text{d})$$
$$EF_4 = ES_4 + D_4 = 10 + 4 = 14(\text{d})$$

$$ES_5 = EF_3 = 10(d)$$
$$EF_5 = ES_5 + D_5 = 10 + 5 = 15 \ (d)$$
$$ES_6 = \max(EF_4, \ EF_5) = \max(10, \ 15) = 15(d)$$
$$EF_6 = ES_6 + D_6 = 15 + 0 = 15(d)$$

已知计划工期等于计算工期，故有：$T_P = T_c = EF = 15 \ (d)$

（2）计算相邻两项工作之间的时间间隔 $LAG_{i,j}$

$$LAG_{1,2} = ES_2 - EF_1 = 3 - 3 = 0$$
$$LAG_{1,3} = ES_3 - EF_1 = 3 - 3 = 0$$
$$LAG_{2,4} = ES_4 - EF_2 = 10 - 8 = 2(d)$$
$$LAG_{3,4} = ES_4 - EF_3 = 10 - 10 = 0$$
$$LAG_{3,5} = ES_5 - EF_3 = 10 - 10 = 0$$
$$LAG_{4,6} = ES_6 - EF_4 = 15 - 14 = 1(d)$$
$$LAG_{5,6} = ES_6 - EF_5 = 15 - 15 = 0$$

（3）计算工作的总时差 TF_i

已知计划工期等于计算工期：$T_P = T_c = 15(d)$。故终节点⑥节点的总时差为零，即：$TF_6 = 0$。其他工作总时差为：

$$TF_5 = TF_6 + LAG_{5,6} = 0 + 0 = 0$$
$$TF_4 = TF_6 + LAG_{4,6} = 0 + 1 = 1(d)$$
$$TF_3 = \min[(TF_4 + LAG_{3,4}), \ (TF_5 + LAG_{3,5})] = \min[(0+0), \ (1+0)] = 0$$
$$TF_2 = TF_4 + LAG_{2,4} = 1 + 2 = 3(d)$$
$$TF_1 = \min[(TF_2 + LAG_{1,2}), \ (TF_3 + LAG_{1,3})] = \min[(3+0), \ (0+0)] = 0$$

（4）计算工作的自由时差 EF_i

已知计划工期等于计算工期：$T_P = T_c = 15(d)$。故终节点⑥节点的自由时差为：

$$FF_6 = T_p - EF_6 = 15 - 15 = 0$$
$$FF_5 = LAG_{5,6} = 0$$
$$FF_4 = LAG_{4,6} = 1(d)$$
$$FF_3 = \min(LAG_{3,4}, \ LAG_{3,5}) = \min(0, \ 0) = 0$$
$$FF_2 = LAG_{2,4} = 2(d)$$
$$FF_1 = \min(LAG_{1,2}, \ LAG_{1,3}) = \min(0, \ 0) = 0$$

（5）计算工作的最迟开始时间 LS_i 和最迟完成时间 LF_i

$$LS_1 = ES_1 + TF_1 = 0 + 0 = 0 \qquad LF_1 = EF_1 + TF_1 = 3 + 0 = 3(d)$$
$$LS_2 = ES_2 + TF_2 = 3 + 3 = 6(d) \qquad LF_2 = EF_2 + TF_2 = 8 + 3 = 11(d)$$
$$LS_3 = ES_3 + TF_3 = 3 + 0 = 3(d) \qquad LF_3 = EF_3 + TF_3 = 10 + 0 = 10(d)$$
$$LS_4 = ES_4 + TF_4 = 10 + 1 = 11(d) \qquad LF_4 = EF_4 + TF_4 = 14 + 1 = 15(d)$$
$$LS_5 = ES_5 + TF_5 = 10 + 0 = 10(d) \qquad LF_5 = EF_5 + TF_5 = 15 + 0 = 15(d)$$
$$LS_6 = ES_6 + TF_6 = 15 + 0 = 15(d) \qquad LF_6 = EF_6 + TF_6 = 15 + 0 = 15(d)$$

将以上计算结果标注在图 4-31 相应位置。

（6）关键工作和关键线路的确定

根据计算结果，总时差为零的工作：A、C、E、F 为关键工作。

从起点节点①节点开始到终点节点⑥节点均为关键工作，且所有工作之间时间间隔为零的线路：①—③—⑤—⑥为关键线路，用双箭线标注在图 4-31 中。

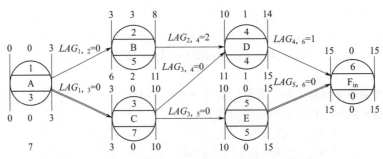

图 4-31   单代号网络计划时间参数计算结果（单位：d）

任务4.4

双代号时标网络计划的编制

建议课时： 4学时

知识目标： 掌握双代号时标网络计划的编制方法。

能力目标： 能编制双代号时标网络计划；能找出关键线路和关键工作。

思政目标： 树立对工作任务科学研究、积极改进的工作态度；培养统筹兼顾、分工协作、善于沟通和合作的意识。

4.4.1   双代号时标网络计划的特点和应用范围

以水平时间坐标为尺度编制的双代号网络计划，就是双代号时标网络计划，有以下几方面的特点。

（1）时标网络计划能在图上直接显示出各项工作的开始与完成时间、工作的自由时差及关键线路。

（2）时标网络计划能够清楚地表明计划的时间进程，使用方便，具有横道图的优点。

（3）在时标网络计划中可以统计每一个单位时间对资源的需要量，以便进行资源优化和调整，弥补了网络图这方面的不足。

（4）由于箭线受到时间坐标的限制，对网络计划的修改比较麻烦，当情况发生变化时，往往要重新绘图。但在使用计算机以后，这一问题可以得到解决。

4.4.2   时标网络计划的应用

（1）编制工作项目较少，并且工艺过程较简单的项目进度计划，能迅速地进行绘制、计算与调整，比较容易进行图上分析。

（2）对于大型复杂的建设工程项目，可以先使用时标网络图的形式绘制各分部分项工程的网络计划，然后综合起来绘制出较简明的总网络计划。也可以先编制一个总的建设工程项目进度计划，以后每隔一段时间，对下段时间应进行的工作区段绘制详细的时标网络计划。时间间隔的长短要根据工作的性质、所需的详细程度和工程的复杂性决定。

（3）在计划执行过程中，如果时间有变化，则不必改动整个网络计划，而只对这一阶段的时标网络计划进行局部修改。

4.4.3　双代号时标网络计划的一般规定

（1）时间坐标的时间单位应根据需要在编制网络计划之前确定，可为季、月、周、天等。

（2）时标网络计划应以实箭线表示实工作，以虚箭线表示虚工作，以波形线表示工作的自由时差。

（3）时标网络计划中所有符号在时间坐标上的水平投影位置，都必须与其时间参数相对应。节点中心必须对准相应的时标位置。

（4）虚工作必须以垂直方向的虚箭线表示，有自由时差时加波形线表示。

4.4.4　时标网络计划的编制

时标网络计划宜按各个工作的最早开始时间编制。在编制时标网络计划之前，应先按已确定的时间单位绘制出时标计划表，如表4-3所示。

表 4-3　时标计划表

日历 （时间单位）	1	2	3	4	5	6	7	8	9	10	11	12	13	14	15	16
网络计划																
（时间单位）																

双代号时标网络计划的编制方法有间接法绘制和直接法绘制两种。

（1）间接法绘制。先绘制出无标时网络计划，计算各工作的最早时间参数，再根据最早时间参数在时标计划表上确定节点位置，连线完成，某些工作箭线长度不足以到达该工作的完成节点时，用波形线补足。

（2）直接法绘制。根据网络计划中工作之间的逻辑关系及各工作的持续时间，直接在时标计划表上绘制时标网络计划。绘制步骤如下。

① 将起点节点定位在时标表的起始刻度线上。

② 按工作持续时间在时标计划表上绘制起点节点的外向箭线。

③ 其他工作的开始节点必须在其所有紧前工作都绘出以后，定位在这些紧前工作最早完成时间最大值的时间刻度上，某些工作的箭线长度不足以到达该节点时，用波形线补足，箭头画在波形线与节点连接处。

④ 用上述方法从左至右依次确定其他节点位置，直至网络计划终点节点定位，完成绘图。

【**例4-5**】已知网络计划资料如表4-4所示，试用直接法绘制双代号时标网络计划。

表4-4　网络计划资料

工作名称	A	B	C	D	E	F	G	H	J
紧前工作	—	—	—	A	A、B	D	C、E	C	D、G
持续时间/d	3	4	7	5	2	4	3	6	4

【**解**】（1）将网络图的起点节点定位在时标表的起始刻度线的位置上，如图4-32所示。

（2）画节点①的外向箭线，即按各工作的持续时间，画出无紧后工作的A、B、C工作，并确定节点②、③、④的位置，如图4-32所示。

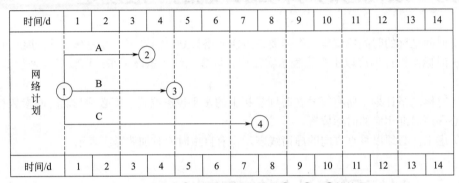

图4-32　画节点①的外向箭线和节点②、③、④的位置

（3）依次画出节点②、③、④的外向箭线工作D、E、H，并确定节点⑤、⑥的位置，节点⑥的位置定位在其两条内向箭线的最早完成时间的最大值处，即定位在时标值7的位置，工作E达不到节点，即用波线补足，如图4-33所示。

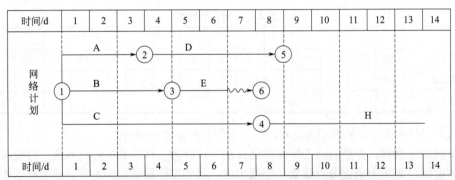

图4-33　画工作D、E、H，并确定节点⑤、⑥的位置

（4）按上述步骤，直到画出全部工作，确定出终点节点⑧的位置，时标网络计划绘制完成，如图4-34所示。

（5）关键线路和计算工期的确定

① 时标网络计划关键线路的确定，应自终点节点逆箭线方向朝起点节点逐次进行判定：从终点到起点不出现波形线的线路即为关键线路。如图4-33中，关键线路是①—④—⑥—⑦—⑧，用双箭线表示。

② 时标网络计划的计算工期，应是终点节点与起点节点所在的位置之差。图4-33中，计算工期 $T_c = 14 - 0 = 14$(d)。

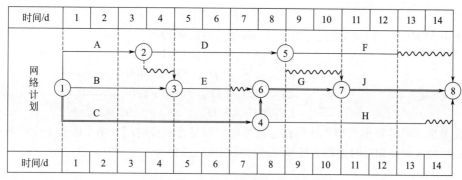

图4-34 绘制完成的时标网络计划

（6）时标网络计划时间参数的确定

① 最早时间参数的确定

a. 最早开始时间 ES_{i-j}。每条实箭线左端箭尾节点（i 节点）中心所对应的时标值，即为该工作的最早开始时间。

b. 最早完成时间 EF_{i-j}。如箭线右端有波形线，则实箭线右端末所对应的时标值即为该工作的最早完成时间。如箭线右端无波形线，则该箭线右端节点（j 节点）中心所对应的时标值为该工作的最早完成时间。

由图 4-33 可知：$ES_{1-3}=0$，$EF_{1-3}=4d$，$ES_{3-6}=4d$，$EF_{3-6}=6d$。以此类推。

② 自由时差的确定。时标网络计划中各工作的自由时差值应为该工作的箭线中波形线部分在坐标轴上的水平投影长度。

由图 4-33 可知，工作 E、F、H 的自由时差分别为：$FF_{3-6}=1d$；$FF_{5-8}=2d$；$FF_{4-8}=1d$。

③ 总时差的确定。时标网络计划中工作的总时差的计算应自右向左进行，且符合下列规定。

a. 以终点节点（$j=n$）为箭头节点的工作的总时差 TF_{i-n} 应按网络计划的计划工期 T_p 计算确定，即：

$$TF_{i-n}=T_p - EF_{i-n}$$

由图 4-33 可知，工作 F、J、H 的总时差分别为：

$$TF_{5-8}=T_p - EF_{5-8}=14-12=2(d)$$
$$TF_{7-8}=T_p - EF_{7-8}=14-14=0$$
$$TF_{4-8}=T_p - EF_{4-8}=14-13=1(d)$$

b. 其他工作的总时差等于其紧后工作 $j—k$ 总时差的最小值与本工作的自由时差之和，即：

$$TF_{i-j}=\min(TF_{j-k})+FF_{i-j}$$

图 4-33 中，各项工作的总时差计算如下：

$$TF_{6-7}=TF_{7-8}+FF_{6-7}=0+0=0$$
$$TF_{3-6}=TF_{6-7}+FF_{3-6}=0+1=1(d)$$
$$TF_{2-5}=\min(TF_{5-7},\ TF_{5-8})+FF_{2-5}=\min(2,\ 2)+0=2+0=2(d)$$
$$TF_{1-4}=\min(TF_{4-6},\ TF_{4-8})+FF_{1-4}=\min(0,\ 1)+0=0+0=0$$
$$TF_{1-3}=TF_{3-6}+FF_{1-3}=1+0=1(d)$$
$$TF_{1-2}=\min(TF_{2-3},\ TF_{2-5})+FF_{1-2}=\min(1,\ 2)+0=1+0=1(d)$$

④ 最迟时间参数的确定。时标网络计划中工作的最迟开始时间和最迟完成时间可按下式计算：

$$LS_{i-j}=ES_{i-j}+TF_{i-j}$$

$$LF_{i\text{-}j} = EF_{i\text{-}j} + TF_{i\text{-}j}$$

如图 4-33 所示，工作的最迟开始时间和最迟完成时间为：

$$LS_{1\text{-}2} = ES_{1\text{-}2} + TF_{1\text{-}2} = 0 + 1 = 1(\text{d})$$

$$LF_{1\text{-}2} = EF_{1\text{-}2} + TF_{1\text{-}2} = 3 + 1 = 4(\text{d})$$

$$LS_{1\text{-}3} = ES_{1\text{-}3} + TF_{1\text{-}3} = 0 + 1 = 1(\text{d})$$

$$LF_{1\text{-}3} = EF_{1\text{-}3} + TF_{1\text{-}3} = 4 + 1 = 5(\text{d})$$

以此类推，可计算出各项工作的最迟开始时间和最迟完成时间。由于所有工作的最早开始时间、最早完成时间和总时差均为已知，故计算起来比较容易。

任务4.5　单代号搭接网络计划的编制

建议课时： 4学时

知识目标： 掌握单代号搭接网络计划的编制方法。

能力目标： 能编制单代号搭接网络计划；能找出关键线路和关键工作。

思政目标： 树立对工作任务科学研究、积极改进的工作态度；培养统筹兼顾、分工协作、善于沟通和合作的意识。

4.5.1　搭接网络计划的特点和表达方法

搭接关系有两种，用以处理这两种搭接关系而设的时距有 4 种，如图 4-35 所示。

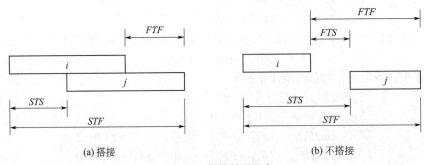

(a) 搭接　　　　　　　　　　　　(b) 不搭接

图 4-35　搭接关系示意

（1）STS（开始到开始）关系，其单代号搭接网络关系表达方式如图 4-36（a）所示。

（2）STF（开始到结束）关系，其单代号搭接网络关系表达方式如图 4-36（b）所示。

（3）FTS（结束到开始）关系，其单代号搭接网络关系表达方式如图 4-36（c）所示。

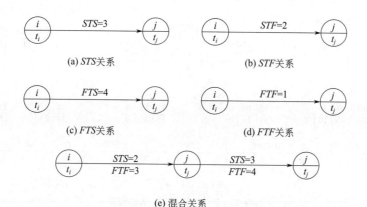

图 4-36　单代号搭接网络计划各种搭接关系表达方式（单位：d）

（4）FTF（结束到结束）关系，其单代号搭接网络关系表达方式如图 4-36(d) 所示。

（5）混合关系，一般是同时用 STS 和 FTF 两种关系来表达，当然也可以是别的结合形式，如图 4-35（e）所示。

在制定计划时，究竟采用什么时距并确定其数值，要根据计划对象的具体情况决定。图 4-37 就是一个完整的单代号搭接网络计划。

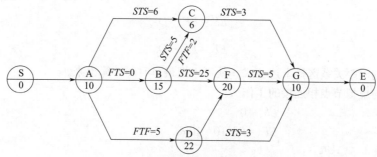

图 4-37　单代号搭接网络计划（单位：d）

注：S 与 E 是虚拟节点

4.5.2　搭接网络计划时间参数的计算

单代号搭接网络计划的时间参数计算与单代号和双代号网络计划时间参数的计算原理基本相同，计算的参数种类也基本相同。现对图 4-37 进行计算，计算结果如图 4-38 所示。

4.5.2.1　单代号搭接网络计划工作最早时间的计算

最早时间的计算使用下列公式：

$$ES_j = ES_i + STS_{i\text{-}j} \tag{4-34}$$

$$ES_j = EF_i + FTS_{i\text{-}j} \tag{4-35}$$

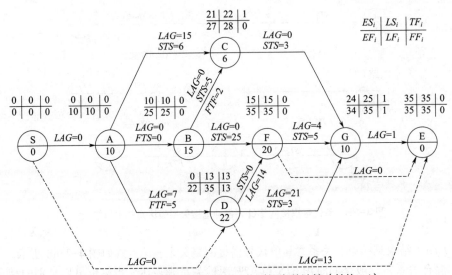

图 4-38 单代号搭接网络计划工作时间参数计算（单位：d）

$$EF_j = ES_i + STF_{i\text{-}j} \tag{4-36}$$

$$EF_j = EF_i + FTF_{i\text{-}j} \tag{4-37}$$

$$ES_j = EF_i - D_j \tag{4-38}$$

$$EF_j = ES_j + D_j \tag{4-39}$$

根据已知的时距关系选择上述公式，就可以把最早时间计算出来。

（1）计算与虚拟节点相连接的工作 A：

$$ES_A = 0$$
$$EF_A = 0 + 10 = 10(d)$$

（2）由式（4-34）得：

$$ES_B = EF_A + FTS_{A\text{-}B} = 10 + 0 = 10(d)$$
$$EF_B = 10 + 15 = 25(d)$$

（3）由式（4-34）、式（4-37）和式（4-38）得：

$$ES_C = ES_A + STS_{A\text{-}C} = 0 + 6 = 6(d)$$
$$ES_C = ES_B + STS_{B\text{-}C} = 10 + 5 = 15(d)$$
$$ES_C = EF_B + FTF_{B\text{-}C} - D_C = 25 + 2 - 6 = 21(d)$$

在以上三个数中取大数，则：

$$ES_C = 21(d)$$
$$EF_C = 21 + 6 = 27(d)$$

（4）由式（4-37）和式（4-38）得：

$$EF_D = EF_A + FTF_{A\text{-}D} = 10 + 5 = 15(d)$$
$$ES_D = 15 - 22 = -7(d)$$

最早时间是负值显然是不合理的，于是要将 D 与虚拟节点相连，则：$ES_D = 0$，$EF_C = 0 + 22 = 22(d)$。

（5）由式（4-36）、式（4-38）和式（4-34）得：

$$EF_F = ES_B + STF_{B\text{-}F} = 10 + 25 = 35(d)$$

$$ES_F = 35-20 = 15(d)$$

$$ES_F = ES_D + STS_{D-F} = 0+1 = 1(d)$$

在 15 和 1 两个 ES_F 中取大数，则：$ES_F = 15(d)$，$EF_F = 15+20 = 35(d)$。

（6）用同样的思路可以求出：$ES_G = 24(d)$，$EF_F = 34(d)$。

4.5.2.2 总工期的确定

计算完最早时间以后，便可以确定总工期。为此，观察各项工作的最早完成时间，可以发现，与虚拟节点相连的工作 G 的 $EF_G = 34d$，而不与节点 E 相连的工作 F 的 $EF_F = 35d$，显然总工期应取 35d。于是应将 F 与 E 用虚箭线相连，形成通路，如图 4-39 所示。

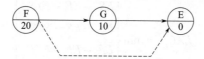

图 4-39 工作 F 用虚箭线与 E 相连接（单位：d）

4.5.2.3 工作最迟时间的计算

工作最迟时间的计算使用下列公式计算：

$$LF_i = LF_j - FTF_{i-j} \tag{4-40}$$

$$LF_i = LS_j - FTS_{i-j} \tag{4-41}$$

$$LS_i = LS_j - STS_{i-j} \tag{4-42}$$

$$LS_i = LF_j - STF_{i-j} \tag{4-43}$$

$$LS_i = LF_i - D_i \tag{4-44}$$

$$LF_i = LS_i + D_i \tag{4-45}$$

（1）与虚拟终节点相连的工作的最迟完成时间就是总工期值，故有：

$$LF_G = 35(d)$$
$$LS_G = 35-10 = 25(d)$$
$$LF_F = 35(d)$$
$$LS_F = 35-20 = 15(d)$$

（2）求工作 D 的最迟时间。据式（4-44）可得：

$$LS_D = LS_F - STS_{D-F} = 15-1 = 14(d)$$
$$LF_D = 14+22 = 36(d)$$
$$LS_D = LS_G - STS_{D-G} = 25-3 = 22(d)$$
$$LF_D = 22+22 = 44(d)$$

以上两个 D 的最迟完成时间都大于总工期，显然是不合理的，故 LF_D 应取总工期的值，即：

$$LF_D = 35(d)$$
$$LS_D = 35-22 = 13(d)$$

然后将 D 点与终点节点 E 用虚线相连。

（3）据式（4-44）可得：

$$LS_C = LS_G - STS_{C-G} = 25 - 3 = 22(d)$$
$$LF_C = LS_C + 6 = 22 + 6 = 28(d)$$

（4）同理可得：

$$LS_B = 10(d)$$
$$LF_B = 10 + 15 = 25(d)$$
$$LF_A = 10 \ (d)$$
$$LS_A = 10 - 10 = 0$$

4.5.2.4　求间隔时间（$LAG_{i,j}$）

$$LAG_{i,j} = \min \begin{cases} ES_j - EF_i - FTS_{i\text{-}j} \\ ES_j - ES_i - STS_{i\text{-}j} \\ EF_j - EF_i - FTF_{i\text{-}j} \\ EF_j - ES_i - STF_{i\text{-}j} \end{cases}$$

计算 $LAG_{i,j}$ 的公式如下。例如，C、G 间的关系为 STS，故：

$$LAG_{C,G} = 24 - 21 - 3 = 0$$

D 和 E 之间没有时距，故：

$$LAG_{D,E} = 35 - 22 = 13(d)$$

C 和 B 有两种关系，故：

$$LAG_{B,C} = \min \begin{cases} ES_C - ES_B - STS_{B-C} = 21 - 10 - 5 = 6 \\ EF_C - EF_B - FTF_{B-C} = 27 - 25 - 2 = 0 \end{cases} = 0$$

以此类推。计算结果全部标在图 4-38 上。

4.5.2.5　计算工作时差

（1）工作总时差的计算与单代号网络计划相同。
（2）工作自由时差（FF_i）的含义与单代号网络计划相同，其计算方法如下。
① 如果一项工作只有一项紧后工作，则该工作与紧后工作之间的 $LAG_{i,j}$ 就是它的自由时差值。
② 如果一项工作有两个以上紧后工作，则该工作的自由时差值是其与紧后工作之间的 $LAG_{i,j}$ 的最小值，如 D 之后有三个 $LAG_{i,j}$，则：

$$FF_D = \min \begin{cases} LAG_{D,F} \\ LAG_{D,G} \\ LAG_{D,E} \end{cases} = \min \begin{cases} 14 \\ 21 \\ 13 \end{cases} = 13(d)$$

4.5.2.6　判别关键线路

单代号搭接网络计划的关键线路是起点节点到终点节点总时差为 0 的节点及其间的 $LAG_{i,j}$ 为 0 的通路连接起来形成的通路。图 4-37 的关键线路是 S—A—B—F—E。

任务4.6

网络计划优化

建议课时： 4学时
知识目标： 掌握网络计划优化的方法。
能力目标： 能找出关键线路和关键工作，能优化网络计划。
思政目标： 树立多因素统筹考虑的全局观；培养统筹兼顾、分工协作、善于沟通和合作的意识。

4.6.1　工期优化

当网络计划的计算工期大于要求工期时，应通过压缩关键工作的持续时间，满足工期要求。

4.6.1.1　工期优化的计算步骤

（1）计算工期并找出关键线路及关键工作。
（2）按要求工期计算应缩短的时间。
（3）确定各关键工作能缩短的持续时间。
（4）选择关键工作，调整其持续时间，计算新工期。
（5）工期仍不满足时，重复以上步骤。
（6）当关键工作持续时间都已达到最短极限，仍不满足工期要求时，应调整方案或对要求工期重新审定。

4.6.1.2　选择被压缩的关键工作时应考虑的因素

（1）缩短持续时间，对质量、安全影响不大的工作。
（2）有充足备用资源的工作。
（3）所需增加费用最少的工作。

4.6.1.3　使关键工作时间缩短的措施

为使关键工作取得可压缩时间，必须采取一定的措施，这些措施主要是：增加资源数量；增加工作班次；改变施工方法；组织流水施工；采取技术措施等。

【例4-6】某工程网络计划如图4-40所示，若指令工期为100d，试优化。

【解】（1）计算并找出关键线路及关键工作（可以用节点计算法），如图4-41所示。

（2）确定要缩短的时间。按要求工期计算应缩短的时间是60d。

（3）确定各关键工作能缩短的持续时间，并进行第一次压缩。工作①—③压缩20d，工作③—④压缩30d，工作④—⑥压缩10d，重新计算工期，如图4-42所示。第一次压缩后工期是120d，还需压缩20d。第一次压缩后关键线路发生的变化为①—②—③—⑤—⑥。

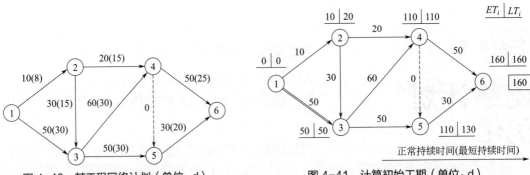

图 4-40　某工程网络计划（单位：d）　　　　　　图 4-41　计算初始工期（单位：d）

（4）确定新的关键线路上各关键工作能缩短的持续时间，并进行第二次压缩。工作②—③压缩 15d，工作③—⑤压缩 30d，重新计算工期，如图 4-43 所示。第二次压缩后工期是 100d，达到了要求的工期，到此工期优化完毕。

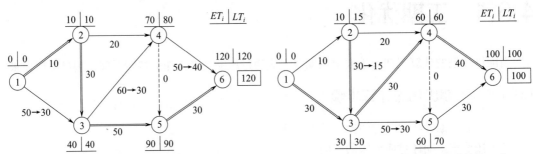

图 4-42　第一次压缩后的工期（单位：d）　　　　图 4-43　第二次压缩后的工期（单位：d）

4.6.2　工期—资源优化

网络计划工期—资源优化分为两类，即"资源有限，工期最短"的优化和"工期规定，资源均衡"的优化。前者是通过调整计划安排，在满足资源限量的前提下，使工期延长最少的过程。后者的前提是工期不变，尽量做到使资源需要量变化最小，接近于资源需要量的平均值，这既有利于施工组织与管理，又取得好的经济效果。

4.6.2.1　"工期规定，资源均衡"的优化

优化的步骤如下。

（1）根据满足规定工期条件的网络计划，绘制相应于各工作最早时间的时标网络计划及资源需要量动态曲线，找出关键工作及关键线路，位于非关键线路上各工作的总时差，各工作的最早开始时间，以及每天需要的资源的最大数量。

（2）关键线路上的工作不动。假定每天可能供应的物资资源的数量比资源动态曲线上的最高峰数量小一个单位，然后进行第三步。

（3）对超过资源限量的时间区段中每一项工作是否能调整根据下式判断：

$$\Delta T_{i\text{-}j}=TF_{i\text{-}j}-(T_{k+1}-ES_{i\text{-}j})\geqslant 0 \qquad (4\text{-}46)$$

式中　$\Delta T_{i\text{-}j}$——工作的时间差值，d 或周或月；

　　　T_{k+1}——在时间轴上超过资源限量的时间区段的下界时间点，d 或周或月。

若不等式成立，则该工作可以右移至高峰值之后，即移动（$T_{k+1} - ES_{i-j}$）时间单位；若不等式不成立，则该工作不能移动。

当需要调整的时段中不止一项工作使不等式成立时，应按时间差值 ΔT_{i-j} 的大小顺序，最大值的先移动；如果 ΔT_{i-j} 值相同，则资源数量小的先移动。

移动后看峰值是否小于或等于资源限量。如果因为这次移动在其他时段中出现超过资源限量的情况时，则重复第三步，直至不超过资源限量为止。

（4）画出移动后的网络计划，并计算出相应的每日资源数量，再规定资源限量为资源峰值减 1d，逐日检查超过规定数量的时段，再重复第三步。

如此，每次下降一个资源单位，进行调整，按上述步骤计算后所有工作都不能再向右移动后，还要考虑是否能向左移动而能达到资源限量的要求，直到资源峰值再不能降低为止。

（5）绘制调整后的时标网络计划及资源动态曲线。

【例4-7】某工程的时标网络计划如图4-44所示，箭线下的数字表示工作的资源强度，欲保持工期22d不变，试进行资源均衡的优化。

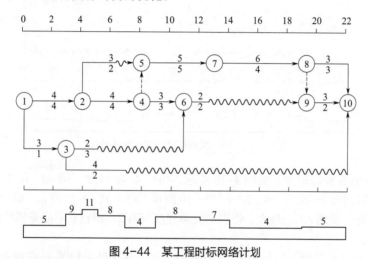

图4-44　某工程时标网络计划

【解】（1）计算每日资源需要量，如图4-44所示。

（2）将图4-44资源需要量的最大值减1，得其资源限量为10。

（3）找出下界时间点 T_{k+1} =5d。在第5d有2—5、2—4、3—6、3—10四个工作，其 ES_{i-j}、TF_{i-j}、ΔT_{i-j} 分别列于表4-5中。从表4-5中可见，ΔT_{3-10} 最大，故先将该工作向右移动2d，即第5d后开始。调整后的结果如图4-45所示。

表4-5　时间参数计算（一）　　　　　　　　　　　　单位：d

工作 $i—j$	2—5	2—4	3—6	3—10
ES_{i-j}	4	4	3	3
TF_{i-j}	1	0	12	15
ΔT_{i-j}	0	−1	10	13

（4）再计算每日资源数量，如图4-45所示。从图4-45看出，资源峰值为9，故资源限量定为8。

（5）逐天检查资源需求量，发现在第5d有2—4、3—6、2—5三项工作。其 ES_{i-j}、TF_{i-j}、ΔT_{i-j} 分别列于表4-6中。由表4-6可见，其中 ΔT_{3-6} 最大，故优先调整3—6，将它移至第5d后（即右移2d）进行。调整后的结果如图4-46所示。

表 4-6　时间参数计算（二）　　　　　　　　　　　　　　　　　　　　单位：d

工作 i—j	2—5	2—4	3—6
$ES_{i\text{-}j}$	4	4	3
$TF_{i\text{-}j}$	1	0	12
$\Delta T_{i\text{-}j}$	0	-1	10

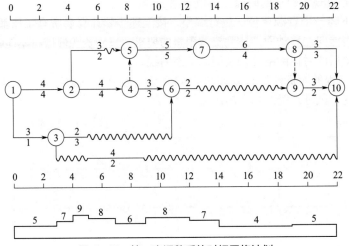

图 4-45　第一次调整后的时标网络计划

（6）计算新的资源需求量，如图 4-46 所示。由图 4-46 可知，第 6d、第 7d 两天资源数量超过 8。这一段时间有 2—5、2—4、3—6、3—10 四项工作。其 $ES_{i\text{-}j}$、$TF_{i\text{-}j}$、$\Delta T_{i\text{-}j}$ 分别列于表 4-7 中。由表 4-7 可见，虽然 $\Delta T_{3\text{-}10}$ 最大，但它的资源强度只有 2，调整它不能降低峰值，故选择 3—6，向右移动 2d。

重复上述步骤，最后资源限量为 7，不能再减少了。优化结果如图 4-47 所示。

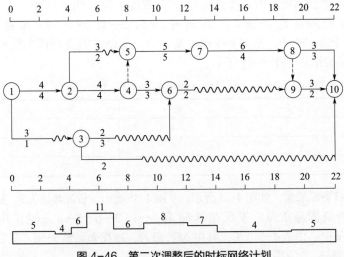

图 4-46　第二次调整后的时标网络计划

表4-7　时间参数计算（三）　　　　　　　　　　　　　　　　　　单位：d

工作 $i—j$	2—5	2—4	3—6	3—10
ES_{i-j}	4	4	5	5
TF_{i-j}	1	0	10	13
ΔT_{i-j}	0	−1	8	11

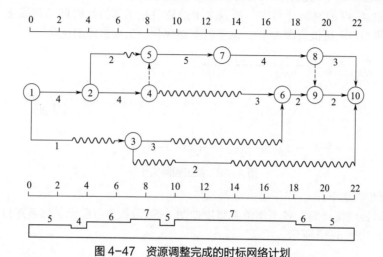

图4-47　资源调整完成的时标网络计划

4.6.2.2　"资源有限，工期最短"的优化

优化步骤如下。

（1）仍按最早时间绘制的时标网络图及资源动态曲线。

（2）从开始日期起，逐日检查每日资源数量是否超过资源限额。如果所有时间内均满足资源限额要求，则初始可行方案即编制完成，否则进行工作调整。

（3）对有资源冲突时段的工作进行分析，看有哪些工作资源冲突，不能同时施工，判断需要把哪项工作移到另一项工作之后进行，以降低资源需要量。如果有两项工作，把工作 n 放在 m 之后进行，则工期的延长值为：

$$\Delta T = EF_m + D_n - LF_n = EF_m - (LF_n - D_n)$$

$$= EF_m - LS_n \qquad\qquad\qquad （4-47）$$

m、n 两项工作排序如图 4-48 所示。

在有资源冲突的时段中的工作两两进行排序，得出若干个增加的时间 ΔT，选择其中最小的（即延长工期最短的），将一项工作移动到另一项工作之后进行。事实上，从式（4-47）中可以看出，就是把各工作中 LS_i 值最大的工作移至 EF_i 值最小的工作之后进行。如果 EF_i 值最小和最大值同属一项工作，这就应找出 EF_i 值为次小，LS_i 值为次大的工作分别组成两个方案，从中选出较优的。如果 $\Delta T \leqslant 0$，则说明工期不会增加。

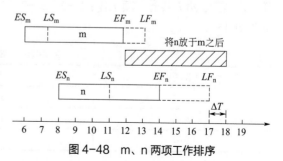

图4-48　m、n 两项工作排序

（4）每调整一次，要重新绘制时标网络图，绘制资源动态曲线，再逐日检查，发现有资源冲突时再进行调整，如此循环。直到资源冲突全部获得解决，得到可行方案。

在资源优化过程中，还应考虑工期延长会使间接费用增加的因素。如果不调整资源，有资源冲突处就要增加资源供应，造成直接费用增加。因此，应进行两种情况的比较。如果工期延长导致间接费增加的幅度大于增加资源而不调整工期所增加的费用，那就不应当调整。如果调整后费用仍能降低，这个调整后的可行方案就是最优方案。

【例 4-8】图 4-49 的网络计划中，箭线之上的数值是工作持续时间，箭线之下的数值是工作资源强度。假如每天可供资源为 10，试进行资源优化，工期最短的优化。

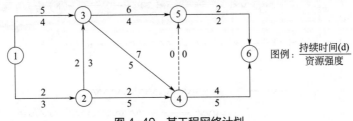

图例：$\dfrac{\text{持续时间(d)}}{\text{资源强度}}$

图 4-49　某工程网络计划

【解】优化步骤如下。

（1）绘制时标网络计划，各工作资源强度如图 4-50 箭线下方所示。然后逐日计算，绘制资源需要量曲线，如图 4-50 所示。

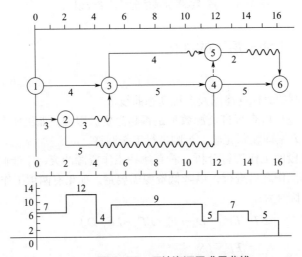

图 4-50　原始资源需求量曲线

（2）逐日检查资源是否满足要求。第 3d、第 4d 两天资源超过了限量（12>10），故需要调整。第 3d、第 4d 两天共有三项工作：1—3，2—3，2—4。该三项工作的最早完成时间与最迟开始时间见表 4-8。

表 4-8　时间参数表（一）　　　　　　　　　　　　　　　　　　　　　　　　单位：d

工作代号	$EF_{i\text{-}j}$	$LS_{i\text{-}j}$
1—3	5	0
2—3	4	3
2—4	4	10

2—4 工作的最迟开始时间最晚，是第 10d 后，2—3 工作的最早完成时间最早，是第 4d 后。故将 2—4 工作移至 2—3 之后进行。修正后的资源需要量曲线如图 4-51 所示。

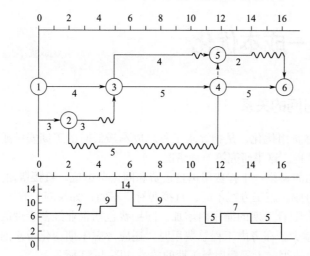

图 4-51 第一次修正后原始资源需求量曲线

根据图 4-51 的资源需要量曲线，第 6d 的资源需要量为 14，超过限量 10，故要调整。在第 6d 共有 2—4、3—4 和 3—5 三项工作，其最早完成时间和最迟开始时间见表 4-9。

表 4-9 时间参数表（二） 单位：d

工作代号	$EF_{i\text{-}j}$	$LS_{i\text{-}j}$
2—4	6	10
3—4	12	5
3—5	11	8

由于工作 2—4 的最早完成时间最早，最迟开始时间最迟，故应取两对数字计算，取最小的（ $EF_m - LS_n$ ）。由于 $EF_{2\text{-}4} - LS_{3\text{-}5} = 6 - 8 = -2(d)$；$EF_{3\text{-}5} - LS_{2\text{-}4} = 1(d)$，前者小，故将 3—5 工作移至 2—4 工作之后进行。修正后的资源需求量曲线如图 4-52 所示。

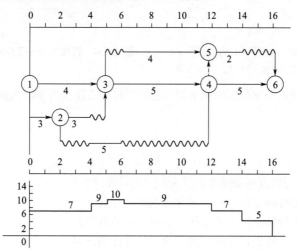

图 4-52 修正结束后的时标网络计划及资源需求量曲线

至此，资源供应量已能满足需要量的要求，本题未导致工期延长。当（$EF_m - LS_n$）出现正值时，工期需要拖延。

4.6.3 工期—成本优化

4.6.3.1 总成本和时间的关系

工期—成本优化又称费用优化，是指寻求工程总成本最低时的工期安排或按要求工期寻求最低成本的计划安排的过程。这里研究第一种情况。

（1）工程费用与工期的关系。工程费用由直接费和间接费组成。直接费由人工费、材料费、机械使用费、措施费等组成。施工方案不同，直接费有所不同；如果施工方案一定，工期不同，直接费也不同。直接费会随着工期的缩短而增加。间接费包括企业经营管理的全部费用，它一般会随着工期的缩短而减少。在考虑工程总费用时，还应考虑工期变化带来的其他损益，包括效益增量和资金的时间价值等。工程费用与工期的关系如图4-53所示。

（2）工作直接费与持续时间的关系。由于网络计划的工期取决于关键工作的持续时间，为了进行工期—成本优化，必须分析网络计划中各项工作的直接费与持续时间之间的关系。它是网络计划工期—成本优化的基础。

工作的直接费与持续时间之间的关系类似于工程直接费与工期之间的关系，如图4-54所示。为简化计算，将工作的直接费与持续时间之间的关系近似地认为是一条直线关系。

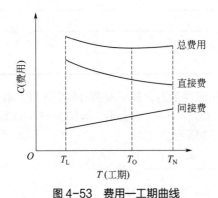

图4-53　费用—工期曲线
T_L—最短工期；T_O—最优工期；T_N—正常工期

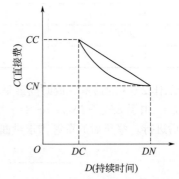

图4-54　直接费用—工作持续时间的关系曲线

工作的持续时间每缩短单位时间而增加的直接费称为直接费用率。直接费用率可按式（4-48）计算：

$$\Delta C_{i\text{-}j} = \frac{CC_{i\text{-}j} - CN_{i\text{-}j}}{DN_{i\text{-}j} - DC_{i\text{-}j}} \tag{4-48}$$

式中　$\Delta C_{i\text{-}j}$——工作 i—j 的直接费率单位为元/（d或周或月）；

$CC_{i\text{-}j}$——按最短时间完成工作 i—j 时所需的直接费，元；

$CN_{i\text{-}j}$——按正常持续时间完成工作 i—j 时所需的直接费，元；

$DN_{i\text{-}j}$——工作 i—j 的正常持续时间，单位为 d 或周或月；

$DC_{i\text{-}j}$——工作 i—j 的最短持续时间，单位为 d 或周或月。

工程的工期—成本优化的基本思想就在于，不断从这些工作的时间和费用关系中，找出能使工期缩短而又能使直接费用增额最少的工作，缩短其持续时间，然后考虑间接费随工期缩短而减少的情况。把不同工期时的直接费和间接费分别叠加，即可求出工程成本最低时相应的最优工期或工期指定时相应的最低工程成本。

4.6.3.2　工期—成本优化的步骤

（1）绘制正常时间的网络计划，确定计算工期、关键线路和总费用。

（2）计算各工作的直接费用率。

（3）寻找可以加快的工作。这些工作应当满足以下三项标准：它是一项关键工作；它是可以压缩的工作；它的费用变化率在可压缩的关键工作中是最低的。

（4）确定本次压缩可以加快多少时间，增加多少费用。这就要通过下列标准进行决策。

① 如果网络计划中有几条关键线路，则几条关键线路都要压缩，且压缩同样数值，而压缩的时间应是各条关键线路中可压缩量最少的工作。

② 每次压缩以恰好使原来的非关键线路变成关键线路为度。这就要利用总时差值判断，即不要在压缩后经计算非关键工作出现负总时差。

（5）根据所选加快的关键工作及加快的时间限制，逐个加快工作，每加快一次都要重新计算参数，用以判断下次加快的幅度，直到形成下列情况之一时为止。

① 有一条关键线路的全部工作的压缩时间均已用完。

② 为加快工程施工进度所引起的直接费增加数值，开始超过因提前完工而节约的间接费的时候。

（6）求出优化后的总工期、总成本，绘制工期—成本优化后的网络计划，完成优化。

【例4-9】图4-55是某工程的网络计划及其正常作业时间的算例，表4-10为相关资料，经计算得出了第9栏中的数字。试进行工期—成本优化。

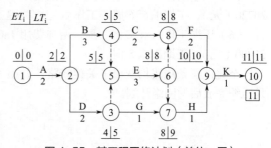

图4-55　某工程网络计划（单位：周）

表4-10　相关资料

工作代号	工作名称	正常持续时间/周	正常完成时间/周	最短作业时间/周	最短时间费用/元	时间差额/周	费用差额/元	赶工费率/（元/周）
（1）	（2）	（3）	（4）	（5）	（6）	（7）	（8）	（9）=（8）÷（7）
1-2	A	2	2000	1	2180	1	180	180
2-4	B	3	2800	1	3040	2	240	120
4-8	C	2	1800	1	1980	1	180	180
2-3	D	2	2100	1	2250	1	150	150
5-6	E	3	3000	1	3200	2	200	100
8-9	F	2	2600	1	2750	1	150	150
3-7	G	1	1400	1	1400	0	0	—
7-9	H	1	2300	1	2300	0	0	—
9-10	K	1	1900	1	1900	0	0	—
总计			19900		21000			

（1）压缩工作E 1周，增加费用100元，工程直接费增至19900+100=20000（元），工期由

11 周变为 10 周。工作 C 变成关键工作。计算结果列于表 4-11。

表 4-11　计算结果

调整次数	压缩工作名称	压缩时间 / 周	赶工费率 /（元 / 周）	费用增加额 / 元	工程直接费 / 元	工程总工期 / 周
（1）	（2）	（3）	（4）	（5）	（6）	（7）
0					19900	11
1	E	1	100	100	20000	10
2	B	1	120	120	20120	9
3	F	1	150	150	20270	8
4	A	1	180	180	20450	7
5	B、D	1	270	270	20720	6
6	C、E	1	280	280	21000	5
7						

（2）压缩工作 B 1 周，增加费用 120 元，工程直接费增至 20000＋120＝20120（元），工期变为 9 周。工作 D 变成关键工作。

（3）压缩工作 F 1 周，增加费用 150 元，工程直接费增至 20120＋150＝20270（元），工期变为 8 周。工作 H 变成关键工作。

（4）压缩工作 A 1 周，增加费用 180 元，工程直接费增至 20270＋180＝20450（元），工期变为 7 周。关键工作没有增加。

（5）压缩工作 B 和 D 各 1 周，增加费用 120＋150＝270（元），工程直接费增至 20450＋270＝20720（元），工期缩至 6 周。工作 G 变成关键工作。

（6）压缩工作 C 和 E 各 1 周，增加费用 180＋100＝280（元），工程直接费增至 20720＋280＝21000（元），工期缩至 5 周。

至此，各条线路均变成了关键线路，各项工作的压缩潜力已经用完，故压缩停止。图 4-56 是压缩完成后的网络计划。

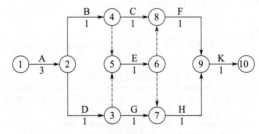

图 4-56　优化后的网络计划（单位：周）

现假定每周间接费是 160 元，则该网络计划的总成本见表 4-12。

表 4-12　总成本

工期 / 周	5	6	7	8	9	10	11
直接费 / 元	21000	20720	20450	20270	20120	20000	19900
间接费 / 元	800	960	1120	1280	1440	1600	1760
总成本 / 元	21800	21680	21570	21550	21560	21600	21660

由表 4-12 可见，工期为 8 周时总成本最低。

将优化过程所得的各项费用绘制成工期—成本曲线，如图 4-57 所示。

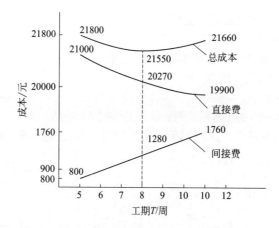

图4-57 优化后的工期—成本曲线

从正常施工工期加快到最短工期，平均每加快一周工程直接费增至（21000-19900）/6＝183.3（元），减少间接费160元，实际增加费用23.3元。

思考与练习

?

一、选择题

1. 双代号网络图中虚工作（ ）。
   A. 只消耗时间，不消耗资源 B. 只消耗资源，不消耗时间
   C. 既不消耗时间，也不消耗资源 D. 既消耗时间，又消耗资源

2. 关于双代号时标网络计划，下列说法错误的是（ ）。
   A. 自终点至起点不出现波纹线的线路是关键线路
   B. 双代号时标网络计划中表示虚工作的箭线有可能出现波纹线
   C. 每条箭线的末端（箭头）所对应的时标就是该工作的最迟完成时间
   D. 每条实箭线的箭尾所对应的时标就是该工作的最早开始时间

3. 下列关于网络图逻辑关系说法正确的是（ ）。
   A. 网络图的逻辑关系是固定不变的 B. 网络图的逻辑关系主要指工艺关系
   C. 组织关系受主观因素影响 D. 工艺关系和组织关系都受人为因素制约

4. 已知E工作的紧后工作为F和G，F工作的最迟完成时间为第16d，持续时间5d，G工作的最迟完成时间为第20d，持续时间为3d，E工作的持续时间为4d，则E工作的最迟开始时间为（ ）。
   A.7d B.11d C.13d D.17d

5. 在工程网络计划执行中，若某项工作比原计划拖后，而未超过该工作的自由时差，则（ ）。
   A. 不影响工期，影响后续工作 B. 不影响后续工作，影响总工期
   C. 对总工期及后续工作均不影响 D. 对总工期及后续工作均有影响

6. 某网络计划在执行中发现B工作还需作业5d，但该工作至计划最迟完成时间尚有4d，则该工作（ ）。
   A. 进度正常 B. 影响工期1d
   C. 影响工期2d D. 仍有一天总时差

7. 在工程网络计划执行中，若某项工作比原计划拖后，当拖后时间大于其拥有的自由时差时，则（ ）。

A. 不影响其后续工作和总工期

B. 不影响后续工作，但影响总工期

C. 影响其后续工作，也可能影响其总工期

D. 影响其后续工作和总工期

二、计算题

1. 根据图 4-58 的工程网络图计算各工作的时间参数。

2. 如图 4-59 所示，计划工期为 7d，试对该网络计划进行工期目标优化。

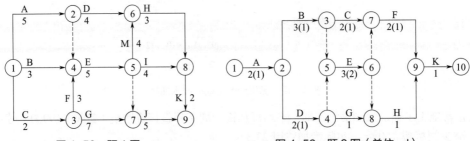

图 4-58　题 1 图　　　　　　　图 4-59　题 2 图（单位：d）

3. 按表 4-13 列出的工作编号和工作持续时间，绘制出双代号网络图，并计算各工作的时间参数：ES_{i-j}、EF_{i-j}、LS_{i-j}、LF_{i-j}、FF_{i-j}、TF_{i-j}。

表 4-13　题 3 表

工作编号	持续时间 /d	工作编号	持续时间 /d
①—②	4	③—④	0
①—③	2	③—⑤	4
①—④	5	③—⑥	5
②—③	3	④—⑥	7
②—⑤	3	⑤—⑥	4

4. 根据表 4-14 施工过程的逻辑关系，绘制单代号、双代号网络图。计算各工作时间参数，指出关键工作和关键线路。

表 4-14　题 4 表

施工过程	A	B	C	D	E	F	G	H	I	J	K
紧前工作	—	A	A	B	B	E	A	D、C	E	F、G、H	I、J
紧后工作	B、C、G	D、E	H	H	F、I	J	J	J	K	K	—
作业时间 /d	2	3	5	2	4	3	2	5	2	3	1

5. 将图 4-60 双代号网络图绘制成时标网络计划，并计算总时差。

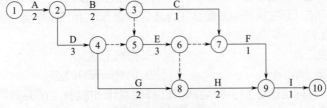

图 4-60　题 5 图

6. 某工程网络计划如图 4-61 所示，试用资源有限工期最短的优化方法调整网络计划，使每天资源的消耗量不超过 10 个单位量。

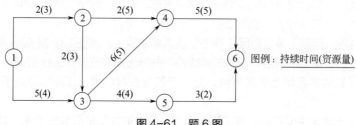

图 4-61　题 6 图

7. 某工程由六项工作组成，如图 4-62 所示，各项工作持续时间和直接费用等有关参数见表 4-15。已知该工程间接费用变化率为 165 元 /d，正常工期的间接费用为 3000 元。试编制该网络计划的工期—成本优化方案。

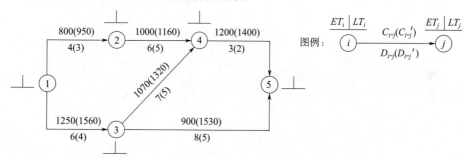

图 4-62　题 7 图

表 4-15　题 7 表

工作持续时间和直接费用参数					
工作编号	正常工期		极限工期		直接费用变化率
	持续时间 D_{i-j}/d	直接费用 C_{i-j}/ 元	持续时间 D'_{i-j}/d	直接费用 C'_{i-j}/ 元	l/（元 /d）
1—2	4	800	3	950	150
1—3	6	1250	4	1560	155
2—4	6	1000	5	1160	160
3—4	7	1070	5	1320	125
3—6	8	900	5	1530	210
4—5	3	1200	2	1400	200
合计		6220			

8. 某综合楼工程，地下 1 层，地上 10 层，钢筋混凝土框架结构，建筑面积 28500m²，某施工单位与建设单位签订了工程施工合同，合同工期约定为 20 个月。施工单位根据合同工期编制了该建设工程项目的施工进度计划，并且绘制出施工进度网络计划如图 4-63 所示。

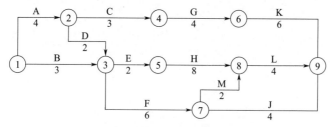

图 4-63　施工进度网络计划图（单位：月）

在工程施工中发生了如下事件。

事件一：因建设单位修改设计，致使工作 K 停工 2 个月。

事件二：因建设单位供应的建筑材料未按时进场，致使工作 H 延期 1 个月。

事件三：因不可抗力原因致使工作 F 停工 1 个月。

事件四：因施工单位原因工程发生质量事故返工，致使工作 M 实际进度延迟 1 个月。

问：（1）指出该网络计划的关键线路，并指出由哪些关键工作组成。

（2）针对本案例上述各事件，施工单位是否可以提出工期索赔的要求？并分别说明理由。

（3）上述事件发生后，本工程网络计划的关键线路是否发生改变？如有改变，请指出新的关键线路。

（4）对于索赔成立的事件，工期可以顺延几个月？实际工期是多少？

项目

5

施工组织总设计

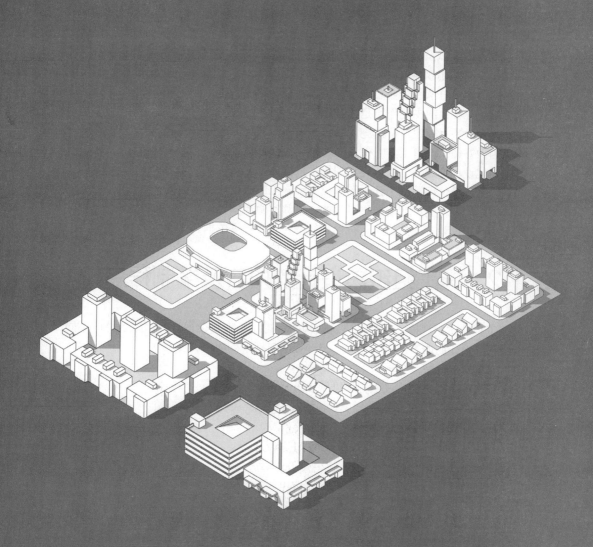

任务5.1

施工组织总设计概述

建议课时： 1学时

知识目标： 掌握施工组织总设计的概念，掌握施工组织总设计的内容及编制程序。

能力目标： 能编制施工组织总设计。

思政目标： 坚持实事求是的态度，树立遵守规范的意识；培养分析问题和解决工程实际问题的能力。

5.1.1　施工组织总设计的概念

施工组织总设计（又称施工总体规划）是以整个建设项目或建筑群为对象，根据初步设计或扩大初步设计图纸以及其他有关资料和现场施工条件编制的，用以指导整个建设项目或群体工程进行施工准备和组织施工活动的全局性、指导性文件。一般是在初步设计或扩大初步设计被批准之后，由建设总承包企业总工程师负责，会同建设、设计和分包单位的工程师共同编制。

施工组织总设计的主要作用是：

（1）为建设项目或建筑群的施工做出全局性的战略部署；

（2）为做好施工准备工作、保证资源供应提供依据；

（3）为建设单位编制工程建设计划提供依据；

（4）为施工单位编制施工计划和单位工程施工组织设计提供依据；

（5）为组织项目施工活动提供科学的方案和实施步骤；

（6）为确定设计方案的施工可行性和经济合理性提供依据。

5.1.2　施工组织总设计的内容及编制程序

根据工程性质、规模、工期、建筑结构的特点、施工复杂程度及施工条件的不同，所编制的施工组织总设计的内容也有所不同，但一般应包括下列内容：

（1）工程概况及特点分析；

（2）施工部署和主要建设工程项目施工方案；

（3）施工总进度计划；

（4）施工资源需要量计划；

（5）施工准备工作计划；

（6）施工总平面图；

（7）主要技术组织措施；

（8）主要技术经济指标等。

施工组织总设计一般按图 5-1 程序编制。

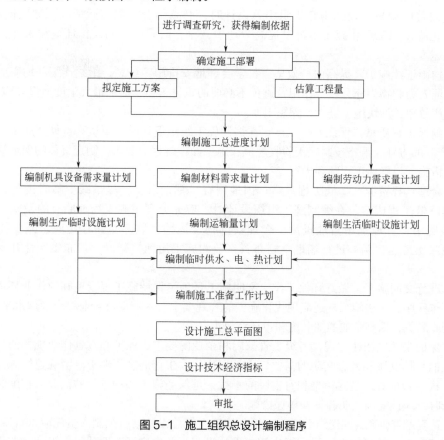

图 5-1　施工组织总设计编制程序

5.1.3　施工组织总设计的编制原则

编制施工组织总设计应遵循以下基本原则。

（1）遵守建设程序，执行国家政策。在编制施工组织总设计时必须严格执行基本建设程序，认真贯彻党和国家关于基本建设的有关方针、政策和规定。

（2）严格遵守合同，保证建设工期。严格遵守定额工期和合同规定的工程竣工及交付使用期限。对不同的建设工程项目，根据历史经验和对资料的整理，国家制定了不同工程系列的工期定额以指导施工，在编制施工进度计划时，其计划工期应该严格控制在国家定额工期范围内。

有些建设项目，为了尽快发挥投资效益，在签订合同时，工期要求往往高于国家工期定额，但提前量应视工程结构的实际情况和各企业的技术、装备情况而定，应控制在一个合理的幅度内，避免盲目蛮干，造成不必要的损失。对总工期较长的大型项目，应该根据生产的需要，安排分期分批建设、配套投产或交付使用，从实质上缩短工期，尽早发挥建设投资的经济效益。

（3）采用先进技术，提高施工水平。尽量采用先进的科学技术，努力提高工业化、机械化施工水平。先进的科学技术是提高劳动生产率、提高工程质量、加快施工进度、降低成本、提高经济效益的源泉。在编制施工组织总设计时，必须结合工程实际情况，加以推广应用。采用机械化施工和工厂化施工，可以提高劳动生产率，改善工人的操作环境和条件，加快工程的施工速度。

（4）均衡连续施工，提高生产效率。科学合理地安排施工计划，组织连续、均衡而紧凑的施工，保证人力和物力充分发挥作用，避免不必要的重复工作，能够最大限度地提高施工人员、机械的生产效率，加快施工进度，缩短工期。

（5）确保工程质量，保证安全生产。在编制施工组织设计时，要认真贯彻"质量第一"和"安全生产"的方针，严格按照施工验收规范和施工操作规程的要求，制定具体的保证质量和施工安全的措施，以确保工程顺利进行。

（6）合理选择资源，降低工程成本。因地制宜，就地取材，尽量减少临时设施，节约用地，努力降低工程成本。在编制施工组织设计时，应充分利用施工场地原有的设施，以减少临时设施费用。合理选用当地资源，合理安排物资运输、装卸与储存作业，减少物资运输量，避免二次搬运，精心进行场地规划布置，节约施工用地，降低一切非生产性开支和管理费用。

（7）进行文明施工，做好环保工作。文明施工是为了保持施工现场良好的作业环境、卫生环境和工作秩序。文明施工是适应现代化施工的客观要求，它能促进企业综合管理水平的提高，能代表企业形象，提高企业的知名度和市场竞争力。

环境保护是按照法律法规、各级主管部门和企业的要求，保护和改善作业现场的环境。它是保证人们身体健康和社会文明的需要，也是现代化大生产的客观要求。消除建筑施工对外部环境的干扰，减少对环境的污染和对市民的干扰，是保证施工顺利进行的需要。在编制施工组织总设计时，应该明确文明施工和环保措施。

（8）认真调查研究，理论结合实际。编制施工组织总设计前，编制人员先应进行调查了解，掌握第一手资料，然后综合分析，提出初步设计设想，并应广泛听取建设、设计、监理和本单位领导、技术人员和施工人员的意见。这样编写的施工组织总设计，能做到理论结合实际，比较切实可行。

5.1.4　施工组织总设计的编制依据

施工组织总设计的编制依据主要有以下几点。

（1）计划文件，包括：可行性研究报告，国家批准的固定资产投资计划，单位建设工程项目一览表，分期分批投产的要求，投资指标和设备材料订货指标，建设地点所在地区主管部门的批件，施工单位主管上级下达的施工任务等。

（2）设计文件，包括：批准的初步设计或技术设计，设计说明书，总概算或修正总概算。

（3）合同文件，即施工单位与建设单位签订的工程承包合同。

（4）建设地区的调查资料，包括气象、地形、地质和地区性技术经济条件等。

（5）定额、规范、建设政策与法规、类似工程项目建设的经验资料等。

以上编制依据应在确定施工部署之前获得。

任务5.2

工程概况及特点分析

建议课时: 1学时

知识目标: 掌握工程概况的编制方法。

能力目标: 能分析工程的特点,能制定施工方案和施工顺序。

思政目标: 坚持实事求是的态度,树立遵守规范的意识;培养分析问题和解决工程实际问题的能力。

工程概况及特点分析是对整个建设项目的总说明和总分析,是对整个建设项目或建筑群所做的简单扼要、突出重点的文字介绍。有时为了补充文字介绍的不足,还可以附有建设项目总平面图,以及主要建筑的平、立、剖示意图和辅助表格。一般应包括以下内容。

(1)建设项目特点。主要介绍建设项目的建设地点、工程性质、建设总规模、总工期、总占地面积、总建筑面积、分期分批投入使用的项目和工期、总投资、主要工种工程量、设备安装及其质量、建筑安装工程量、生产流程和工艺特点、建筑结构类型,以及新技术、新材料、新工艺的复杂程度和应用情况等。

为了更清晰地反映这些内容,也可利用附图和表格等不同形式予以说明。内容可参照表 5-1~表 5-3。

表 5-1 建筑安装工程项目一览表

序号	工程名称	建筑面积/m²	建筑安装工程量/万元		吊装和安装工程量/(t或件)		建筑结构
			土建	安装	吊装	安装	

注:"建筑结构"填混合结构、钢结构、钢筋混凝土结构等结构形式及层数。

表 5-2 主要建筑物和构筑物一览表

序号	工程名称	建筑结构特征(或其示意图)	建筑面积/m²	占地面积/m²	建筑体积/m³	备注

表 5-3 工程量总表

序号	工程量名称	单位	合计	生产车间			仓库运输			管网				生活福利		大型暂设		备注
				××车间	…	…	仓库	铁路	公路	供电	供水	排水	供热	宿舍	文化福利	生产	生活	

注:生产车间按主要生产车间、辅助生产车间、动力车间次序排列。

（2）建设地区特征。建设地区特征主要包括以下内容：气象、地形、地质和水文情况；劳动力和生活设施情况；地方建筑生产企业情况；地方资源情况；交通运输条件；水、电和其他动力条件。

（3）施工条件。施工条件主要考虑以下几点：主要设备供应情况；国拨材料和特殊物资供应情况；参加施工的各单位生产能力情况。

（4）其他内容。如有关本建设项目的决议、合同或协议；土地征用范围、数量和居民搬迁时间；需拆迁和平整场地的要求等。

任务5.3
施工部署和施工方案的编制

建议课时： 2学时

知识目标： 掌握影响施工组织的关键因素及相应对策。

能力目标： 能分析工程的特点，能提出施工方案的方向性意见。

思政目标： 坚持实事求是的态度，树立遵守规范的意识；培养分析问题和解决工程实际问题的能力。

5.3.1　施工部署

施工部署是对整个建设工程项目进行的全面安排，并对工程施工中的重大战略问题进行决策，应按以下内容和要求进行编制。

（1）组织安排和任务分工。建立项目管理机构，进行项目经理部的人员设置并明确分工；建立专业化施工组织和进行工程分包；划分施工阶段，确定分期分批施工、交工的安排及其主攻项目和穿插项目。

（2）主要施工准备工作的规划。施工准备工作主要指全现场的准备，包括场地准备、组织准备、技术准备、物资准备。

① 安排好场内外运输、施工用主干道、水电来源及其引入方案。

② 安排好场地平整方案、全现场性排水、防洪。

③ 安排好生产、生活基地。要充分利用本地区、本系统的永久性工程、基地，不足时再扩建。要制定现场预制和工厂预制或采购构件的规划。

5.3.2　拟订主要工程的施工方案

施工组织总设计中，应对主要的单项工程或主要的单位工程及特殊的分项工程拟订施工方案，其目的是进行技术和资源的准备工作，也为工程施工的顺利开展和工程现场的合理布置提供依据。主要内容包括：计算其工程量，确定工艺流程，选择大型施工机械和主要施工方法等。主要单项或单位工程是指生产车间、高层建筑等工程量大、施工周期长、施工难度大的单项工程或单位工程；特殊的分项工程是指桩基、深基础、现浇或预制量大的结构工程、升板工程、滑模工程、大模工程、大跨工程、重型构件吊装工程、高级装修工程和特殊外墙饰面工程等。

选择大型机械应注意其可能性、适用性及经济合理性。根据施工单位现有机械的能力，选用技术性能适合使用要求并能充分发挥效率的机械，使用费用节省的机械。大型机械应能进行综合流水作业，在同一个项目中应减少其装、拆、运的次数。辅机的选择应与主机配套。

选择主要工种的施工方法应注意尽量采用预制化和机械化方法。能预制或采购的，不在现场制造。能采用机械施工的，尽量不进行手工作业。

5.3.3　确定工程开展的顺序

工程开展程序既是施工部署问题，也是施工方案问题，确定工程开展顺序主要从以下几方面考虑。

（1）根据项目总目标的要求，分期分批施工。施工项目总目标是合同工期，不能随意改变。在这个前提下，进行合理的分期分批并进行合理搭接。

① 施工期长的、技术复杂的、施工困难多的工程，应提前安排施工。

② 急需的和关键的工程应先期施工和交工。

③ 应提前施工和交工可供施工使用的永久性工程和公用基础设施工程（包括水源及供水设施、排水干线、铁路专用线、卸货台、输电线路、配电变压所、交通道路等）。

④ 按生产工艺要求起主导作用或须先期投入生产的工程应优先安排。

⑤ 在生产上需先期使用的机修车间、车库、办公楼及家属宿舍等工程应提前施工和交工等。

（2）一般应按先地下、后地上，先深后浅，先干线、后支线的原则进行安排；路下的管线先施工，然后筑路。

（3）对于工业建设项目，安排施工程序时要注意工程交工的配套，使建成的工程能迅速投入生产或交付使用，尽早发挥该部分的投资效益。

（4）在安排施工程序时还应注意使已完工程的生产与在建工程的施工互不妨碍。

（5）施工程序应与各类物资及技术条件供应之间保持平衡并合理利用这些资源，促进均衡施工。

（6）施工程序必须注意季节的影响，应把不利于某季节施工的工程，调整到避开该季节的前后时间段施工，但应注意这样安排以后能保证质量、不拖延进度、不延长工期。大规模土方工程中深基础土方施工，一般要避开雨季；寒冷地区的房屋施工尽量在入冬前封闭，使冬季可进行室内作业和设备安装。

任务5.4

施工总进度计划和资源需要量计划的编制

建议课时: 2学时

知识目标: 掌握总进度计划的编制方法;掌握资源需要量计划的编制方法。

能力目标: 能编制总进度计划;能编制资源需要量计划。

思政目标: 坚持实事求是的态度,树立遵守规范的意识;培养分析问题和解决工程实际问题的能力。

5.4.1　施工总进度计划的编制

5.4.1.1　施工总进度计划的表达

施工总进度计划是根据施工部署和施工方案,合理确定各单项工程的控制工期及它们之间的施工顺序和搭接关系的计划,应形成总(综合)进度计划和主要分部分项工程流水施工进度计划。表 5-4 所示为施工总进度计划;表 5-5 所示为主要分部分项工程施工进度计划。

表 5-4　施工总进度计划

序号	工程名称	建设指标		设备安装指标 /t	造价 / 万元			总劳动量 / 工日	进度计划							
		单位	数量		合计	建筑工程	设备安装		×× 年				×× 年			
									Ⅰ	Ⅱ	Ⅲ	Ⅳ	Ⅰ	Ⅱ	Ⅲ	Ⅳ

表 5-5　主要分部分项工程施工进度计划

序号	单项工程、分部分项工程名称	工程量		机械			劳动力			施工持续天数 /d	施工进度计划											
		单位	数量	机械名称	台班数量	机械数量	工程名称	总工日数	平均人数		1	2	3	4	5	6	7	8	9	10	11	12

5.4.1.2　施工总进度计划的编制要点

(1)计算工程量

① 应根据批准的承建建设工程项目一览表,按工程开展程序和单位工程计算主要实物工程

量。计算工程量，一是为了编制施工总进度计划，二是为编制施工方案和选择主要的施工运输机械，初步规划主要工程的流水施工，计算人工及技术物资的需要量。因此，工程量只需粗略地计算即可。

② 计算工程量可按初步设计（或扩大初步设计）图纸，并根据各种定额手册或参考资料进行。常用的定额、资料有：万元、十万元投资工程量、劳动量及材料消耗扩大指标；概算指标和扩大结构定额；已建房屋、构筑物的资料。

③ 除房屋外，还必须确定主要的全工地性工程的工程量，如铁路及道路长度、地下管线长度等。这些长度可从建筑总平面图上量得。

计算的工程量应填入工程量总表中。

（2）确定各单位工程（或单个构筑物）的施工工期。考虑影响单位工程施工工期的因素，根据建筑类型、结构特征、施工方法、施工管理水平、施工机械化程序及施工现场条件等确定。但工期应控制在合同工期以内，无合同工期的工程，按工期定额确定。

（3）确定各单位工程的开竣工时间和相互搭接关系。确定单位工程的开竣工时间主要从以下几方面考虑。

① 资源均衡。同一时期施工的项目不宜过多，尽量使劳动力和技术物资消耗在全工程上均衡。

② 环节合理。努力做到基础、结构、装修、安装、试生产，在时间上和量的比例上均衡、合理。

③ 工程连续。在第一期工程投产的同时，应安排好第二期及以后各期工程的施工。

④ 调节进度。以一些附属建设工程项目作为后备项目，调节主要项目的施工进度。

⑤ 连续施工。注意主要工种和主要机械能连续施工。

在进行上述工作之后，便着手编制施工总进度计划表。先编制施工总进度计划草表，在此基础上绘制资源动态曲线，评估其均衡性，经过必要的调整，使资源均衡后，再绘制正式施工总进度计划表。如果是编制网络计划，还可进行优化，实现最优进度目标、资源均衡目标和成本目标。

5.4.2　资源需要量计划的编制

（1）劳动力需要量计划。劳动力需要量计划是规划暂时设施和组织劳动力进场的依据。编制时首先根据工程量汇总表，按照施工准备工作计划、施工总进度计划和主要分部分项工程流水施工进度计划，套用概算定额或经验资料，计算所需劳动力工日数及人数，进而编制保证施工总进度计划实现的劳动力需要量计划（见表5-6）。如果劳动力有余缺，则应采取相应调剂措施。例如多余的劳动力可计划调出；短缺的劳动力可招募或采取提高效率的措施。调剂劳动力的余缺，必须加强调度工作和合同管理。

表5-6　劳动力需要量计划

序号	工种名称	施工高峰需用人数	××年				××年				现有人数	多余（＋）或不足（－）
			1季	2季	3季	4季	1季	2季	3季	4季		

（2）主要材料和预制加工品需用量计划。根据工程量总表所列各建设工程项目的工程量，参照概算定额或已建类似工程资料，计算出各种材料和预制品需用量、有关大型临时设施施工和拟采用的各种技术措施用料数量，然后编制主要材料和预制品需用量计划，如表5-7所示。

表 5-7   主要材料和预制品需用量计划

工程名称	主要材料											
	（名称）											
	（单位）											

注：1. 主要材料可按型钢、钢板、钢筋、管材、水泥、木材、砖、石、砂、石灰、油毡、油漆等填写。

　　2. 木材按成材计算。

（3）主要材料和预制加工品运输量计划。根据预制加工规划和主要材料需用量计划，参照施工总进度计划和主要分部分项工程流水施工进度计划，编制主要材料、预制加工品需用量的进度计划（见表 5-8)，以便于组织运输和筹建仓库。主要材料和预制加工品运输量计划如表 5-9 所示。

表 5-8   主要材料、预制加工品需用量计划

序号	材料或预制加工品名称	规格	单位	需用量				需用进度					
				合计	正式工程	大型临时设施	施工措施	年				年	年
								1 季	2 季	3 季	4 季		

注：材料名称应与表 5-7 一致。

表 5-9   主要材料、预制加工品运输量计划

序号	材料或预制加工品名称	单位	数量	折合质量 /t	运距 /km			运输量 /（t·km)	分类运输量			备注
					装货点	卸货点	距离		公路	铁路	航运	

注：材料与预制加工品所需运输总量应另加入 8%～10% 的不可预见系数，生活日用品运量按 1.2～1.5t/（人·年）计算。

（4）主要施工机具、设备需用量计划。主要施工机具、设备需用量计划，根据施工部署和施工方案，施工总进度计划，主要工种工程量和主要材料、预制加工品运输量计划，机械化施工参考资料进行编制。计划表可参照表 5-10。

表 5-10   主要施工机具、设备需用量计划

序号	机具设备名称	规格型号	电动机功率 /kW	数量				购置价值 /万元	使用时间	备注
				单位	常用	现有	不足			

注：机具设备名称可按土方、钢筋混凝土、起重、金属加工、运输、木加工、动力、测试、脚手架等设备分别分类填列。

（5）大型临时设施计划。大型临时设施计划应本着尽量利用已有或拟建工程的原则，按照施工部署、施工方案、各种需用量计划，再参照业务量和临时设施计算结果进行编制。计划见表 5-11。

表 5-11   大型临时设施计划

序号	项目	名称	需用量		利用现有建筑	利用拟建永久建筑	新建	单价 /（元 /m²)	造价 /（元 /m²)	占地 /m²	修建时间
			单位	数量							

注：项目名称包括一切属于大型临时设施的生产、生活用房，临时道路，临时用水、电和供热系统。

<table>
<tr><td rowspan="6">**任务5.5**

**施工总平
面图设计
与业务量
计算**</td><td>**建议课时：** 2学时</td></tr>
<tr><td>**知识目标：** 掌握施工总平面图的编制方法；掌握施工业
务量的计算方法。</td></tr>
<tr><td>**能力目标：** 能编制施工总平面图。</td></tr>
<tr><td>**思政目标：** 坚持实事求是的态度，树立遵守规范的意
识；培养分析问题和解决工程实际问题的
能力。</td></tr>
</table>

5.5.1 施工总平面图设计

施工总平面图是指整个工程建设项目施工现场的平面布置图，是全工地的施工部署在空间上的呈现，其作用是正确处理全工地在施工期间所需各项设施和永久建筑物之间的空间关系，按施工方案和施工总进度计划合理规划交通道路、材料仓库、附属生产企业、临时房屋建筑和临时水、电管线等，指导现场文明施工。施工总平面图按规定的图例绘制，一般比例为1：1000或1：2000。

5.5.1.1 施工总平面图的设计依据

（1）建筑总平面图、竖向设计图、地貌图、区域规划图、建设项目范围内有关的一切已有和拟建的地下管网位置图等。

（2）建筑企业情况，材料和设备情况，交通运输条件，水、电、蒸汽等条件，社会劳动力和生活设施情况，可能参加施工的各企业施工能力等。

（3）施工部署和主要工程的施工方案。

（4）工程建设项目施工总进度计划。

（5）各种材料、构件、加工品、施工机械和运输工具需用量一览表。

（6）各类临建设施的项目一览表。

（7）工地业务量计算结果及施工组织设计参考资料。

5.5.1.2 施工总平面图的设计原则

（1）平面紧凑合理。在满足施工要求的前提下，紧凑布置，将占地范围减少到最低限度，尤其要不占或少占农田，不挤占交通道路。

（2）运输方便畅通。最大限度地缩短场内运输距离，尽可能避免场内二次搬运。因此，各种材料应按供应计划分期分批进场，材料、半成品应尽量布置在使用地点附近，大型构件应尽量堆放在起重设备工作范围之内。

（3）降低临建费用。在保证施工需要的前提下，临时设施工程量应该最小，以降低临时工程费用。因此，要尽可能利用已有的房屋和各种管线，凡拟建永久性工程能提前完工为施工服务的，应尽量提前完工并在施工中代替临时设施。

（4）利于生产生活。临时设施的布置应便于工人生产和生活，往返现场时间最少。

（5）保证安全可靠。充分考虑生产、生活设施和施工中的劳动保护、技术安全、防火要求。

（6）保护生态环境。应遵守环境保护条例的要求，避免环境污染。

5.5.1.3　施工总平面图的内容

（1）整个建设项目的地上、地下建筑物和构筑物，铁路，道路，各种管线，钻井和探坑，测量基准点等的位置和尺寸。

（2）永久性及半永久性坐标的位置。

（3）一切为全工地施工服务的临时性设施的布置，包括施工用地范围，施工用的各种道路；加工厂、制备站及有关机械化装置；各种建筑材料、半成品、构件的仓库和主要堆场；取土及弃土位置；行政管理用房、宿舍、文化生活福利建筑；水源、电源、临时给排水管线和供电动力线路及设施；机械站、车库、大型机械的位置；一切安全、防火设施；特殊图例、方向标志、比例尺等。

5.5.1.4　施工总平面图的设计步骤和设计要求

设计施工总平面图时，首先应从主要材料、构件和设备等进入施工现场的运输方式着手，布置场外运输道路和场内仓库、加工厂和混凝土搅拌站；其次布置内部运输道路；再次布置临时房屋、临时水电管网和其他动力设施；最后绘制正式施工总平面图。

（1）交通道路的布置

① 当采用铁路运输方式时，应考虑转弯半径和坡度限制，恰当确定起点和进场位置。对一般大型工业企业，可提前修建永久性道路以便工程使用，有利于施工场地的利用。

② 当采用公路运输方式时，应先考虑加工厂、仓库的位置的布置，然后布置场内临时道路，并与场外道路连接，符合标准要求。

③ 当采用水路运输方式时，应充分利用原有码头的吞吐能力。卸货码头不应少于两个，宽度不应小于 2.5m，江河距工地较近时，可在码头附近布置主要加工厂和仓库。

（2）仓库的布置。仓库的位置一般应接近使用地点，其纵向宜与交通线路平行，装卸时间长的仓库应远离路边。

① 当有铁路时，宜沿路布置周转库和中心库。

② 一般材料仓库应邻近公路和施工区，并应有适当的堆场。

③ 水泥库和砂石堆场应布置在搅拌站附近。砖、石和预制构件应布置在垂直运输设备工作范围内，靠近用料地点。基础用块石堆场应离坑沿一定距离，以免压塌边坡。钢筋、木材应布置在加工厂附近。

④ 工具库布置在加工区与施工区之间交通方便处，零星小件、专用工具库可分设于各施工区段。

⑤ 车库、机械站应布置在现场入口处。

⑥ 油料、氧气、电石库应在施工场地的边沿、人少的安全处；易燃材料库要设置在拟建工程的风向。

（3）加工厂和混凝土搅拌站的布置。加工厂和混凝土搅拌站布置的指导思想是应使材料和构件的货运量小，相关联的加工厂适当集中。

① 若运输条件较好，有足够的混凝土输送设备时，混凝土搅拌宜集中布置；若使用商品混凝土，现场可不设搅拌站，混凝土输送设备可分散布置在使用地点附近或起重机旁。

② 临时混凝土构件预制厂一般宜布置在工地边缘，尽量利用建设单位的空地。

③ 钢筋加工厂设在混凝土预制构件厂及主要施工对象附近。

④ 木材加工厂的原木、锯材堆场应靠近铁路、公路或水路沿线；锯材、成材、粗细木工加工间和成品堆场要按工艺流程布置，应设在处于常年主导风向下风向的施工区边缘。

⑤ 金属结构、锻工、电焊等车间和机修厂，生产联系较为紧密，宜集中布置在一起。

⑥ 产生有害气体和污染环境的加工厂，如沥青熬制、生石灰熟化、石棉加工厂等，应设在常年主导风向的下风向，且不危害当地居民。必须遵守当地政府在这方面的规定。

（4）内部运输道路的布置

① 应尽量利用拟建的永久性道路，或提前修建永久性道路的路基和简单路面为施工服务。

② 临时道路要把仓库、加工厂、堆场和施工点连接起来。

③ 道路应有足够的宽度和转弯半径。应按货运量大小设计双行环形干道或单行支线，道路末端要设置回车场。

④ 临时道路的路面一般为土路、砂石路或碴碴路。

⑤ 尽量避免临时道路与铁路、塔轨交叉，若必须交叉，其交角宜为直角，否则至少应大于30°。

（5）临时行政、生活福利设施的布置。施工工地所需的临时行政、生活福利设施，应尽量利用现有的或拟建的永久性房屋，数量不足时再临时修建。临时房屋应尽量利用活动房屋。

① 工地行政管理用房宜设在全工地入口处。

② 宿舍一般在场外集中布置，距工地500~1000m为宜，并避免设在低洼潮湿地及有烟尘不利于健康的地方。

③ 职工用的生活福利设施，如商店、俱乐部等，宜设在职工较集中的地方，或设在职工出入必经之处。

④ 食堂宜布置在生活区，也可视条件设在工地与生活区之间。

（6）临时水电管网和其他动力设施的布置

① 尽量利用已有的和提前修建的永久线路。

② 临时水池、水塔应设在用水中心和地势较高处。管网一般沿主干道路布置成环状，孤立点可设枝状。供电线路应避免与其他管道设在同一侧。

③ 管网穿路处均要套以铁管进行保护，一般电线用 $\phi51 \sim \phi76mm$ 管，电缆用 $\phi102mm$ 管，并埋入地下0.6m处。过冬的临时水管需埋在冰冻线以下或采取保温措施。

④ 排水沟沿道路布置，纵坡不小于0.2%，过路处需设涵管，在山地建设时应有防洪设施。

⑤ 总变电站应设在高压进入工地处，避免高压线穿过工地。

⑥ 消防站一般布置在工地的出入口附近，并沿道路设消防栓，其间距不大于120m，距拟建房屋不小于5m，不大于25m，距路边不大于2m。

（7）绘制正式施工总平面图。

总之，现场平面布置是一个系统工程，应全面考虑，正确处理各项内容的相互联系和相互制约的关系，认真设计，反复修改，做到最优，然后绘制正式施工总平面图。该图应使用标准图例绘制，按照建筑制图规则的要求绘制完善。

5.5.2 业务量计算

5.5.2.1 工地暂设建筑物

（1）生产性临时设施。生产性临时设施可参照有关需用面积参考表进行计算和决策（各种表格可查阅《施工手册》）。

（2）物资储存临时设施。临时仓库的设置应在保证工地顺利施工的前提下，尽可能使存储的材料量少，存储期最短，装卸和运转费最省。这样可减少临时设施的资金投入，避免材料积压，从而节约周转资金和保管费用。

① 建筑群的材料储备量。建筑群的材料储备量按式（5-1）计算：

$$q_1 = K_1 Q_1 \tag{5-1}$$

式中　q_1——总储备量；

　　　K_1——储备系数，型钢、木材、用量小或不常使用的材料取 0.3~0.4，用量多的材料取 0.2~0.3；

　　　Q_1——该项材料的最高年、季需求量。

② 单位工程材料储存量计算。单位工程材料储存量按式（5-2）计算：

$$q_2 = \frac{nQ_2}{T} \tag{5-2}$$

式中　q_2——单位工程材料储备量；

　　　n——储备天数；

　　　Q_2——计划期间内需用的材料数量；

　　　T——需用该材料的施工天数（大于 n）。

③ 仓库面积计算。仓库面积按式（5-3）进行计算：

$$F = \frac{q}{P} \text{（按材料储备期计算时）} \tag{5-3}$$

或

$$F = \varphi m \text{（按系数计算时）} \tag{5-4}$$

式中　F——仓库面积，m^2；

　　　P——每平方米仓库面积上存放的材料数量；

　　　q——材料储备量；

　　　φ——系数；

　　　m——计算基数。

5.5.2.2　工地临时供水

临时供水设施设计的主要内容有：确定用水量；选择水源；设计配水管网。

（1）用水量计算

① 现场施工用水量，可按式（5-5）计算：

$$q_1 = k_1 \sum \frac{Q_1 N_1}{T_1 t} \times \frac{k_2}{8 \times 3600} \tag{5-5}$$

式中　q_1——施工用水量，L/s；

　　　k_1——未预计的施工用水系数（1.05~1.15）；

　　　Q_1——年（季）度工程量（以实物计量单位表示）；

　　　N_1——施工用水定额；

　　　T_1——年（季）度有效作业日，d；

　　　t——每天工作班数，班；

　　　k_2——用水不均匀系数，见表 5-12。

表 5-12 施工用水不均匀系数

编号	用水名称	系数
k_2	现场施工用水、附属生产企业用水	1.5、1.25
k_3	施工机械、运输机械、动力设备用水	2.00、1.05~1.10
k_4	施工现场生活用水	1.30~1.50
k_5	生活区生活用水	2.00~2.50

② 施工机械用水量，可按式（5-6）计算：

$$q_2 = k_1 \sum Q_2 N_2 \times \frac{k_3}{8 \times 3600} \tag{5-6}$$

式中 q_2——机械用水量，L/s；

k_1——未预计的施工用水系数（1.05~1.15）；

Q_2——同一种机械台班数，班；

N_2——施工机械台班用水定额；

k_3——施工机械用水不均匀系数，见表 5-12。

③ 施工现场生活用水量，可按式（5-7）计算：

$$q_3 = \frac{P_1 N_3 k_4}{t \times 8 \times 3600} \tag{5-7}$$

式中 q_3——施工现场生活用水量，L/s；

P_1——施工现场高峰昼夜人数，人；

N_3——施工现场生活用水定额[一般为 20~60L/（人·班），主要需视当地气候而定]；

k_4——施工现场用水不均匀系数，见表 5-12；

t——每天工作班数，班。

④ 生活区生活用水量，可按式（5-8）计算：

$$q_4 = \frac{P_2 N_4 k_5}{24 \times 3600} \tag{5-8}$$

式中 q_4——生活区生活用水量，L/s；

P_2——生活区居民人数，人；

N_4——生活区昼夜全部生活用水定额，每一居民每昼夜为 100~120L，随地区和有无室内卫生设备而变化；

k_5——生活区用水不均匀系数，见表 5-12。

⑤ 消防用水量 q_5。

⑥ 总用水量 Q 计算

a. 当 $(q_1+q_2+q_3+q_4) \leqslant q_5$ 时，则 $Q = q_5 + \frac{1}{2}(q_1+q_2+q_3+q_4)$。

b. 当 $(q_1+q_2+q_3+q_4) > q_5$ 时，则 $Q = q_1+q_2+q_3+q_4$。

c. 当工地面积小于 5hm²（1hm²=10⁴m²，下同）而且 $(q_1+q_2+q_3+q_4) < q_5$ 时，则 $Q = q_5$。

（2）管径的选择。管径的计算公式如下：

$$d = \sqrt{\frac{4Q}{\pi v \times 1000}} \tag{5-9}$$

式中 d——配水管直径，m；

Q——耗水量，L/s；

v——管网中水的流速，m/s。

临时水管经济流速参考见表5-13。

表 5-13　临时水管经济流速参考

管径	流速 /（m/s）	
	正常时间	消防时间
$D < 0.1m$	0.5～1.2	—
$D = 0.1～0.3m$	1.0～1.6	2.5～3.0
$D > 0.3m$	1.5～2.5	2.5～3.0

5.5.2.3　工地临时用电

（1）用电量的计算。建筑工地临时用电，包括动力用电与照明用电两种，在计算用电量时，从下列几方面考虑。

① 全工地所使用的机械动力设备，其他电器工具及照明用电的数量。

② 施工总进度计划中施工高峰阶段同时用电的机械设备最高数量。

③ 各种机械设备在工作中需用的情况。

总用电量可按式（5-10）计算：

$$P = (1.05～1.10) \times \left(k_1 \times \frac{\sum P_1}{\cos\phi} + k_2 \sum P_2 + k_3 \sum P_3 + k_4 \sum P_4 \right) \qquad （5-10）$$

式中　　P——供电设备总需要容量，kW；

　　　　P_1——电动机额定功率，kW；

　　　　P_2——电焊机额定功率，kW；

　　　　P_3——室内照明容量，kW；

　　　　P_4——室外照明容量，kW；

　　　$\cos\phi$——电动机的平均功率因数（在施工现场最高为 0.75～0.78，一般为 0.65～0.75）；

k_1、k_2、k、k_4——需要系数，参见表5-14。

表 5-14　需要系数（k 值）

用电名称	数量	需要系数		备注
		k	数值	
电动机	3～10 台	k_1	0.7	如施工中需要电热时，应将其用电量计算进去。为使计算结果接近实际，各项动力和照明用电，应根据不同工作性质分类计算
	11～30 台		0.6	
	30 台以上		0.5	
加工厂动力设备			0.5	
电焊机	3～10 台	k_2	0.6	
	10 台以上		0.5	
室内照明		k_3	0.8	
室外照明		k_4	1.0	

单班施工时，用电量计算可不考虑照明用电。

由于照明用电量所占的比重较动力用电量要少得多，所以在估算总用电量时可以简化，只要在动力用电量之外再加 10% 作为照明用电量即可。

（2）电源选择

① 选择建筑工地临时供电电源时需考虑的因素：建筑工地及设备安装工程的工程量和施工

进度；各个施工阶段的电力需要量；施工现场的大小；用电设备在建筑工地上的分布情况和距离电源的远近情况；现有电气设备的容量情况等。

② 临时供电电源的几种方案

a. 借用施工现场附近已有的变压器。

b. 利用工地附近的电力网，设置临时变电所和变压器。

c. 工地位于边远地区，没有电力系统时，电力完全由临时电站供给。

③ 临时电站一般有内燃机发电站、火力发电站、列车发电站、水力发电站。

（3）变压器的选择。变压器的功率按式（5-11）计算：

$$W = K \times \frac{\sum P}{\cos\phi} \tag{5-11}$$

式中　W——变压器的容量，kV·A；

　　　K——功率损失系数，计算变电所容量时，$K=1.05$，计算临时发电站时，$K=1.1$；

　　　$\sum P$——变压器服务范围内的总用电量，kV·A；

　　　$\cos\phi$——功率因数，一般采用 0.75。

（4）配电导线的选择。导线截面应满足机械强度、允许电流强度、允许电压降三方面的要求，故先分别按一种要求计算截面积，再从三者中选出最大截面作为选定导线截面积，根据截面积选定导线。一般在道路和给排水施工工地中，由于作业线比较长，导线截面可按电压降选定；在建筑工地上因配电线路较短，可按容许电流强度选定；在小负荷的架空线路中，往往以机械强度选定。

5.5.3　技术经济指标的分析

施工组织总设计编制完成后，还需对技术经济进行分析评价，以便改进方案或进行多方案比较和优化。一般常用的指标如下。

（1）建筑项目施工总工期。建筑项目施工总工期是建设项目从正式工程开工到全部投产使用为止的持续时间。应计算的相关指标有以下几个。

① 施工准备期：即从施工准备开始到主要项目开工止的全部时间。

② 部分投产期：即从主要项目开工到第一批项目投产使用止的全部时间。

③ 单位工程工期：即建筑群中各单位工程从开工到竣工止的全部时间。

（2）建筑项目施工效率

① 全员劳动生产率 [元/（人·年）]。

② 单位竣工面积用工量（工日/m²）。

③ 劳动力不均匀系数按式（5-12）计算。

$$劳动力不均匀系数 = \frac{施工期高峰人数}{施工期平均人数} \tag{5-12}$$

（3）建筑项目施工总质量。建筑项目施工总质量是施工组织总设计中确定的质量控制目标。以质量优良频率表示如下：

$$质量优良频率 = \frac{优良工程个数（或面积）}{施工项目总个数（或面积）} \tag{5-13}$$

（4）建筑项目施工总成本

① 降低成本额按式（5-14）计算。

$$降低成本额 = 承包成本额 - 计划成本额 \qquad (5\text{-}14)$$

② 降低成本率按式（5-15）计算。

$$降低成本率 = \frac{降低成本额}{承包成本额} \qquad (5\text{-}15)$$

$$降低成本额 = \frac{降低成本总额}{承包成本总额} \qquad (5\text{-}16)$$

（5）建筑项目施工安全指标，以工伤事故频率控制数表示。

（6）综合机械化程度

$$综合机械化程度 = \frac{机械化施工完成工作量}{总工作量} \qquad (5\text{-}17)$$

（7）预制化程度

$$预制化程度 = \frac{在工厂及现场预制工作量}{总工作量} \qquad (5\text{-}18)$$

（8）临时工程

① 临时工程投资比例

$$临时工程投资比例 = \frac{全部临时工程投资}{建安工程造价} \qquad (5\text{-}19)$$

② 临时工程费用比例

$$临时工程费用比例 = \frac{临时工程投资 - 回收费 + 租用费}{建安工程造价} \qquad (5\text{-}20)$$

（9）材料使用指标

① 主要材料节约量：指依靠施工技术组织措施，实现三大材料（钢材、木材和水泥）的节约量。

$$主要材料节约量 = 预算用量 - 施工组织设计计划用量 \qquad (5\text{-}21)$$

② 主要材料节约率

$$主要材料节约率 = \frac{主要材料节约量}{主要材料预算用量} \qquad (5\text{-}22)$$

案例：上海某办公楼、公寓式酒店、酒店及地库总承包工程施工组织总设计

简答题

1. 简述施工组织总设计的编制程序、编制依据和编制内容。

2. 施工组织总设计中的工程概况主要反映哪些内容？

3. 施工总体部署主要包括哪些内容？在施工程序安排时应注意哪些问题？

4. 施工总进度计划的编制原则和内容有哪些？

5. 施工总平面图的设计原则有哪些？布置施工现场时应注意什么？

□ 思考与
练习

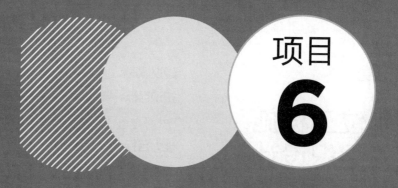

项目
6

单位工程施工组织设计

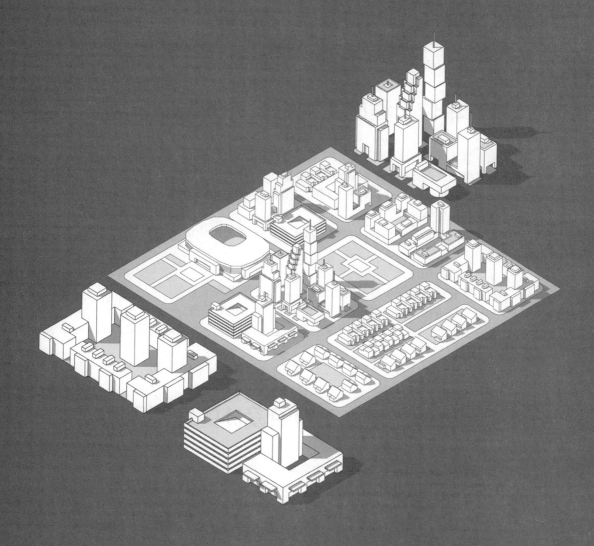

任务6.1

单位工程施工组织设计的概念

建议课时： 1学时

知识目标： 掌握单位工程施工组织设计的概念，掌握单位工程施工组织设计的内容及编制程序。

能力目标： 能编制单位工程施工组织设计。

思政目标： 树立遵守规范的意识；培养敬业、严谨的工作作风，刻苦钻研、勤学好问的学习风尚，勤俭节约和环境保护意识，善于分工合作的品质。

　　单位工程施工组织设计是由施工企业编制，用以指导施工全过程中的技术、组织、经济活动的综合文件。其任务是从编制施工组织设计的基本原则和工程对象的施工全局出发，根据施工组织总设计和有关原始资料，结合工程实际，选择合理的施工方案，确定科学合理的施工进度，规划符合施工现场情况的平面布置图，从而以最少的投入，在规定的工期内，生产出质量好、成本低的建筑产品。

6.1.1　单位工程施工组织设计的编制依据

　　（1）上级领导机关对该单位工程的要求，建设单位的意图和要求，工程承包合同。

　　（2）施工组织总设计和施工图对施工的要求。

　　（3）施工企业年度施工计划对该工程的安排和规定的各项指标。

　　（4）预算文件提供的有关数据。

　　（5）劳动力配备情况，材料、构件、加工品的来源和供应情况，主要施工机械的生产能力和配备情况。

　　（6）水、电供应条件。

　　（7）设备安装进场时间和对土建的要求，以及对所需场地要求。

　　（8）建设单位可提供的施工用地、施工用房、水、电等条件。

　　（9）施工现场的具体情况：地形，地上、地下障碍物，水准点，气象，工程与水文地质，交通运输道路等。

　　（10）建设用地征购、拆迁情况，施工许可证办理情况，国家有关规定、规范、规程和定额等。

6.1.2　单位工程施工组织设计的编制原则

　　（1）符合施工组织总设计的要求。如果单位工程属于群体工程的一部分，则此单位工程施工组织设计时应满足施工组织总设计进度、工期、质量及成本目标等各项要求。

（2）合理划分施工段和安排施工顺序。流水施工是最科学的施工组织方式。为合理组织施工，满足流水施工要求，应将施工对象划分成若干个施工段，同时按照施工客观规律和建筑产品的工艺要求安排施工顺序，将施工对象按施工工艺特征进行分解，以此组织流水施工。在保证安全和质量的前提下，使不同的施工工艺（施工过程）之间尽量平行搭接，同一施工工艺连续施工作业，从而缩短工期。

（3）采用先进的施工技术和施工组织措施。先进的科学技术是提高劳动生产率、提高工程质量、加快施工进度、降低成本、减轻劳动强度的重要途径。但选用新技术必须在调查研究的基础上，从企业实际出发，结合工程实际情况，经过科学分析和技术经济论证，既要考虑其先进性，又要考虑其适用性。

（4）考虑专业工种之间相互协调并密切配合。由于建筑施工对象趋于复杂化和高技术化，促使完成施工任务的工种将越来越多，相互之间的影响及对施工进度的影响也越来越大。施工组织设计应有预见性和计划性，既要使各施工过程、专业工种顺利进行施工，又要使它们之间尽可能实现搭接和交叉，以缩短工期。有些工程的施工中，一些专业工种是既互相制约又互相依存的，这就需要各工种间相互协调和密切配合。

（5）施工方案的选择应作技术经济比较。应对主要工种工程施工方案和主要施工机械的选择方案进行论证和经济技术分析，以选择技术上先进、经济上合理且符合现场实际、适应本项目的施工方案。

（6）确保工程质量和施工安全。在编制施工组织设计时，要认真贯彻"质量第一"和"安全生产"的方针，严格按照施工验收规范和施工操作规程的要求，制定具体的质量和施工安全的措施，以确保工程顺利进行。

（7）文明施工。在编制施工组织设计时，还应对在施工中做到文明施工，注意环境保护，提出相应的措施。

6.1.3　单位工程施工组织设计的编制程序

单位工程施工组织设计的编制程序如图6-1所示。

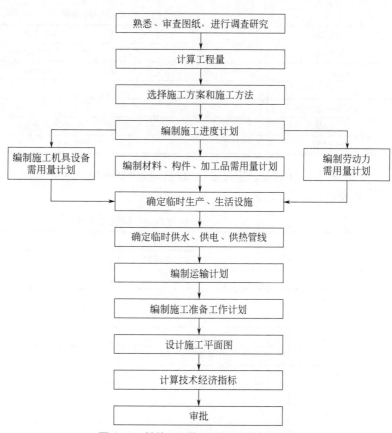

图6-1　单位工程施工组织设计编制程序

任务6.2 单位工程 "工程概况" 的编制

建议课时： 1学时

知识目标： 掌握工程概况的编制方法。

能力目标： 能分析工程的特点，能制定施工方案和施工顺序。

思政目标： 树立遵守规范的意识；培养敬业、严谨的工作作风，刻苦钻研、勤学好问的学习风尚，勤俭节约和环境保护意识，善于分工合作的品质。

　　工程概况是对拟建工程的工程特点、现场情况、施工条件等所做的简要、突出重点的文字介绍，也可以用表格的形式，简明扼要。必要时附以平面图、立面图、剖面图，以及主要分部（项）工程一览表。

　　（1）工程概况。工程概况包括工程名称、地理位置、相关单位及合同有关内容，如表6-1所示。

表6-1　相关组织与合同

工程名称		地理位置	
建设单位		设计单位	
勘察单位		监理单位	
施工总承包单位			
施工外分包单位			
合同范围		合同质量目标	
合同工期	总工期	开工日期	竣工日期

　　（2）建设设计概况。建设设计概况包括建筑面积、建筑层数、建筑高度、内外装修、屋面等，如表6-2所示。

表6-2　建筑设计概况

总建筑面积		地下部分面积		用地面积	
		地上部分面积		基地面积	
层数	地上	±0.00 标高		基础埋深	
	地下	设计室外地坪		檐口高度	
建筑防水设计		地下室			
		卫生间			
		屋面			
建筑人防设计					
外装修					
内装修					
屋面					

（3）结构设计概况。结构设计概况包括结构形式、结构参数、混凝土强度等，如表6-3所示。

表6-3　结构设计概况

地下室结构		结构参数		混凝土强度等级	备注
地上结构	结构形式	结构层数	结构参数	混凝土强度等级	备注
		第1层			
		第n层			
		……			

（4）施工场地情况。施工场地情况包括施工场地的"七通一平"情况、地下水位情况、气候条件等，如表6-4所示。根据需要还应列出机械、材料、劳动力和企业管理情况等。

表6-4　施工场地及施工条件情况

施工用水		地下水位	
施工用电		气温情况	
施工道路		雨量情况	

任务6.3

施工方案的编制

建议课时： 3学时

知识目标： 掌握单位工程施工方案的编制方法，了解影响施工方案的关键因素及相应对策。

能力目标： 能编制单位工程施工方案。

思政目标： 树立遵守规范的意识；培养敬业、严谨的工作作风，刻苦钻研、勤学好问的学习风尚，勤俭节约和环境保护意识，善于分工合作的品质。

施工方案的选择是否合理直接影响到单位工程施工效果。施工方案设计是单位工程施工组织设计的核心任务。施工方案设计一般包括：确定主要分部分项工程及其施工方法，安排施工顺序和施工流向，确定施工机械等，是一个全面的、综合的决策分析过程。

6.3.1　施工流向和施工程序的确定

6.3.1.1　施工流向的确定

施工流向的确定是指单位工程在平面上或竖向上施工开始的部位及展开方向。单层建筑物要确定出分段（跨）在平面上的施工流向；多层建筑物除了应确定每层平面上的流向外，还应确定其层或单元在竖向上的施工流向。竖向施工流水要在层数多的一段开始流水，以使工人不窝工。不同的施工流向可产生不同的质量、时间和成本效果。施工流向应当优化。确定施工流向应考虑以下因素：生产使用的先后，适当的施工区段划分，与材料、构件、土方的运输方向不发生矛盾，适应主导施工过程（工程量大、技术复杂、占用时间长的施工过程）的合理施工顺序，以及保证工人连续工作而不窝工。具体应注意以下几点。

（1）车间的生产工艺过程往往是确定施工流向的关键因素，故影响其他工段试车投产的工段应先施工。

（2）建设单位对生产或使用要求在先的部位应先施工。

（3）技术复杂、工期长的部位应先施工。

（4）当有高低层或高低跨并列时，应先从并列处开始施工；当基础埋深不同时应先深后浅。

例如，多层建筑物装饰工程施工起点流向分别有：室外装饰工程自上而下的流水施工流向；室内装饰工程自上而下和自下而上以及先自中而下再自上而中的三种流水施工流向，如图6-2所示。

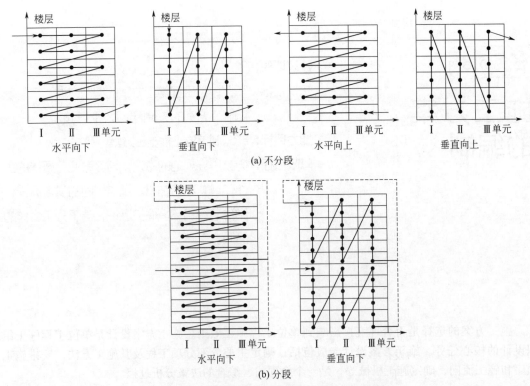

图6-2　多层建筑物装饰工程施工起点流向示意

6.3.1.2　确定施工程序

施工程序指分部工程、专业工程或施工阶段的先后施工关系。

（1）单位工程的施工程序。单位工程的施工程序应遵守的基本要求是："先地下后地上""先主体后围护""先结构后装饰""先土建后设备"。

a."先地下后地上"，指的是在地上工程开始之前，尽量先完成管道、线路等地下设施和土方工程的施工任务，以免对地上工程施工的干扰，从而造成浪费、影响质量的情况。

b."先主体后围护"，主要是指框架结构和排架结构的建筑中，应注意在总的程序上有合理的搭接。一般来说，多层民用建筑工程结构与装修以不搭接为宜，而高层建筑则应尽量搭接施工，以有效地节约时间。

c."先结构后装饰"，是指先进行主体结构的施工，再进行装饰工程施工。当有工期约束时，也可以在结构先进行一段时间后，装饰工程随后搭接进行。

d."先土建后设备"，指的是不论是工业建筑还是民用建筑，土建先于水、暖、电、卫等建筑设备的施工。但也可以安排穿插进行，尤其在装修阶段，应从保质量、讲节约的角度，处理好两者的关系。

（2）设备基础与厂房基础之间的施工程序。一般工业厂房不但有柱基础，还有设备基础。特别是重工业厂房，设备基础埋置深，体积大，所需工期较长，比一般柱基础的施工要困难和复杂得多。由于设备基础施工顺序的不同，常会影响到主体结构的安装方法和设备安装投入的时间，因此对其施工顺序需仔细研究决定。一般有以下两种方案。

a.厂房柱基础的埋置深度大于设备基础的埋置深度。此时采取厂房柱基础先施工，设备基础后施工，这种施工程序可称为封闭式施工程序。

一般来说，当厂房施工处于雨季或冬季时，可采取封闭式施工；若设备基础不大，在厂房结构安装后施工对厂房结构稳定性并无影响时，采用设备基础后施工的顺序。对于较大较深的设备基础，有时由于采用了特殊的施工方法（如沉井），也可以采用封闭式施工。

b.设备基础埋置深度大于厂房柱基础的埋置深度。厂房柱基础和设备基础应同时施工，即开敞式施工程序。

若设备基础与柱基础的埋置深度相同或接近，则两种施工顺序均可以选择。只有当设备基础较大较深，其基坑的挖土范围已经与柱基础的基坑挖土范围连成一片，或深于厂房柱基础，以及厂房所在地点土质不佳时，往往采用设备基础先施工的顺序。

（3）设备安装与土建施工的程序关系。首先土建施工要为设备安装施工提供工作面，在安装的过程中，两者要相互配合。一般在设备安装以后，土建还要做许多工作。总的来看，可以有三种程序关系。

a.封闭式施工。对于一般机械工业厂房，当主体结构完成之后，即可进行设备安装。对于精密设备的工业厂房，则应在装饰工程完成后再进行设备安装。这种程序称为封闭式施工。

封闭式施工的优点是：土建施工时，工作面不受影响，有利于构件就地预制、拼装和安装，起重机械开行路线选择自由度大；设备基础能在室内施工，不受气候影响；厂房的桥式吊车可为设备基础施工及设备安装运输服务。

封闭式施工的缺点是：部分柱基回填土要重新挖填，运输道路要重新铺设，故出现重复劳动；设备基础挖土难以利用机械操作；当土质不佳时，设备基础挖土可能影响柱基稳定，故要增加加固措施费；不能提前为设备安装提供工作面，形成土建与设备安装的依次作业，相应时间较长。

b.敞开式施工。对于某些重型厂房，如冶金、电站用房等，一般是先安装工艺设备，然后建造厂房。由于设备安装露天进行，故称敞开式施工。敞开式施工的优缺点与封闭式施工相反。

c.平行式施工。当土建为设备安装创造了必要条件后，同时又可采取措施防止设备污染，便可同时进行土建与安装施工，故称平行式施工。例如建造水泥厂时，最经济的施工方法就是这种。

6.3.2 施工方法和施工机械的选择

在单位工程中，各主要施工过程可以采用不同的施工方法和施工机械组织施工，而每种施工方法和施工机械都有各自的适用性。即：相应的施工方法要求选用相应的施工机械；不同的施工机械适用于不同的施工方法。选择时，要考虑建筑物（构筑物）的结构特征、抗震要求、工程量大小、工期长短、物资供应条件、场地四周环境等因素，拟订可行方案，进行优选后再决策。

6.3.2.1 施工方法的选择

（1）主要项目的施工方法选择

① 土石方工程。计算土石方工程量，进行土石方的平衡调配。确定土方开挖或石方的爆破方法，选择相应的施工机械。当采用人工开挖时应按工期要求确定劳动力数量，并确定分区分段施工；当采用机械开挖时应选择机械挖土的方式，确定挖掘机型号、数量和行走路线。

② 混凝土及钢筋混凝土工程。确定模板类型和支模方法，重点考虑模板的周转和利用次数，隔离剂的选用；钢筋加工、绑扎和焊接、运输和安装方法；选择混凝土搅拌、振捣设备和规格及运输方法，混凝土的浇筑顺序，施工缝位置，分层高度，工作班次，混凝土养护制度等。

③ 结构吊装工程。根据选用的机械设备确定吊装方法，安排吊装顺序、机械位置、行驶路线，构件的制作、拼装方法，场地，构件的运输、装卸、堆放方法，所需的机具和设备型号、数量对运输道路的要求。

④ 现场垂直和水平运输。确定垂直运输量，若有标准层要确定标准层的运输量，选择垂直运输方式，脚手架的选择及搭设方式；确定水平运输方式及设备的型号、数量，配套使用的专用工具设备，如砖车、砖笼、混凝土车、灰浆车和料斗等；确定地面和楼层上水平运输的行驶路线，合理地布置垂直运输设施的位置，综合安排各种垂直运输设施的任务和服务范围，确定混凝土后台上料方式。

⑤ 装修工程。根据室内外装修、门窗安装、木装修、涂料、玻璃等设计要求，确定采用相应的施工方法并提出所需机械设备，确定工艺流程和劳动组织，组织流水施工，确定装修材料逐层配套堆放的数量和平面布置。

⑥ 特殊项目。如采用新结构、新材料、新工艺、新技术、高耸、大跨、重型构件，以及水下、深基和软弱地基项目等，应严格按照规范规定单独选择相应的施工方法。

（2）选择施工方法时，应注意考虑的问题。选择施工方法时，应着重考虑影响整个工程施工的分部分项工程的施工方法，对于按照常规做法和工人熟知的分项工程，则不予详细拟订，只要提出应注意的一些特殊问题即可。一般应注意考虑以下问题。

① 一般对以下项目，要详细具体地做出设计：采用新技术、新工艺及对工程质量起关键作用的分部分项工程；施工技术复杂的分部分项工程；在单位工程中占有重要地位的工程量大的分部分项工程；特殊结构工程或由专业施工单位施工的特殊专业工程等。

② 选择的施工方法要符合相应的工程施工质量验收规范。

③ 尽量选择那些经过试验鉴定的科学、先进、节约的方法，尽可能进行技术经济分析。

④ 要与选择的施工机械及划分的施工段相互协调和匹配。

6.3.2.2 施工机械的选择

（1）施工机械的选择应遵循切合需要、实际可能、经济合理的原则，具体考虑技术经济条件和定量的技术经济指标的分析比较。

① 技术条件。包括技术性能，工作效率，工作质量，能源耗费，劳动力的节约，使用安全性和灵活性，通用性和专用性，维修的难易程度、耐用程度等。

② 经济条件。包括原始价值、使用寿命、使用费用、维修费用等。如果是租赁机械，应考虑其租赁费。

③ 要进行定量的技术经济分析比较，以使施工机械选择方案最优。

（2）选择施工机械时，应考虑以下主要问题

① 首先考虑选择主导工程的机械，根据工程特点决定其最适宜的类型。例如选择起重设备时，当工程量较大而又集中时，可采用塔式起重机或桅杆式起重机；当工程量较小或工程量虽大但又相当分散时，则采用无轨自行式起重机。

② 为了充分发挥主导机械的效率，应相应选好与其配套的辅助机械或运输工具，以使其生产能力协调一致，充分发挥主导机械的效率。起重机械与运输机械要配套，保证起重机械连续作业，土方机械如采用汽车运土，汽车的容量应为挖土机斗容量的整数倍，汽车数量应保证挖土机械连续工作。

③ 力求一机多用及综合利用。挖土机可用于挖土，还可安排装卸和打桩，起重机械既可用于吊装也可安排短距离水平运输。

6.3.3 技术组织措施的制定

技术组织措施是指采用技术、组织方面的措施，以保证施工质量、安全、节约和保证特殊季节施工的顺利进行、防止污染等应在严格执行施工规范、规程的前提下，针对工程的特点制定相应措施。

6.3.3.1 保证质量措施

（1）对采用的新工艺、新材料、新技术和新结构，需制定有针对性的技术措施，以保证工程质量。

（2）认真制定放线定位、标高测量等正确无误的措施。

（3）确保地基础特别是特殊、复杂地基基础质量的措施。

（4）保证主体结构中关键部位质量的措施。

（5）复杂特殊工程的施工技术组织措施。

（6）确定常见的、易发性质量通病的改进办法及防范措施等。

6.3.3.2 安全施工措施

安全施工措施应贯彻《建设工程安全生产管理条例》和安全操作规程等，对施工中可能发生安全问题的危险源进行预测，提出预防措施。安全施工措施主要包括以下几项。

（1）采用新工艺、新材料、新技术和新结构时，需制定有针对性的、行之有效的专门安全技术措施，以确保安全。

（2）自然灾害（台风、雷击、洪水、地震、高温、冻胀、严寒、滑坡等）预防的措施。

（3）高空及立体交叉作业的防护和保护措施。

（4）防火、防爆、防毒等措施。

（5）安全用电和机电设备的保护措施。

（6）进行安全宣传教育及安全检查等组织措施。

6.3.3.3 降低成本措施

降低成本措施的制定应工程具体情况，以施工预算为标准，以企业（或项目经理部）年度、季度降低成本计划和技术组织措施计划为依据进行编制，并计算出经济效果指标，加以评价、决策。这些措施必须是不影响质量的，能保证顺利实施的，能确保安全的。降低成本措施应包括以下几项。

（1）合理进行土石方调配，节约土方运输及人工费。

（2）综合利用吊装机械，合理计算吊次，节约台班费。

（3）合理进行砂浆和混凝土配合比设计，节约水泥。

（4）合理进行钢筋下料，采用先进的焊接技术，节约钢材。

（5）采用新工艺、新技术、新材料、新结构，降低工程成本。

（6）构件及成品采用预制拼装、整体安装的方法，节约人工费和机械费等。

6.3.3.4 文明施工措施

（1）严格遵守国家、地方政府颁发的有关法律法规及规章制度，积极配合组织好文明施工。

（2）严格按施工平面图要求布置施工现场。

（3）确保场内外运输道路畅通的交通安全措施。

（4）制定施工机具噪声防范、建筑垃圾运输处理以及污水排放的措施。

6.3.3.5 季节性施工措施

当工程施工跨越冬季和雨季时，为了保质量、保安全、保工期、保节约，要制定冬期施工措施和雨期施工措施。

（1）雨期施工要根据工程所在地的雨量、雨期及施工工程的特点（如深基础、大量土方、使用的设备、施工设施、工程部位等）制定相应措施。要在防淋、防潮、防泡、防淹、防拖延工期等方面，分别采用疏导、堵挡、遮盖、排水、防雷、合理储存、改变施工顺序、避雨施工、加固防陷等措施。

（2）在冬季，根据工程所在地的气温、降雪量、工程部位及施工内容、施工单位的条件等，采用不同的冬期施工措施，以达到保温、防冻、改善操作环境、保证质量、控制工期、安全施工、减少浪费的目的。

6.3.3.6 防止环境污染的措施

为了防止污染，保护环境，特别是防止在城市施工中造成污染，在编制施工方案时应提出防止污染的措施。

（1）防止施工废水污染的措施，如搅拌机冲洗废水、油漆废液、灰浆水等。

（2）防止废气污染的措施，如熬制沥青、熟化石灰等。

（3）防止垃圾粉尘污染的措施，如运输土方与垃圾、白灰堆放、散装材料运输等。

（4）防止噪声污染的措施，如打桩、搅拌混凝土、混凝土振捣等。

（5）确保施工区域环境卫生的措施等。

建议课时： 4学时

知识目标： 掌握单位工程施工进度计划的编制方法。

能力目标： 能编制单位工程施工进度计划。

思政目标： 树立遵守规范的意识；培养敬业、严谨的工作作风，刻苦钻研、勤学好问的学习风尚，勤俭节约和环境保护意识，善于分工合作的品质。

施工进度计划是在确定了施工方案的基础上，对工程的施工顺序，各工作项目的持续时间及项目之间的搭接关系，工程的开工时间、竣工时间及总工期等做出安排。在这个基础上，可以编制劳动力计划，材料供应计划，成品、半成品计划，机械需用量计划等。所以，施工进度计划是施工组织设计中一项非常重要的内容。

6.4.1 单位工程施工进度计划的编制依据

单位工程施工进度计划编制的主要依据如下。

（1）施工工期要求及开、竣工日期。

（2）经过审核的建筑总平面图、地形图、单位工程施工图、设备及基础图、采用的标准图集技术资料。

（3）施工总进度计划，领导对工期的要求，建设单位对工期的要求（合同要求）。

（4）施工条件、资源供应状况（劳动力、材料、构件及机械供应条件）。

（5）主要分部分项工程的施工方案。

（6）施工预算、预算定额、施工定额。

（7）本企业施工水平及分包单位情况等。

6.4.2 单位工程施工进度计划的编制程序

单位工程施工进度计划的编制程序如图 6-3 所示。

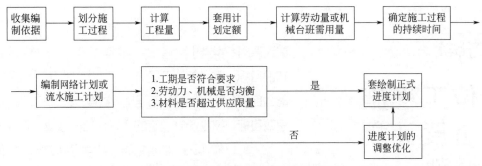

图 6-3　单位工程施工进度计划编制程序

6.4.3　划分施工过程

　　施工过程是进度计划的基本组成单元,应该根据计划的需要来决定其包含的内容多少、划分的粗细程度。一般说来,单位工程进度计划的施工过程应明确到分项工程或更具体,以满足指导施工作业的要求。通常划分施工过程应按顺序列成表格,编排序号,查对是否遗漏或重复。凡是与工程对象施工直接有关的内容均应列入。辅助性内容和服务性内容则不必列入。

　　(1)划分施工过程应与施工方案一致。施工方案不同,施工过程的名称、数量和内容也有所不同。如某深基坑施工,采用放坡开挖方法时,其施工过程有井点降水和挖土两项;当采用钢板桩支护时,其施工过程包括井点降水、打板桩和挖土三项。

　　(2)施工过程划分的粗细程度应适当。主要考虑施工进度计划的客观需要,编制控制性进度计划时,施工过程可划分得粗一些,通常只列出分部分项名称;编制实施性施工进度计划时,项目要划分得细一些,特别是其中的主导工程和主要分部工程,应尽量详细而且不漏项。

　　(3)适当简化施工进度计划内容,突出重点,避免建设工程项目划分过细。编制时可适当考虑某些穿插性分项工程合并到主要分项工程中。如安装门窗框可合并到砌墙工程;对于在同一时间内,由同一工作队施工的过程可以合并成一个施工过程,而对次要的零星分项工程可以合并到其他工程中。

　　(4)水暖电卫工程和设备安装工程通常由专业队负责施工。因此,在施工进度计划中只要反映出这些工程与土建工程配合情况即可,不必细分。

　　(5)所有施工过程应大致按施工先后顺序排列,所采用的施工项目名称可参考现行定额手册。

6.4.4　计算工程量和持续时间

　　计算工程量应针对划分的每一个施工过程分段计算。可套用施工预算的工程量,也可以由编制者根据图纸并按施工方案安排自行计算,或根据施工预算加以整理。

　　施工过程的持续时间最好是按正常情况确定,它的费用一般是最低的。待编制出初始计划并经过计算再结合实际情况做必要的调整,这是避免因盲目抢工而造成浪费的有效办法。较为简便的办法是按照实际施工条件来估算项目的持续时间,现在一般多采用这种办法。具体计算法有两种,即经验估计法和定额计算法。

　　注意,公式中的 S 最好是本施工单位的实际水平,也可以参照地区施工定额水平。如果项目是综合性的,它也应是综合的,计算公式为:

$$\overline{S} = \frac{\sum_{i=1}^{n} Q_i}{\dfrac{Q_1}{S_1} + \dfrac{Q_2}{S_2} + \cdots\cdots + \dfrac{Q_n}{S_n}} \qquad (6-1)$$

式中　Q_1，Q_2，$\cdots$，Q_n——同一性质的各分项工程的工程量；

　　　S_1，S_2，$\cdots$，S_n——同一性质的各分项工程的产量定额；

　　　　　　　　　n——同一性质的各分项工程的数量；

　　　　　　　　　$\overline{S}$——综合产量定额。

6.4.5　确定施工过程的施工顺序

施工顺序是在施工方案中确定的施工流向和施工程序的基础上，按照所选施工方法和施工机械的要求确定的。有的施工组织设计在施工方案中确定，有的施工组织设计在编制施工进度计划时具体确定。由于施工顺序是在施工进度计划中正式定案的（编制施工进度计划往往要对施工顺序进行反复调整），所以最好在施工进度计划编制时具体研究确定施工顺序。

确定施工顺序是为了按照施工的技术规律和合理的组织关系，解决各项目之间在时间上的先后顺序和搭接关系，以期做到保证质量、安全施工、充分利用空间、争取时间、实现合理安排工期的目的。安排施工顺序必须遵循工艺关系、优化组织关系。

工业与民用建筑的施工顺序不同。同是工业建筑和民用建筑，其施工顺序也难以做到完全相同。因此，优化施工顺序时，必须对工程的特点、技术上和组织上的要求以及施工方案等进行研究，不能拘泥于某种僵化的顺序。但是应当承认，从大的方面看，施工顺序也有许多共性。

确定施工顺序应注意以下因素。

（1）施工顺序不能违背施工程序。

（2）施工顺序应与施工工艺顺序相一致。

（3）施工顺序应与施工方法和施工机械的要求一致。

（4）考虑施工工期和施工组织的要求。

（5）考虑施工质量和安全的要求。

（6）考虑工程所在地气候影响。

6.4.6　组织流水施工并绘制施工进度计划图

在做完了以上各项工作之后，就要编制施工进度计划图了。编制施工进度计划时应注意以下几点。

（1）首先应选择进度计划图的形式。可以是横道图，也可以是网络图。为了方便与国际交往，使用计算机计算、调整和优化，提倡使用网络计划。使用网络计划可以是无时标的，也可以是有时标的。当计划定案后，最好绘制时标网络计划，使执行者更直观地了解计划。

（2）应先安排各分部工程的计划，然后组合成单位工程施工进度计划。

（3）安排各分部工程施工进度计划应首先确定主导施工过程，并以它为主导，尽量组织等节奏或异节奏流水，从而组织单位工程的分别流水。

（4）施工进度计划图编制以后要计算总工期并进行判别，看是否满足工期目标要求，如不满足，应进行调整或工期优化。然后绘制资源动态曲线（主要是劳动力动态曲线）。进行资源均衡程度的判别，如不满足要求，再进行资源优化，主要是"工期规定、资源均衡"的优化。

（5）优化完成以后再绘制正式的单位工程施工进度计划图，付诸实施。

6.4.7　施工进度计划的主要评价指标

施工进度计划的主要评价指标有以下几项。

① 总工期，指自开工之日到竣工之日的全部日历天数。

② 提前时间

$$提前时间 = 上级要求或合同要求工期 - 计划工期 \tag{6-2}$$

③ 劳动力不均匀系数

$$劳动力不均匀系数 = \frac{高峰人数}{平均人数} \tag{6-3}$$

$$平均人数 = \frac{\sum 每日人数}{总工期} \tag{6-4}$$

式（6-3）中，劳动力不均匀系数在 2 以内为好，超过 2 则不正常。

④ 单位工程单方用工数

$$单位工程单方用工数 = \frac{总用工数（工日）}{建筑面积（m^2）} \tag{6-5}$$

⑤ 总工日节约率

$$总工日节约率 = \frac{施工预算用工数（工日） - 计划用工数（工日）}{施工预算用工数（工日）} \tag{6-6}$$

⑥ 单位大型机械单方台班用量

$$单位大型机械单方台班用量 = \frac{大型机械台班总量（台班）}{建筑面积（m^2）} \tag{6-7}$$

⑦ 单位建安工人日产值

$$单位建安工人日产值 = \frac{计划施工工程造价（元）}{进度计划日期 \times 每日平均人数（工日）} \tag{6-8}$$

6.4.8　施工准备工作计划和资源计划的编制

（1）施工准备工作计划。施工准备工作既是施工中一项重要的内容，也是单位工程开工的条件。开工之前必须为按时开工创造条件，开工后必须为顺利施工创造条件。因此，它贯穿于施工全过程。所以，在施工组织设计中必须进行详细的规划，实行责任制。施工准备工作计划如表 6-5 所示。

表6-5 单位工程施工准备工作计划

编号	准备工作项目	简要内容	负责单位	负责人	起止日期		备注
					月/日	月/日	

（2）单位工程劳动力需要量计划。单位工程进度计划编制完成后，可以进行单位工程劳动力需要量计划的编制。其依据是单位工程施工进度计划中的进度要求，可用于调配劳动力，安排生活福利设施，优化劳动组合。将单位工程施工进度计划表内所列的各施工过程每天（或每旬、每日）所需的工人人数按工种进行汇总即可得出每天（或每旬、每月）所需的各工种人数，如表6-6所示。

表6-6 单位工程劳动力需要量计划

序号	工种名称	人数	时间/（ ）															
			1	2	3	4	5	6	7	8	9	10	11	12	13	14	15	16 ……

（3）单位工程主要材料需要量计划。单位工程主要材料需要量计划可用以备料、组织运输和建库（堆场）。可将进度表中的工程量与消耗定额相乘，加以汇总，并考虑储备定额计算求出。也可根据施工预算和进度计划进行计算，其原则是在满足施工进度要求的前提下，充分利用施工场地、仓库及材料堆放场，此外还要考虑材料的堆放要求。具体如表6-7所示。

表6-7 单位工程主要材料需要量计划

序号	材料名称	规格	需要量		供应时间	备注
			单位	数量		

（4）单位工程构件需要量计划。构件需要量计划是根据施工图和施工进度计划编制的，用以与加工单位签订合同，组织运输，设置堆场位置和面积。单位工程构件需要量计划如表6-8所示。

表6-8 单位工程构件需要量计划

序号	品名	规格	图号	需要量		使用部位	加工单位	供应日期	备注
				单位	数量				

（5）单位工程施工机械需要量计划。施工机械需要量计划用以供应施工机械，安排机械进场、工作和退场日期，可根据施工方案和施工进度计划进行编制。单位工程施工机械需要量计划如表6-9所示。

表6-9 单位工程施工机械需要量计划

序号	机械名称	类型型号	需要量		来源	使用起止时间	备注
			单位	数量			

任务6.5

单位工程施工平面图设计

建议课时: 4学时

知识目标: 掌握单位工程施工平面图的编制方法;了解施工现场的施工设施及其相互影响。

能力目标: 能编制单位工程施工平面图。

思政目标: 树立遵守规范的意识;培养敬业、严谨的工作作风,刻苦钻研、勤学好问的学习风尚,勤俭节约和环境保护意识,善于分工合作的品质。

　　施工平面图是施工准备工作的一项重要依据,也是布置施工现场的依据。其绘制比例一般为(1:200)~(1:500)。如果单位工程施工平面图是拟建建筑群的组成部分,它的施工平面图就是全工地总施工平面图的一部分,应考虑到全工地总施工平面图的约束,并应具体化。

6.5.1　单位工程施工平面图设计的内容

　　施工平面图是按一定比例和图例,按照场地条件和需要的内容进行设计。可根据建筑总平面图、施工图、现场地形图、现有水源和电源、场地大小、可利用的已有房屋和设施、调查得来的资料、施工组织总设计、施工方案、施工进度计划等,经过科学的计算及优化,并遵照国家有关规定来进行设计。单位工程施工平面图的内容如下。

　　(1)建筑平面图上已建和拟建的地上和地下的一切建筑物、构筑物和其他设施的位置或尺寸。

　　(2)测量放线标桩、地形等高线和取舍土地点。

　　(3)垂直运输设施的位置及移动式起重机的开行路线。

　　(4)材料、加工半成品、构件和机具的堆场。

　　(5)生产、生活用临时设施。如混凝土搅拌站、高压泵站、钢筋棚、木工棚、仓库、办公室、供水管、供电线路、消防设施、安全设施、道路以及其他需搭建或建造的设施。

　　(6)场内施工道路和与场外交通的连接。

　　(7)必要的图例、比例尺,方向及风向标记。

6.5.2　单位工程施工平面图设计的依据

　　(1)主管部门的批示文件及建设单位的要求。

　　(2)施工图纸及设计单位对施工的要求。

　　(3)施工企业年度生产计划对该建设工程项目的安排和规定的有关指标。

　　(4)预算文件提供的有关数据。

（5）资源配备情况。

（6）建设单位可能提供的条件和水、电供应情况。

（7）建设单位可提供的施工用地。

（8）设备安装进场时间和要求。

（9）施工现场条件和勘察资料。

（10）建设用地、拆迁情况，国家有关规定等。

6.5.3 单位工程施工平面图的设计原则

（1）在保证顺利施工的前提下，平面布置要紧凑，不占或少占农田，节约用地。

（2）短运输，少搬运，尽量减少不必要的二次搬运。

（3）在满足需要的前提下，临时工程要少用资金。尽量利用已有的临时工程设施，临时工程多用装配式的施工方法，并精心计算和设计。

（4）在保证安全生产的前提下，平面布置应满足生产、生活、安全、消防、环保、市容、卫生、劳动保护等方面的要求，应符合国家有关规定和法规。

6.5.4 单位工程施工平面图的设计步骤

单位工程施工平面图的一般设计步骤是：确定起重机的位置→确定搅拌站、仓库、材料和构件堆场、加工厂的位置→布置运输道路→布置行政管理、文化、生活、福利用临时设施→布置水电管线→计算技术经济指标。

6.5.5 单位工程施工平面图的设计要点

6.5.5.1 起重机械布置

塔式起重机的布置要结合建筑物的形状及四周的场地情况布置。起重高度、幅度及起重量要满足要求，使材料和构件可达建筑物的任何使用地点。有轨式塔式起重机的路基和固定式塔吊的基础按规定进行设计和建造。

井架、门架等固定式垂直运输设备的布置，要结合建筑物的平面形状、高度、材料及构件的重量，考虑机械的负荷能力和服务范围，做到便于运送，便于组织分层分段流水施工，便于楼层和地面的运输，缩短运距。

履带吊和轮胎吊等自行式起重机的行驶路线要考虑吊装顺序、构件重量、建筑物的平面形状、高度、堆放场位置以及吊装方法等。

除此以外，还要注意避免机械能力的浪费。

6.5.5.2 搅拌站、加工厂、仓库、材料、构件堆场的布置

搅拌站、加工厂、仓库、材料、构件堆场等要尽量靠近使用地点或在起重机起重能力范围

内，运输、装卸要方便，避免不必要的二次运输。构件重量大的，要在起重机臂下；构件重量小的，可离起重机稍远。

搅拌站要与砂、石堆场及水泥库一起考虑，既要靠近，又要便于大宗材料的运输装卸。

仓库、堆场的布置，应能适应各个施工阶段的需要，并应进行计算。按照材料使用的先后，同一场地可以供多种材料或构件堆放。易燃、易爆品的仓库位置，需遵守防火、防爆安全距离的要求。

木工棚、钢筋棚和水电加工棚可离建筑物稍远，并有相应的堆场。

石灰、淋灰池要布置在灰浆搅拌站附近。若安排现场进行沥青熬制时，地点要离开易燃品库，均应布置在常年主导风向的下风向。在城市施工时，应使用沥青厂的沥青，不准在现场熬制。

6.5.5.3 运输道路的修筑

道路应按材料和构件运输的需要，沿着仓库和堆场进行布置，使之通畅无阻，便于施工。宽度要符合规定，单行道不小于3~3.5m，双车道不小于5.5~6m。路基要经过设计，转弯半径要满足运输要求，应结合地形在道路两侧设排水沟。总的要求是，现场应设环形路，在易燃品附近也要尽量设计成进出畅通的道路。木材场两侧应有6m宽通道，端头处应有12m×12m回车场。消防车道宽度应不小于3.5m。

6.5.5.4 行政管理、文化、生活、福利用临时设施的布置

临时设施的布置应不妨碍施工，使用方便，符合防火、安全的要求。一般放在工地出入口附近。要努力节约，尽量利用已有设施或正式工程，必须修建时要经过计算确定面积。

6.5.5.5 供水设施的布置

单位工程施工组织设计的供水计算和设计可以简化或根据经验进行安排。临时供水首先要经过计算、设计，然后进行设置，其中包括水源选择、取水设施、储水设施、用水量计算（施工用水、机械用水、生活用水、消防用水）、配水布置、管径的计算等。一般5000~10000m² 的建筑物施工用水主管径为50mm，支管径为40mm或25mm。消防用水一般利用城市或建设单位的永久消防设施。如自行安排，应按有关规定设置。消防水管线直径不小于100mm，消火栓间距不大于120m，布置应靠近十字路口或道边，距道边不大于2m，距房屋不少于5m。高层建筑施工用水要设置蓄水池和加压泵，以满足高处用水需要。管线布置应使线路总长度尽量小，消防管和生产、生活水管可以合并设置。

6.5.5.6 临时供电设施

临时供电设计，包括用电量计算、电源选择、电力系统选择和配置。用电量包括电动机用电量、电焊机用电量、室内和室外照明容量。如果是扩建的单位工程，可计算出施工用电总数请建设单位解决，不另设变压器。独立的单位工程施工，要计算出现场施工用电和照明用电的数量，选用变压器和导线的截面及类型。变压器应布置在现场边缘高压线接入处，离地应大于30cm，在2m以外四周用高度大于1.7m铁丝网围住以保安全，但不要布置在交通要道口处。

6.5.6　单位工程施工平面图的评价指标

为评价单位工程施工平面图的设计质量，可以计算下列技术经济指标并加以分析。

（1）施工占地系数：

$$施工占地系数 = \frac{施工占地面积（m^2）}{建筑面积（m^2）} \times 100\% \tag{6-9}$$

（2）施工场地利用率：

$$施工场地利用率 = \frac{施工设施占地面积（m^2）}{施工用地面积（m^2）} \times 100\% \tag{6-10}$$

（3）临时设施投资率：

$$临时设施投资率 = \frac{临时设施费用总和（元）}{工程总造价（元）} \times 100\% \tag{6-11}$$

任务6.6

单位工程施工组织设计主要技术经济指标

建议课时： 2学时

知识目标： 掌握单位工程施工组织设计主要技术经济指标；掌握单位工程施工组织设计的评价方法。

能力目标： 能评价单位工程施工组织设计。

思政目标： 加强注重定量分析、以数据为依据的严谨的工作作风。

单位工程施工组织设计中的技术经济指标应包括：工期指标；劳动生产率指标；质量指标；安全指标；降低成本率；主要工程工种机械化程度；三大材料节约指标。这些指标应在施工组织设计基本完成后进行计算，并反映在施工组织设计的文件中，作为考核的依据。施工组织设计技术经济分析主要指标如下。

（1）总工期指标（见施工进度计划评价指标）。

（2）单方用工[见式（6-5）]。

（3）质量等级。这是在施工组织设计中确定的控制目标。主要通过保证质量措施实现，可分别对单位工程，分部分项工程确定。

（4）主要材料节约指标。可分别计算主要材料节约量、主要材料节约额或主要材料节约率，而以主要材料节约率为主，即：

$$主要材料节约量 = 技术组织措施节约量 \tag{6-12}$$

或

$$主要材料节约量 = 预算用量 - 施工组织设计计划用量 \tag{6-13}$$

$$主要材料节约率 = \frac{主要材料计划节约额（元）}{主要材料预算金额（元）} \times 100\% \qquad （6\text{-}14）$$

或

$$主要材料节约率 = \frac{主要材料节约量}{主要材料预算用量} \times 100\% \qquad （6\text{-}15）$$

（5）大型机械耗用台班费用为：

$$单方大型机械费 = \frac{计划大型机械台班费（元）}{建筑面积（m^2）} \qquad （6\text{-}16）$$

（6）降低成本指标

$$降低成本额 = 承包成本 - 施工组织设计计划成本 \qquad （6\text{-}17）$$

$$降低成本率 = \frac{降低成本额（元）}{承包成本（元）} \times 100\% \qquad （6\text{-}18）$$

案例：某机关办公楼工程施工组织设计

思考与练习

?

计算题

请根据以下工程概况，完成任务 1~任务 3。

1. 工程概况

（1）本工程位于我国某城市市区，是由三个单元组成的一字形住宅。建筑面积 29700m²，全长 147.5m，宽 12.46m，檐高 41.00m，最高点（电梯井顶）43.58m。地下室为 2.7m 高的箱形结构设备层，上部主体结构共 14 层，层高 2.9m，每单元设两部电梯，平、剖面简图如图 6-4 所示。

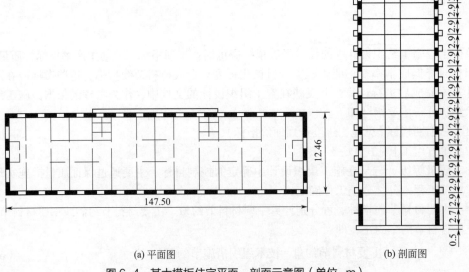

(a) 平面图   (b) 剖面图

图 6-4 某大模板住宅平面、剖面示意图（单位：m）

（2）本工程采用内浇外挂的大模板的结构形式，现浇钢筋混凝土地下室基础，基础下为无筋混凝土垫层。

（3）装饰和防水。一般水泥砂浆地面，室内墙面为混合砂浆打底，刮白罩面。天棚为混凝土板下混合砂浆打底，刮白罩面。外墙面装饰随壁板在预制厂做好。屋面防水为 SBS 改性沥青卷材防水。

（4）水暖设施为一般排水设施和热水采暖系统。

（5）电源由电缆从小区变配电站分两路接入楼内配电箱。

2. 施工条件

（1）施工期限。5 月 10 日进场，开始施工准备工作，12 月 15 日前竣工。

（2）自然条件。工程施工期间各月份的平均气温为，5 月：20℃；6 月：25℃；7 月：28℃；8 月：28℃；9 月：28℃；10 月：20℃；11 月：15℃；12 月：10℃。

土质为亚砂土，地下水位 -6.0m，全年主导风向偏西。

（3）技术经济条件

① 交通运输：工地北侧为市区街道，施工中所用的主要材料与构件均可经公路直接运进工地。

② 全部预制构件均在场外加工厂生产。现场所需的水泥、砖、石、砂、石灰等主要材料由公司材料供应部门按需要计划供应。钢门窗由金属结构厂供应。

③ 施工中用水、电均可从附近已有的水网、电路中引来。

④ 施工期间所需劳动力均能满足需要。由于本工程距施工公司的生活基地不远，在现场不需设置工人居住临时房屋。主要工程量一览表见表 6-10。

表 6-10 主要工程量一览表

项次	工程名称	单位	工程量	项次	工程名称	单位	工程量
一	地下室工程			11	楼梯休息板吊装	块	354
1	挖土	m³	9000	12	阳台栏板吊装	块	2330
2	混凝工程	m³	216	13	门头花饰吊装	块	672
3	楼板	块	483	三	装饰工程		
4	回填土	m³	1200	14	楼地面豆石混凝土垫层	m²	19800
二	大模板主体结构工程			15	棚板刮白	m²	21625
5	壁板吊装	块	1596	16	墙面刮白	m²	60290
6	内墙隔板混凝土	m³	1081	17	屋面找平	m²	60290
7	通风道吊装	块	495	18	铺防水卷材	m²	3668
8	圆孔板吊准	块	5329	19	木门窗	扇	2003
9	阳台板吊装	块	637	20	钢门窗	扇	1848
10	垃圾道吊装	块	84	21	玻璃油漆	m²	

3. 完成任务

任务 1 试选择主要项目施工方案

（1）土方开挖和施工机械的选择。

（2）地下室施工。

（3）主体结构工程施工（包括垂直运输设备的选择和校核）。

任务2　编制施工进度计划

（1）安排地下工程施工进度。

（2）安排主体工程施工阶段进度计划。

若每个单元分成四个流水段，进行流水施工。每个单元一个混合队，三个单元同时施工。采用自西端向东端连续的流水施工方向。试组织标准层流水并绘制进度计划图，填入表6-11。

表6-11　标准层流水进度计划

项目名称	第1d			第2d			第3d			第4d			第5d			第6d			第7d		
	1	2	3	1	2	3	1	2	3	1	2	3	1	2	3	1	2	3	1	2	3
横墙支模、吊壁板																					
浇筑横墙混凝土																					
横墙混凝土养护																					
横墙拆模、纵墙钢筋、支模																					
浇纵墙混凝土																					
扣边板、阳台																					
纵墙拆模、养护、扣板																					
安装隔板、阳台、楼板																					
安装隔板、阳台、楼板																					
圈梁、板缝支模、钢筋																					
灌缝抹找平层、防线																					
上层绑钢筋、门口就位																					

任务3　绘制施工平面图

（1）垂直运输工具的布置。

（2）构件、钢模、搅拌站、材料仓库及露天堆放场的位置。

（3）水电管线及其他临时施工的位置。

项目

7

施工项目管理

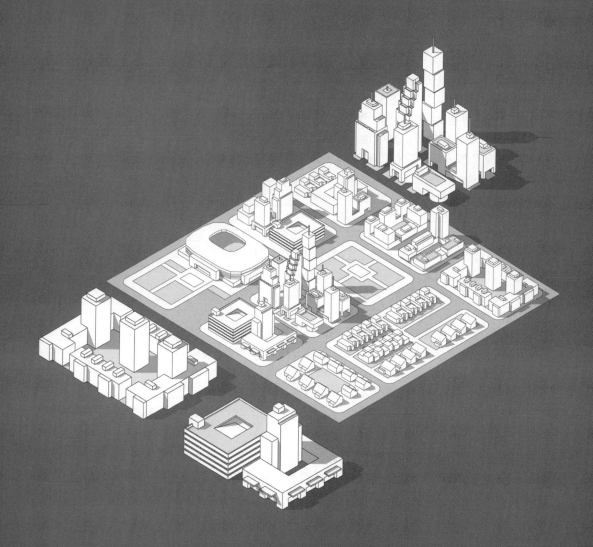

任务7.1

施工项目进度管理

建议课时： 1学时

知识目标： 掌握施工项目进度管理方法。

能力目标： 能编制施工进度计划，能控制和改进施工进度。

思政目标： 提高多因素统筹考虑的全局观；培养诚信、刻苦、善于沟通和合作的品质；树立全面、协作和团结意识。

7.1.1   施工项目进度管理目标和施工进度计划

7.1.1.1   施工项目进度管理目标

根据全面质量管理理论，PDCA 循环是全面质量管理所应遵循的科学程序。全面质量管理活动的全部过程，就是质量计划的制定和组织实现的过程，这个过程就是按照 PDCA 循环，不停顿地周而复始地运转的。一个循环周期包含 P、D、C 和 A 四个阶段，即改善某件事件时制定计划（Plan）→按计划实施（Do）→检查实施情况是否顺利（Check）→根据检查结果采取措施（Action）。

项目进度管理的程序如图 7-1 所示。

项目进度管理目标的确定是施工进度管理的首要任务。项目进度管理应以实现合同约定的竣工日期为最终目标。这个目标，首先是由企业管理层承担的。企业管理层根据经营方针在"项目管理目标责任书"中确定项目经理部的进度管理目标。项目经理部根据这个目标在"施工项目管理实施规划"中编制施工进度计划，确定计划进度管理目标，并进行进度目标分解。总进度目标分解可按单位工程分解为交工分目标，可按承包的专业分解为完工分目标，亦可按年、季、月计划期分解为时间目标。

图 7-1   项目进度管理的程序

7.1.1.2   施工进度计划

施工进度计划是进度管理的依据。制定施工进度计划的过程是 PDCA 循环中的 P 阶段，因此，如何编制施工进度计划以提高进度管理的质量便成为进度管理的关键问题。由于工程的规模和特点的不同，施工进度计划分为施工总进度计划和单位工程施工进度计划两类，故其编制应分别对待。

（1）施工总进度计划。施工总进度计划是对建设项目施工或对群体工程施工时编制的施工进度计划。由于施工的内容较多，施工期较长，故其计划项目综合性大，较多控制性，很少作业性。

（2）单位工程施工进度计划。单位工程施工进度计划是对单位工程、单体工程或单项工程编制的施工进度计划的总称。由于它所包含的施工内容比较具体明确，施工期较短，故其作业性较强，是进度管理的直接依据，应具有可操作性。

因为工程网络计划比横道计划有许多优点，如计划项目之间的关系清晰，一目了然，关键线路明确，便于使用计算机进行绘图、计算、优化、调整和统计等；还因为它是国际上通行的惯例，也是世界银行投资工程对投标文件的要求。所以，编制单位工程施工进度计划应采用工程网络计划技术，即提倡使用网络计划。

7.1.2 施工进度计划的实施

实际上施工进度计划的实施就是进度目标的过程管理，是 PDCA 循环的 D 阶段。在此阶段中主要做好以下工作。

（1）编制计划。编制并执行时间周期计划。时间周期计划包括年、季、月、旬、周施工进度计划。该计划落实施工进度计划，并以短期计划落实、调整并实施长期计划，做到短期保长期、周期保进度（计划）、进度（计划）保目标。

（2）任务落实。采用施工任务书将计划任务落实到班组。施工任务书的内容包括施工任务单、考勤表和限额领料单。施工任务书是几十年来我国坚持使用的有效班组管理工具，是管理层向作业人员下达任务的好形式，可用来进行作业控制和核算，特别有利于进度管理。

（3）过程管理。主要是指坚持进度过程管理。包括：跟踪监督并加强调度，记录实际进度，执行施工合同对进度管理的承诺；跟踪进行统计与分析，落实进度管理措施；处理进度索赔，确保资源供应进度计划实现，等等。

（4）分包管理。由分包人根据施工进度计划编制分包工程施工进度计划并组织实施；项目经理部将分包工程施工进度计划纳入项目进度管理范畴；项目经理部协助分包人解决进度管理中的相关问题。

7.1.3 施工进度检查

施工进度检查是伴随进度计划执行的过程中。计划检查是计划执行信息的主要来源，是施工进度调整和分析的依据，是进度管理的关键步骤。

进度计划的检查是 PDCA 循环的 C 阶段，其方法主要是对比法，即实际进度与计划进度进行对比，从而发现偏差，以便调整或修改计划。一般采用图示对比方法，因计划图形的不同可分为以下几种检查方法。

7.1.3.1 利用横道图检查进度

在图 7-2 中，细线表示计划进度，在计划图上记录的粗线表示实际进度。图 7-2 中显示，A、B、D 工作正常；C 工作拖延了 0.5d，但不影响工期；由于工作 E 拖延了 1d，使整个计划拖延了 1d。

7.1.3.2　利用网络计划检查进度

（1）记录实际作业时间。例如某项工作计划为 9d，实际进度为 8d，如图 7-3 所示。将实际进度记录于括弧中，显示进度提前 1d。

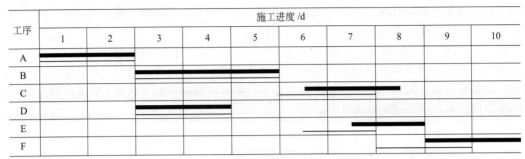

图 7-2　利用横道图记录施工进度

（2）记录工作的开始日期和结束日期进行检查。例如图 7-4 所示，某项工作计划为 9d，实际进度为 8d(6 月 9 日晚至 6 月 17 日晚)，如图 7-4 中标法记录，亦表示实际进度提前 ld。

图 7-3　实际进度记录方法（单位：d）　　图 7-4　工作实际开始与结束日期记录方法（单位：d）

（3）标注已完工作。可以在网络图上用特殊的符号或颜色记录其已完成部分，如图 7-5 所示，阴影部分为已完成部分。

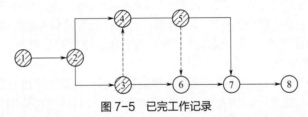

图 7-5　已完工作记录

（4）利用"实际进度前锋线"记录实际进度。当采用时标网络计划时，可以采用这种方法，如图 7-6 所示。图 7-6 中的折线是实际进度前锋的连线，在记录日期左方的点，表明进度拖后，在记录日期右边的点，表示提前完成进度计划。图 7-6 中表明第 6d 末进行检查时，工作 A、B 已经全部完成，工作 D、E 分别完成 80% 和 50%，工作 C 尚需 1d 完成。这种方法形象、直观、

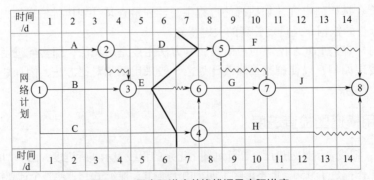

图 7-6　用实际进度前锋线记录实际进度

便于采取相应调整措施。

（5）列表法。列表法实际是在利用实际进度前锋线法记录实际进度的前提下，进行列表对实际进度情况的一种分析方法。图 7-6 所示的检查结果如表 7-1 所示。

表 7-1　网络计划进行到第 6d 时检查结果分析

工作编号	工作代号	检查时尚需时间	到计划最迟完成尚有时间	原有总时差	尚有总时差	进度情况判断
2-3	D	1	2	1	2	进度超前
3-6	E	1	1	1	0	进度拖延 1 天，但不影响总工期
1-4	C	1	1	0	0	进度正常

（6）用切割线进行实际进度记录。如图 7-7 所示，点画线称为"切割线"。在第 10d 进行记录时，D 工作尚需 1d（方括号内的数值）才能完成，G 工作尚需 8d 才能完成，L 工作尚需 2d 才能完成。这种检查方法可利用表 7-1 进行分析。经过计算，判断进度进行情况是 D、L 工作正常，G 工作拖期 1d。由于 G 工作是关键工作，所以它的拖期很有可能影响整个计划导致工期拖延，故应调整计划，追回损失的时间。

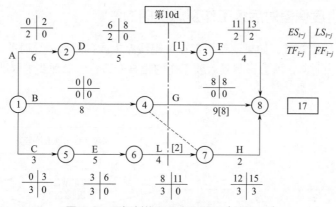

图 7-7　用切割线记录实际进度（单位：d）

7.1.3.3　利用"香蕉"曲线进行检查

图 7-8 是根据计划绘制的累计完成数量与时间对应关系的轨迹。A 线是按最早开始时间绘

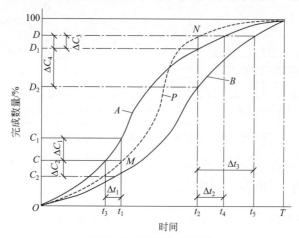

图 7-8　"香蕉"曲线图

制的计划曲线。B 线是按最迟完成时间绘制的计划曲线，P 线是实际进度记录线。由于一项工程开始、中间和结束时曲线的斜率不相同，总的呈 S 形，故称 S 形曲线。又由于 A 线与 B 线所围面积构成香蕉状，故有的称为"香蕉"曲线。

检查方法是：当计划进行到时间 t_1 时，实际完成数量记录在 M 点。这个进度比最早开始时间计划曲线 A 的要求少完成 $\Delta C_1 = OC_1 - OC$；比最迟完成时间计划曲线 B 的要求多完成 $\Delta C_2 = OC - OC_2$。由于它的进度比最迟时间要求提前，故不会影响总工期，只要控制得好，有可能提前 $\Delta t_1 = t_1 - t_3$ 完成全部计划。同理可分析时间 t_2 的进度状况。

7.1.4　施工进度计划调整

施工进度计划调整的依据是施工进度计划检查结果。调整的内容包括：施工内容，工程量，起止时间，持续时间，工作关系和资源供应。调整施工进度计划应采用科学方法，如网络计划计算机调整方法，并应编制调整后的施工进度计划付诸实施。

7.1.4.1　分析进度偏差对后续工作及总工期的影响

对进度计划进行检查时，如果偏差出现在关键线路上或偏差大于总时差，都会对工期有影响。若偏差大于自由时差，就会影响其后续工作的正常开始，所以都要采取进度计划调整措施，如图 7-9 所示。

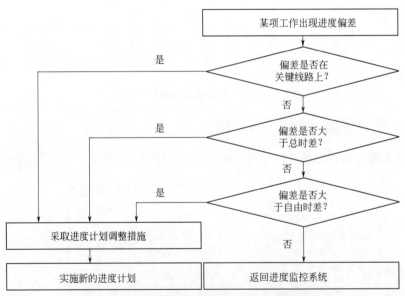

图 7-9　分析进度偏差对后续工作及总工期的影响

7.1.4.2　施工进度计划调整方法

施工进度计划的调整方法可分为两种，一种是改变某些工作的逻辑关系，另一种是缩短某些工作的持续时间。

（1）改变某些工作的逻辑关系。当偏差影响总工期时，可以改变有关工作的逻辑关系，如依次作业改为平行作业、搭接作业、流水作业等。

（2）缩短某些工作的持续时间。当工作的逻辑关系不能改变时，可以采用增加资源投入、提高劳动效率等措施。压缩关键线路上和超过计划工期的非关键线路上的工作，并且持续时间可被压缩。

缩短某些工作的持续时间可分三种情况。

① 超过其自由时差未超过其总时差：a. 后续工作拖延的时间无限制；b. 后续工作拖延的时间有限制。

② 超过其总时差：a. 项目总工期允许拖延；b. 项目总工期不允许拖延；c. 项目总工期允许拖延的时间有限。

③ 某些工作进度超前。

【例 7-1】某项目计划执行 35d 时进行检查，记录如图 7-10 所示。

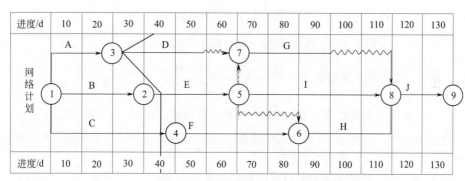

图 7-10　计划进行 35d 时检查记录

工作 D 的开始时间拖后 15d，而影响其后期工作 G 的最早开始时间，其他工作的实际进度正常。由于工作 G 的总时差为 20d，故此时工作 D 的实际进度不影响总工期。试问该进度计划是否需要调整？

【解】若后续工作拖延的时间无限制，将拖延后的时间参数带入原计划，并化简网络图，如图 7-11 所示。

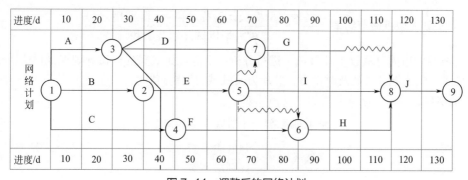

图 7-11　调整后的网络计划

若后续工作拖延的时间有限制，需要根据限制条件对网络计划进行调整，寻求最优方案。

7.1.5 进度管理的分析与总结

7.1.5.1 进度管理分析

进度管理分析是对进度管理进行评价的前提，是提高管理水平的关键环节。因为它对实现管理循环和信息反馈起重要作用，所以进度管理的分析比其他阶段显得更为重要。

进度管理分析阶段的主要工作内容是：各项目标的完成情况分析；进度管理中的问题及原因分析；进度管理中经验的分析；提高进度管理工作水平的措施；进度管理分析的方法。

（1）各项目标的完成情况分析

① 时间目标完成情况分析。目标完成情况分析计算的指标有：

$$合同工期节约值 = 合同工期 - 实际工期 \tag{7-1}$$

$$指令工期节约值 = 指令工期 - 实际工期 \tag{7-2}$$

$$定额工期节约值 = 定额工期 - 实际工期 \tag{7-3}$$

$$计划工期提前率 = \frac{计划工期 - 实际工期}{计划工期} \tag{7-4}$$

$$缩短工期的经济效益 = 缩短一天产生的经济效益 \times 缩短工期天数 \tag{7-5}$$

除了分析指标外，还要分析缩短工期的原因，大致有以下几种：计划积极可靠；执行认真；控制得力；协调及时有效；劳动效率高等。

② 资源情况分析。资源情况分析计算的指标如下：

$$单方用工 = 总用工数/建筑面积 \tag{7-6}$$

$$劳动力不均衡系数 = 最高日用工数/平均日用工数 \tag{7-7}$$

$$节约工日数 = 计划用工工日 - 实际用工工日 \tag{7-8}$$

$$主要材料节约量 = 计划材料用量 - 实际材料用量 \tag{7-9}$$

$$主要机械台班节约量 = 计划主要机械台班数 - 实际主要机械台班数 \tag{7-10}$$

$$主要大型机械节约率 = \frac{各种大型机械计划费之和 - 实际费用之和}{各种大型机械计划费之和} \tag{7-11}$$

资源节约的原因可从以下几种情况进行分析：资源优化效果好；按计划保证供应；认真制定并实施了节约措施；协调及时得力；劳动力及机械的效率高等。

③ 成本目标分析。成本分析的主要指标如下：

$$降低成本额 = 计划成本 - 实际成本 \tag{7-12}$$

$$降低成本率 = \frac{降低成本额}{计划成本额} \tag{7-13}$$

节约成本的原因主要是：计划积极可靠；成本优化效果好；认真制定并执行了节约成本措施，工期缩短；核算及成本分析工作效果好。

（2）进度管理中的问题及原因分析。进度管理中的问题主要是指某些进度管理目标没有实现，或在计划执行中存在缺陷。在总结分析时可以定量计算（指标与前项分析相同），也可以定性地分析。要对产生问题的原因进行分析，从编制计划和执行计划过程中去查找。

进度管理中常存在以下一些问题：工期拖后，资源浪费，成本浪费，计划变化太大、太频繁等。管理中出现上述问题的原因一般是：计划本身的原因，资源供应和使用中的原因，协调方面的原因，环境方面的原因等。

（3）进度管理中经验的分析。进度管理中的经验是指对成绩及其取得的原因进行分析以后，归纳出来的本质的、规律性的东西，可以为以后进度管理借鉴之用。分析进度管理的经验可以从以下几方面入手。

① 计划的编制。编制什么样的计划才能取得更大效益，包括准备、绘图、计算。

② 计划的优化。如何优化计划更有实际意义，包括优化目标的确定、优化方法的选择、优化计算、优化结果的评审、计算机应用等。

③ 计划的实施。如何实施、调整与管理计划，包括组织保证、宣传、培训、建立责任制、信息反馈、调度、统计、记录、检查、调整、修改、成本控制方法、资源节约措施等。

④ 管理的创新。如何利用现代管理手段，高效、高质量地进行进度管理等。

总结有应用价值的经验，通过企业和有关领导部门的审查与批准，形成规程、标准及制度，作为指导以后工作的参照执行文件。

（4）提高进度管理水平的措施

① 科学合理编制计划的措施。

② 顺利执行计划的措施。

③ 有效的过程控制措施。

（5）进度管理分析的方法

① 在计划编制执行中，应注意积累资料，作为执行的基础。

② 在分析之前必须实际调查，取得原始记录中缺失的情况和信息。

③ 召开总结分析会议，集中集体智慧。

④ 用定量的对比分析法，提高其科学性。

⑤ 尽量用计算机，以提高分析的速度和准确性。

⑥ 分析资料要分类归档，进行规范化管理。

7.1.5.2　进度管理总结

（1）中间过程总结。施工进度计划实施检查后，应向企业提供月度施工进度报告，即进度管理的中间过程总结。总结的主要内容有：进度执行情况的综合描述，实际施工进度图，工程变更，价格调整，索赔及工程款收支情况。进度偏差的状况及导致偏差的原因分析，解决问题的措施，计划调整意见。

（2）管理最终总结。在施工进度计划完成后，进行进度管理的最终总结。总结的依据是：施工进度计划，实际记录，检查结果，调整资料。总结的内容有：合同工期目标及计划工期目标完成情况，施工进度管理经验，施工进度管理中存在的问题及分析，科学的施工进度计划方法的应用情况，施工进度管理的改进意见。

规范：进度计划

任务7.2

施工项目质量管理

建议课时: 1学时

知识目标: 掌握施工项目质量管理方法。

能力目标: 能编制施工质量管理方案,能控制和改进施工质量。

思政目标: 树立质量意识和责任意识;加强遵守规范的意识;加强注重定量分析、以数据为依据的严谨的工作作风。

7.2.1　施工项目各阶段质量控制

7.2.1.1　施工准备阶段的质量控制

(1)技术资料及文件准备环节中的质量控制。在技术资料及文件准备中的质量控制主要考虑以下几点。

① 自然条件和技术经济条件。施工项目所在地的自然条件和技术经济条件调查资料应做到周密、详细,科学、妥善保存,为施工准备提供依据。

② 施工组织设计文件的质量控制。一要施工方法的质量控制,包括施工技术方案、施工工艺、施工技术措施等质量控制;二要进行技术经济比较,对主要的施工项目应制定几套可行的方案,找出主要矛盾,明确各方案的优缺点,通过反复论证和比较,选出最佳方案。

③ 要认真收集并学习有关质量管理方面的法律、法规和质量验收标准、质量管理体系标准等。

④ 工程测量控制资料应按规定收集、整理和保管。

(2)设计交底和图纸审核的质量控制。技术交底是保证施工质量的重要环节,应通过设计交底、图纸审核(或会审),使施工者了解设计意图、工程特点、工艺要求和质量要求,发现、纠正和减少设计差错,消灭图纸中的质量隐患,做好记录,以保证工程质量。

(3)采购和分包过程中的质量控制

① 供货方的选择。项目经理应按质量计划中的物资采购和分包的规定选择和评价供应人,并保存评价记录。

② 采购的要求和形式。产品质量要求或外包服务要求;有关产品提供的程序要求;对供方人员资格的要求;对供方质量管理体系的要求。采购要求的形式可以是合同、订单、技术协议、询价单及采购计划等。

③ 物资采购过程要规范。物资采购应符合设计文件、标准、规范、相关法规及承包合同的要求。

④ 采购产品的验证。对采购的产品应根据验证要求规定验证部门及验证方式,当拟在供方现场实施验证时,应在采购要求中事先做出规定。

　⑤ 对各种分包服务选用的控制应根据其规模和控制的复杂程度区别对待，一般通过分包合同对分包服务进行动态控制。

（4）质量教育与培训。通过质量教育培训，增强质量意识和顾客意识，使员工具有所从事的质量工作要求的能力。可以通过考试或实际操作等方式检查培训的有效性，并保存教育、培训及技能认可的记录。

7.2.1.2　施工阶段的质量控制

（1）施工阶段质量控制的内容。施工阶段质量控制的内容涉及范围包括：技术交底，工程测量，材料质量，机械设备，施工环境，计量工作，工序质量，特殊过程，工程变更，成品保护等。

（2）施工阶段质量控制的要求

　① 技术交底。技术交底的质量控制应注意交底时间，交底分工，交底内容，交底方式（书面）和交底资料保存。

　② 工程测量。工程测量的质量控制应注意编制控制方案；由技术负责人管理；保存测量记录；保护测量点线。还应注意对原有基准点、基准线、参考标高、控制网的复测和测量结果的复核。

　③ 材料质量。材料的质量控制应注意在合格材料供应人名录中选择供应人；按计划采购；按规定进行搬运和储存；进行标识；不合格的材料不准投入使用；发包人供应的材料应按规定检验和验收；监理工程师对承包人供应的材料进行验证等。

　④ 机械设备。机械设备的质量控制应注意按计划进行调配；满足施工需要；配套合理使用；操作人员应进行确认并持证上岗；搞好维修与保养等。

　⑤ 施工环境。为保证项目质量，对环境的要求是建立环境控制体系；实施环境监控；对影响环境的因素进行监控，包括工程技术环境、工程管理环境和劳动环境。

　⑥ 计量工作。计量工作的主要任务是统一计量单位，组织量值传递，保证量值的统一。对计量质量控制的要求是：建立计量管理部门、配备计量人员；建立计量规章制度；开展计量意识教育；按规定控制计量器具的使用、保管、维修和检验。

　⑦ 工序质量。工序质量控制应注意作业人员按规定经考核后持证上岗；按操作规程、作业指导书和技术交底文件进行施工；工序的检验和试验应符合过程检验和试验的规定；对查出的质量缺陷按不合格控制程序及时处理；记录工序施工情况，把质量的波动限制在要求的界限内，以通过对因素的控制保证工序的质量。

　⑧ 特殊过程。特殊过程是指在质量计划中规定的特殊过程，其质量控制要求设置其工序质量控制点；由专业技术人员编制专门的作业指导书，经技术负责人审批后执行。

　⑨ 工程变更。工程变更质量控制要求严格按程序变更并办理批准手续；管理和控制那些能引起工程变更的因素和条件；要分析提出工程变更的合理性和可行性；当变更发生时，应进行管理；注意分析工程变更引起的风险。

　⑩ 成品保护。成品保护首先要求要加强教育，提高成品保护意识；其次要合理安排施工顺序，采取有效的成品保护措施。成品保护措施包括护、包、盖、封，可根据需要选择。

7.2.1.3　竣工验收阶段的质量控制

竣工验收阶段的质量控制包括最终质量检验和试验，技术资料的整理，施工质量缺陷的处理，工程竣工验收文件的编制和移交准备，产品防护，撤场计划。这个阶段的质量控制要求主要有以下几点。

（1）最终质量检验和试验指单位工程竣工验收前的质量检验和试验，必须按施工质量验收规范的要求进行检验和试验。

（2）对查出的质量缺陷应按不合格控制程序进行处理，处理方案包括修补处理、返工处理、限制使用和不做处理。

（3）应按整理竣工资料的规定要求整理技术资料、竣工资料和档案，做好移交准备。

（4）在最终检验和试验合格后，对产品采取防护措施，防止丢失或损坏。

（5）工程交工后应编制符合文明施工要求和环境保护要求的撤场计划，拆除、运走多余物资，达到场清、地平乃至树活、草青的目的。

7.2.2 质量管理的数理统计方法

7.2.2.1 调查表法（调查分析法）

在质量控制过程中，利用统计调查表收集数据，简便灵活，便于整理，实用有效。分为分项工程作业质量分布调查表、不合格项目调查表、不合格原因调查表、施工质量检查评定用调查表等。混凝土空心板外观质量问题调查表见表7-2。

表7-2 混凝土空心板外观质量问题调查表

产品名称	混凝土空心板		生产班组	×××	
日生产总数	200块	生产时间	年 月 日	检查时间	
检查方式	全数检查		检察员		
项目名称	检查记录			合计	
露筋	正正正			15	
蜂窝	正正			10	
孔洞	正			5	
裂缝	一			1	
其他	正			5	
总计				36	

7.2.2.2 分层法（分类法、分组法）

分层法又称分类法，是将调查收集的原始数据，根据不同目的和要求，按某一性质进行分组和整理的分析方法。常用的分层标志有：按操作班组或操作者分层；按使用机械型号分层；按操作方法分层；按原材料供应单位、供应时间或等级分层；按施工时间分层；按检查手段、工作环境分层等。

例如一个焊接班组有A、B、C三位工人实施焊接作业，共抽查60个焊接点，发现有18个点不合格，占30%，采用分层调查的统计数据如表7-3所示。从表7-3可见，焊接点不合格的主要原因是作业工人C的焊接质量影响了总体质量水平。

表7-3 焊接质量分层调查的统计数据

作业工人	抽查点数	不合格点数	个体不合格率	占不合格点总数百分率
A	20	2	10%	11%
B	20	4	20%	22%
C	20	12	60%	67%
合计	60	18	—	100%

7.2.2.3　排列图法（帕累托图法 / 主次因素分析法）

排列图法也称为帕累托图法 / 主次因素分析法。它是根据意大利经济学家帕累托（Pareto）提出的"关键的少数和次要的多数"的原理，由美国质量管理专家朱兰（J. M. Juran）运用于质量管理中而发明的一种质量管理图形。其作用是寻找主要质量问题或影响质量的主要原因，以便抓住提高质量的关键问题和主要矛盾，取得好的质量管理效果。例如对混凝土构件尺寸质量进行检查，其结果如表 7-4 所示。对不合格点进行频率和累计频率统计，整理后列入表 7-5。图 7-12 是根据表 7-5 绘制的排列图。在 A 区的 1、2 项问题是主要问题，在 B 区的 3 项问题是次要问题，在 C 区的其他问题是一般问题。

表 7-4　混凝土构件尺寸各项目不合格点的数据资料（共 150 个点）

序号	检查项目	不合格点数	序号	检查项目	不合格点数
1	轴线位置	1	5	平面水平度	15
2	垂直度	12	6	表面平整度	75
3	标高	5	7	预埋设施中心位置	1
4	截面尺寸	40	8	预埋空洞中心位置	1

表 7-5　混凝土构件尺寸不合格点频数频率统计

序号	检查项目	频数	频率 /%	累计频率 /%
1	表面平整度	75	50.0	50.0
2	截面尺寸	40	26.7	76.7
3	平面水平度	15	10.0	86.7
4	垂直度	12	8.0	94.7
5	标高	5	3.3	98.0
6	其他	3	2.0	100.0
	合计	150	100.0	

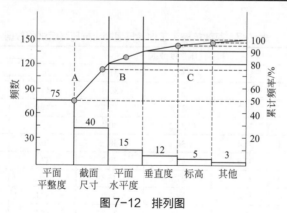

图 7-12　排列图

7.2.2.4　因果分析图

因果分析图是一种用来逐步深入地研究和讨论质量问题，寻找其影响因素，以便从重要的因素着手进行解决的一种工具，其形状如图 7-13 所示。按形状，因果分析图又可称为鱼刺图或树枝图，也叫特性要因图。其特性，就是施工中出现的质量问题。其要因，也就是对质量问题有影响的因素或原因。因果分析图可以像顺藤摸瓜一样地寻找影响质量特性的大原因、中原因和小原因，找出原因后便可以有针对性地制定相应的对策来加以改进，对策表如表 7-6 所示。

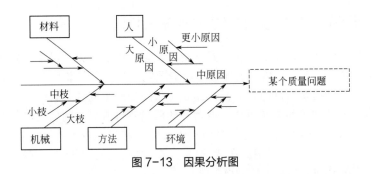

图 7-13　因果分析图

表 7-6　对策表

序号	项目	现状	目标	措施	地点	负责人	完成期	备注

7.2.2.5　频数分布直方图

　　频数分布直方图也称质量分布图、矩形图。所谓频数，是在重复试验中，随机事件重复出现的次数，或一批数据中某个数据（或某组数据）重复出现的次数。

　　产品在生产过程中，质量状况总是会有波动的。其波动的原因，正如因果分析图中所提到的，一般有人的因素、材料的因素、工艺的因素、设备的因素和环境的因素。为了了解上述各种因素对产品质量的影响情况，在现场随机地实测一批产品的有关数据，将实测得来的这批数据进行分组整理，统计每组数据出现的频数。然后，在直角坐标的横坐标轴上自小至大标出各分组点，在纵坐标轴上标出对应的频数。画出其高度值为其频数值的一系列长方形，即成为频数分布直方图。表 7-7 是某建筑施工工地浇筑混凝土抗压强度试验数据，图 7-14 是根据表 7-7 绘制的频数分布直方图。

表 7-7　某建筑施工工地浇筑混凝土抗压强度试验数据　　　　单位：MPa

序号	抗压强度数据					最大值	最小值
1	39.8	37.7	33.8	31.5	36.1	39.8	31.5
2	37.2	38.0	33.1	39.0	36.0	39.0	33.1
3	35.8	35.2	31.8	37.1	34.0	37.1	31.8
4	39.9	34.3	33.2	40.4	41.2	41.2	33.2
5	39.2	35.4	34.4	38.1	40.3	40.3	34.4
6	42.3	37.5	35.5	39.3	37.3	42.3	35.5
7	35.9	42.4	41.8	36.3	36.2	42.4	35.9
8	42.6	37.6	38.3	39.7	38.0	42.6	37.6
9	36.4	38.3	43.4	38.2	38.0	43.4	36.4
10	44.4	42.0	37.9	38.4	39.5	44.4	37.9

　　频数分布直方图的作用是，通过对数据的加工、整理、绘图，掌握数据的分布状况，从而判断加工能力、加工质量，以及估计产品的不合格品率。

　　根据实际生产情况检查得到的数据绘制的直方图的图形有图 7-15 的几种形状，对其进行观察和图形分析，可以判断生产是否正常。也可以将实际直方图与标准直方图（图 7-16）进行对照分析，来判断实际生产情况。

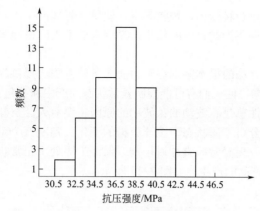

图 7-14 频数分布直方图

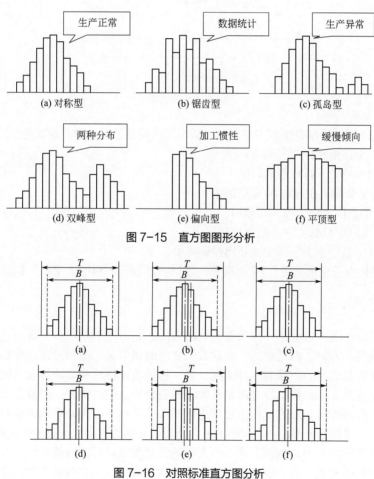

图 7-15 直方图图形分析

图 7-16 对照标准直方图分析

B—质量特性数据分布的宽度；T—质量控制标准的上、下限区间

7.2.2.6 控制图

控制图又称管理图，是能够表达施工过程中质量波动状态的一种图形。1924 年美国工程师沃特·阿曼德·休哈特发明了这种图形，此后在质量管理中得到了日益广泛的应用。使用控制图，

使工序质量的控制由事后检查转变为以预防为主，使质量管理产生了一个飞跃。控制图能够及时地提供施工中质量状态偏离控制目标的信息，提醒人们不失时机地采取措施，使质量始终处于控制状态。

控制图与前述各统计方法的根本区别在于，前述各种方法所提供的数据是静态的，而控制图则可提供动态的质量数据，使人们有可能控制异常状态的产生和蔓延。

如前所述，质量的特性总是有波动的，波动的原因主要有人、材料、设备、工艺、环境五个方面。控制图就是通过分析不同状态下统计数据的变化，判断五个系统因素是否有异常而影响着质量，也就是要及时发现异常因素加以控制，保证工序处于正常状态。它通过子样数据判断总体状态，以预防不良产品的产生，如图 7-17 所示。

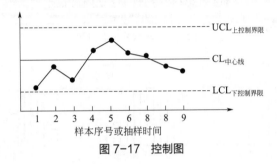

图 7-17　控制图

（1）当控制图同时满足以下两点时，可以认为工序质量处于正常稳定状态：
① 点子几乎全部落在控制界限内；
② 控制界限内的点子排列没有缺陷。
（2）点子几乎全部落在控制界限内是指：
① 连续 25 个点以上处于控制界限内；
② 连续 35 个点中只有 1 个点超出控制界限；
③ 连续 100 个点中不多于 2 个点超出控制界限。
（3）缺陷是指点子出现"链""多次同侧""趋势或倾向""周期性变动"状态。

7.2.2.7　相关图

相关图又叫散布图，它也是一种动态的分析方法。它不同于前述各种方法之处是，不是对一种数据进行处理和分析，而是对两种测定数据之间的相关关系进行处理、分析和判断。在工程施工中，工程质量的相关关系有三种类型：第一种是质量特性和影响因素之间的关系，例如混凝土强度与温度的关系；第二种是质量特性与质量特性之间的关系，如混凝土强度与水泥标号之间的关系；钢筋强度与钢筋混凝土强度之间的关系等；第三种是影响因素与影响因素之间的关系，如混凝土容重与抗渗能力之间的关系，沥青的黏结力与沥青的延伸率之间的关系等。

通过对相关关系的分析、判断，可以给人们提供对质量目标进行控制的信息。分析质量结果与产生原因之间的相关关系，有时从数据上比较容易看清，但有时从数据上很难看清，这就必须借助于相关图为进行相关分析提供方便。

使用相关图，就是通过绘图、计算与观察，判断两种数据之间究竟是什么关系，建立相关方程，从而通过控制一种数据达到控制另一种数据的目的。正如我们掌握了在弹性极限内钢材的应力和应变的正相关关系（直线关系）可以通过控制拉伸长度（应变）而达到提高钢材强度的目的一样（冷拉的原理）。图 7-18 是不同类型的相关图。

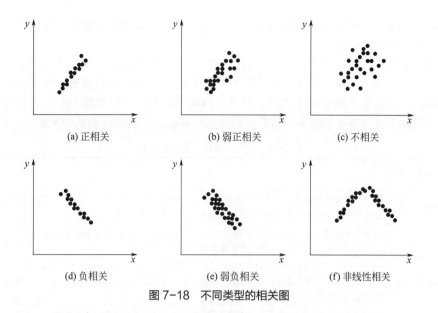

图 7-18　不同类型的相关图

规范：质量计划

任务7.3

施工项目成本管理

建议课时： 1学时

知识目标： 掌握施工项目成本管理方法。

能力目标： 能编制施工成本管理方案，能控制施工成本。

思政目标： 加强注重定量分析、以数据为依据的严谨的工作作风；提高多因素统筹考虑的全局观；培养诚信的品质。

7.3.1　施工项目成本管理概述

（1）成本的概念。施工项目成本是指在施工项目上发生的全部费用总和。制造成本包括直接成本和间接成本。其中直接成本包括人工费、材料费、机械费和措施费；间接成本指施工项目经理部发生的现场管理费。

（2）成本管理的环节。施工项目成本管理包括成本预测和决策、成本计划编制、成本计划实施、成本核算、成本检查、成本分析与考核等环节。其中成本计划编制与成本计划实施是关键环节。因此，进行施工项目成本管理，必须具体研究每个环节的有效工作方式和关键管理措施，从而取得施工项目整体的成本控制效果。施工项目成本管理的环节见表7-8。

表7-8 施工项目成本管理的环节

成本管理环节	说明	PDCA循环阶段
成本预测	施工项目成本预测是其成本管理的首要环节，是事前控制的环节之一。成本预测的目的是预见成本的发展趋势，为成本管理决策和编制成本计划提供依据	P
成本决策	根据成本预测情况，经过认真分析做出决定，确定成本管理目标。成本决策是先提出几个成本目标方案，然后从中选择理想的成本目标做出决定	
成本计划编制	成本计划是实现成本目标的具体安排，是成本管理工作的行动纲领。是根据成本预测、决策结果，并考虑企业经营需要和经营水平编制的，它也是事先成本控制的环节之一。成本控制必须以成本计划为依据	
成本计划实施	根据成本计划所做的具体安排，对施工项目的各项费用实施有效控制，不断检查，收集实施信息，并与计划比较，发现偏差，分析原因，采取措施纠正偏差，从而实现成本目标	D
成本核算	施工项目成本核算是对施工中各种费用支出和成本的形成进行核算，为成本控制各环节提供必要的资料。成本核算应贯穿于成本管理的全过程	
成本检查	成本检查是根据核算资料及成本计划实施情况，检查成本计划完成的情况，以评价成本控制水平，并为企业调整与修正成本计划提供依据	C
成本分析与考核	成本考核的目的在于通过考察责任成本的完成情况，调动责任者成本管理的积极性	A

7.3.2 施工项目成本预测

成本预测，就是依据成本的历史资料和有关信息，在认真分析当前各种技术经济条件、外界环境变化及可能采取的管理措施的基础上，对未来的成本与费用及其发展趋势所做的定量描述和逻辑推断。

项目成本预测是通过成本信息和建设工程项目的具体情况，对未来的成本水平及其发展趋势做出科学的估计，其实质就是建设工程项目在施工以前对成本进行核算。通过成本预测，使项目经理部在满足业主和企业要求的前提下，确定建设工程项目降低成本的目标，克服盲目性，提高预见性，为建设工程项目降低成本提供决策与计划的依据。

成本预测是投标决策的依据，是编制成本计划的基础，是成本管理的重要环节。

7.3.2.1 项目成本预测的依据

（1）依据施工企业的利润目标对企业降低工程成本的要求。各施工项目的降低成本率水平应等于或高于企业的总降低成本率水平，以保证项目成本总目标的实现。

（2）依据施工项目成本估算（概算或预算）。成本估算（概算或预算）是根据市场价格或定额价格（计划价格）对成本发生的社会水平做出估计，它既是合同价格的基础，又是成本决策的依据。

（3）依据施工项目的合同价格。施工项目的合同价格是其销售价格，是所能取得的收入总额。施工项目的成本目标就是合同价格与利润目标之差。这个利润目标是企业分配到该项目的降低成本要求。根据目标成本降低额，求出目标成本降低率，再与企业的目标成本降低率进行比较，如果前者等于或大于后者，则目标成本降低额可行，否则，应予以调整。

（4）依据施工企业同类施工项目的降低成本水平。这个水平代表了企业的成本管理水平，是该施工项目可能达到的成本水平，可用以与成本管理目标进行比较，从而做出成本目标决策。

7.3.2.2 成本预测程序

（1）进行施工项目成本估算，根据概算定额或工程量清单进行计算，确定可以得到补偿的社会平均水平的成本。

（2）根据合同承包价格计算施工项目的承包成本，并与估算成本进行比较。一般承包成本应低于估算成本。如高于估算成本，应对工程索赔和降低成本做出可行性分析。

（3）根据企业利润目标提出的施工项目降低成本要求，并根据企业同类工程的降低成本水平以及合同承包成本，做出降低成本决策；计算出降低成本率，对降低成本率水平进行评估，在评估的基础上做出决策。

（4）根据降低成本率决策计算出决策降低成本额和决策施工项目成本额，在此基础上定出项目经理部责任成本额。

7.3.2.3 成本预测方法

（1）定性预测法。定性预测法是根据经验和专业知识进行判断的一种预测方法。常用的定性预测法有管理人员判断法、专业人员意见法、专家意见法及市场调查法等。定性预测侧重于对市场行情的发展方向和施工中各种影响项目成本因素的分析，发挥专家经验和主观能动性，比较灵活，可以较快地提出预测结果。但进行定性预测时，也要尽可能地搜集数据，运用数学方法，其结果通常也是从数量上测算。这种方法简便易行，在资料不多、难以进行定量预测时最为适用。

（2）定量预测法。定量预测法是利用历史成本费用资料以及成本与影响因素之间的数量关系，通过一定的数学模型来推测、计算未来成本的可能结果的方法。

定量预测方法也称统计预测方法，是根据已掌握的比较完备的历史统计数据、运用一定数学方法进行科学的加工整理，借以揭示有关变量之间的规律性联系，从而推断未来发展变化情况。

定量预测偏重于数量方面的分析，重视预测对象的变化程度，能将变化程度在数量上准确地描述；它需要积累和掌握历史统计数据，客观实际资料，作为预测的依据，运用数学方法进行处理分析，受主观因素影响较少。

7.3.3 施工项目成本计划

7.3.3.1 项目成本计划的概念

成本计划是在多种成本预测的基础上，经过分析、比较、论证、判断之后，以货币形式预先规定计划期内项目施工的耗费和成本所要达到的水平，并且确定各个成本项目比预计要达到的降低额和降低率，提出保证成本计划实施所需要的主要措施方案。

项目成本计划是对生产耗费进行控制、分析和考核的重要依据；是编制核算单位其他有关生产经营计划的基础；是国家编制国民经济计划的一项重要依据；是建立企业成本管理责任制、开展经济核算和控制生产费用的基础；是实现降低项目成本任务的指导性文件，也是项目成本预测的继续。

7.3.3.2　目标成本

目标成本即项目（或企业）对未来产品成本所规定的奋斗目标。它比已经达到的实际成本要低，但又是经过努力可以达到的。目标成本管理是衡量企业实际成本节约或开支，考核企业在一定时期内成本管理水平高低的依据。

项目管理的最终目标是低成本、高质量、短工期，而低成本是这三大目标的核心和基础。施工项目的成本管理实质就是成本目标管理。目标成本有很多形式，在制定目标成本作为编制施工项目成本计划和预算的依据时，可能以计划成本、定额成本或标准成本作为目标成本，还将随成本计划编制方法的变化而变化。

目标成本的计算公式如下：

$$项目目标成本 = 预计结算收入 - 税金 - 项目目标利润 \qquad (7\text{-}14)$$

$$目标成本降低额 = 项目的预算成本 - 项目的目标成本 \qquad (7\text{-}15)$$

$$目标成本降低率 = 目标成本降低额 / 项目的预算成本 \qquad (7\text{-}16)$$

7.3.3.3　项目成本计划的编制依据

项目成本计划的编制依据如下。

（1）承包合同。合同文件除了包括合同文本外，还包括招标文件、投标文件、设计文件等，合同中的工程内容、数量、规格、质量、工期和支付条款都将对工程的成本计划产生重要的影响。

（2）项目管理实施规划。项目实施技术方案与管理方案以施工组织设计文件为核心。不同实施条件下的技术方案和管理方案，将导致工程成本的不同。

（3）可行性研究报告和相关设计文件。

（4）已签订的分包合同（或估价书）。

（5）生产要素价格。包括：人工、材料、机械台班的市场价；企业的材料指导价、企业内部机械台班价格、劳动力内部挂牌价格；周转设备内部租赁价格、摊销损耗标准；结构件外加工计划和合同等。

（6）反映企业管理水平的消耗定额（企业施工定额），以及类似工程的成本资料。

7.3.3.4　项目成本计划编制的程序

编制程序如图7-19所示。编制成本计划的程序，因项目的规模大小、管理要求不同而不同。大中型项目一般采用分级编制的方式，即先由各部门提出部门成本计划，再由项目经理部汇总编制全项目工程的成本计划；小型项目一般采用集中编制方式，即由项目经理部先编制各部门成本计划，再汇总编制全项目的成本计划。

7.3.3.5　项目成本计划的内容

（1）项目成本计划组成。施工项目的成本计划主要由施工项目直接成本计划和间接成本计

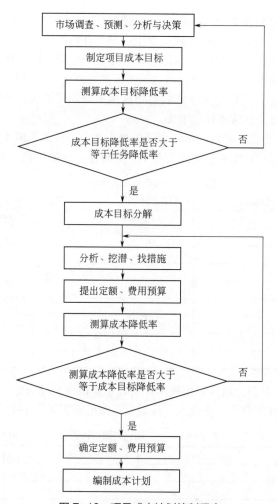

图 7-19　项目成本计划编制程序

划组成。如果项目设有附属生产单位，成本计划还包括产品成本计划和作业成本计划。

① 直接成本计划。直接成本计划主要反映工程成本的预算价值、计划成本降低额和计划成本降低率。其具体内容主要包括编制说明、项目成本计划的指标、按工程量清单列出的单位工程计划成本汇总表（见表 7-9）、按成本性质划分的单位工程成本汇总表等。

表 7-9　单位工程计划成本汇总表

序号	清单项目编码	清单项目名称	合 同 价 格	计 划 成 本
1				
2				
……				

项目计划成本的编制应在项目实施方案确定和不断优化的前提下进行，因为不同的实施方案将导致直接工程费、措施费和企业管理费的差异。成本计划的编制是项目成本预控的重要手段。因此，应在开工前编制完成，以便将计划成本目标分解落实，为各项成本的执行提供明确的目标、控制手段和管理措施。

② 间接成本计划。间接成本计划主要反映施工现场管理费用的计划数、预算收入数及降低额。间接成本计划应根据建设工程项目的核算期，以项目总收入费的管理费为基础，制定各部

门费用的收支计划，汇总后作为建设工程项目的管理费用的计划。在间接成本计划中，应注意"三个一致"，即：收入应与取费口径一致；支出应与会计核算中管理费用的二级科目一致；间接成本的计划的收支总额，应与项目成本计划中管理费一栏的数额一致。各部门应按照节约开支、压缩费用的原则，制定"管理费用归口包干指标落实办法"，以保证该计划的实施。

（2）项目成本计划表。项目成本计划表有项目成本计划任务表、项目间接成本计划表、项目技术组织措施表、项目降低成本计划表等。

① 项目成本计划任务表。项目成本计划任务表主要由项目预算成本、计划成本、计划成本降低额、计划成本降低率项目组成，可作为落实成本降低任务的依据，见表7-10。

表 7-10　项目成本计划任务表

工程名称：　　　　　建设工程项目：　　　　　项目经理：　　　　　日期：　　　　　单位：

项目	预算成本	计划成本	计划成本降低额	计划成本降低率
1.直接费用				
人工费				
材料费				
机械使用费				
措施费				
2.间接费用				
施工管理费				
合计				

② 项目间接成本计划表。项目间接成本计划表主要指施工现场管理费计划表。反映发生在项目经理部的各项施工管理费的预算收入、计划数和降低额，见表7-11。

表 7-11　施工现场管理费计划表

项目	预算收入	计划数	降低额
1.工作人员工资			
2.生产人员辅助工资			
3.工资附加费			
4.办公费			
5.差旅交通费			
6.固定资产使用费			
7.工具用具使用费			
8.劳动保护费			
9.检验试验费			
10.工程保养费			
11.财产保险费			
12.取暖、水电费			
13.排污费			
14.其他			
15.合计			

③ 项目技术组织措施表。项目技术组织措施表由项目经理部有关人员分别就应采取的技术组织措施预测它的经济效益，最后汇总编制而成。编制技术组织措施表的目的，是为了在不断采用新工艺、新技术的基础上提高施工技术水平，改善施工工艺过程，推广工业化和机械化施工方法，以及通过采纳合理化建议达到降低成本的目的，见表7-12。

表7-12 技术组织措施表

措施项目	措施内容	涉及对象			降低成本来源		成本降低额				
		实物名称	单价	数量	预算收入	计划开支	合计	人工费	材料费	机械费	措施费

④ 项目降低成本计划表。项目降低成本计划表由项目经理部有关业务和技术人员根据项目的总包和分包的分工、项目中各有关部门提供的降低成本资料及技术组织措施计划，参照企业内外以往同类项目成本计划的实际执行情况编制的。它是编制成本计划任务表的重要依据，见表7-13。

表7-13 降低成本计划表

工程名称： 　　　　　　　　　　　　　　　　　　　　　　　　　　　　日期：
项目经理： 　　　　　　　　　　　　　　　　　　　　　　　　　　　　单位：

分项工程名称	成本降低额					
	总计	直接成本				间接成本
		人工费	材料费	机械费	措施费	

7.3.3.6 项目成本计划编制的方法

（1）施工预算法。施工预算法是指以施工图中的工程实物量，套以施工工料消耗定额，计算工料消耗量，并进行工料汇总，然后统一以货币形式反映其施工生产耗费水平。

以施工工料消耗定额所计算施工生产耗费水平，基本是一个不变的常数。一个施工项目要实现较高的经济效益（即提高降低成本水平），就必须在这个常数基础上采取技术节约措施，以降低消耗定额的单位消耗量和降低价格等措施，来达到成本计划的目标成本水平。因此，采用施工预算法编制成本计划时，必须考虑结合技术节约措施计划，以进一步降低施工生产耗费水平。用公式来表示就是：

$$\text{施工预算法的计划成本（目标成本）}=\text{施工预算施工生产耗费水平（工料消耗费用）}$$
$$-\text{技术节约措施计划节约额} \qquad (7-17)$$

【例7-2】某建设工程项目按照施工预算的工程量，套用施工工料消耗定额所计算消耗费用为1164.70万元，技术节约措施计划节约额为41.23万元。试计算计划成本。

【解】建设工程项目计划成本=1164.70-41.23=1123.47（万元）

施工图预算和施工预算的区别如下。施工图预算是以施工图为依据，按照预算定额和规定的取费标准以及图纸工程量计算出项目成本，反映为完成施工项目建筑安装任务所需的直接成本和间接成本。它是招标投标中计算标底的依据。评标的尺度是控制项目成本支出、衡量成本节约或超支的标准，也是施工项目考核经营成果的基础。施工预算是施工单位（各项目经理部）根据施工定额编制的，作为施工单位内部经济核算的依据。两算对比差额的实质是反映两种定额——施工定额和预算定额产生的差额，因此又称定额差。

（2）技术节约措施法。技术节约措施法是指以建设工程项目计划采取的技术组织措施和节约措施所能取得的经济效果为项目成本降低额，然后求建设工程项目的计划成本的方法。用公式表示为：

$$\text{建设工程项目计划成本}=\text{建设工程项目预算成本}-\text{技术节约措施计划节约额（成本降低额）}$$
$$(7-18)$$

$$计划成本降低率 = \frac{计划成本降低额}{工程项目预算成本} \times 100\% \qquad (7-19)$$

采用这种方法首先确定的是降低成本指标和降低成本技术节约措施，然后编制成本计划。

【例7-3】某建设工程项目造价819.25万元，扣除计划利润和税金及企业管理费，经计算该项目的预算成本为663.46万元，该项目的技术节约措施节约额为42.13万元。计算计划成本和计划成本降低率。

【解】建设工程项目计划成本＝663.46-42.13＝621.33（万元）

建设工程项目计划成本降低率＝(42.13÷663.46)×100%＝6.35%

【例7-4】某建设工程项目造价为2330.26万元，扣除计划利润和税金及企业管理费，经计算，该项目预算成本总额为1853.5万元，其中人工费为196.7万元，材料费为1413.2万元，机械使用费124.2万元，措施费为30.8万元，施工管理费88.6万元。项目部综合各部门做出该项目技术节约措施，各项成本降低指标分别为人工费0.28%，材料费1.54%，机械使用费3.52%，措施费1.50%，施工管理费13.91%。计算节约额和计划成本，并编制项目成本计划表。

【解】计划成本、计划成本降低额、计划成本降低率的计算过程见表7-14。

表7-14　项目成本计划表

工程名称：	建设工程项目：	项目经理：	日期：	单位：
项目	预算成本/万元	计划成本/万元	计划成本降低额/万元	计划成本降低率/%
1. 直接费用	1764.9	1737.8	27.3	1.55
人工费	196.7	196.1	0.6	0.28
材料费	1413.2	1391.4	21.8	1.54
机械使用费	124.2	119.8	4.4	3.52
措施费	30.8	30.3	0.5	1.50
2. 间接费用	88.6	76.3	12.3	13.91
施工管理费	88.6	76.3	12.3	13.91
合计	1853.5	1813.9	39.6	2.14

建设工程项目计划成本＝1853.5-39.6＝1813.9（万元）

计划成本降低率＝(39.6÷1853.5)×100%＝2.14%

（3）成本习性法。所谓成本习性，是指成本总额与业务量之间在数量上的依存关系。成本习性法是固定成本和变动成本在编制成本计划中的应用，主要按照成本习性，将成本分成固定成本和变动成本两类，以此计算计划成本。具体划分可采用按费用分解的方法。

① 材料费。材料费与产量有直接联系，属于变动成本。

② 人工费。在采用计件超额工资形式下，其计件工资部分属于变动成本，奖金、效益工资和浮动工资部分，亦应计入变动成本。在计时工资形式下，生产工人工资属于固定成本，因为不管生产任务完成与否，工资照发，与产量增减无直接联系。

③ 机械使用费。机械使用费中有些费用随产量增减而变动，如燃料费、动力费等，属变动成本；有些费用不随产量变动，如机械折旧费、大修理费、机修工和操作工的工资等，属于固定成本。此外，还有机械的场外运输费和机械组装拆卸、替换配件、润滑擦拭等经常修理费，由于不直接用于生产，也不随产量增减成正比例变动，而是在生产能力得到充分利用，产量增长时，所分摊的费用就少些，在产量下降时，所分摊的费用就要大一些，所以这部分费用为介于固定成本和变动成本之间的半变动成本，可按一定比例划为固定成本和变动成本。

④ 措施费。措施费包括水、电、风、气等费用以及现场发生的其他费用，多数与产量发生

联系，属于变动成本。

⑤ 施工管理费。施工管理费中大部分在一定产量范围内与产量的增减没有直接联系，如工作人员工资、生产工人辅助工资、工资附加费、办公费、差旅交通费、固定资产使用费、职工教育经费、上级管理费等，基本上属于固定成本；其中的检验试验费、外单位管理费等与产量增减有直接联系，则属于变动成本范围。此外，劳动保护费中的劳保服装费、防暑降温费、防寒用品费，劳动部门都有规定的领用标准和使用年限，基本上属于固定成本范围。技术安全措施费、保健费，大部分与产量有关，属于变动成本。工具用具使用费中，行政使用的家具费属固定成本；工人领用工具，随管理制度不同而不同，有些企业对机修工、电工、钢筋工、车工、刨工的工具按定额配备，规定使用年限，定期以旧换新，属于固定成本；而对民工、木工、抹灰工、油漆工的工具采取定额人工数、定价包干，则又属于变动成本。

在成本按习性划分为固定成本和变动成本后，可用下式计算：

$$建设工程项目计划成本=项目变动成本总额+项目固定成本总额 \qquad (7-20)$$

【例7-5】某建设工程项目，经过分部分项测算，测得其变动成本总额为1950.71万元，固定成本总额234.11万元。计算计划成本。

【解】建设工程项目计划成本=1950.71+234.11=2184.82（万元）

（4）按实计算法。按实计算法就是建设工程项目经理部有关职能部门（人员）以该项目施工图预算的工料分析资料作为控制计划成本的依据，根据项目经理部执行施工定额的实际水平和要求，由各职能部门归口计算各项计划成本。

① 人工费的计划成本，由项目管理班子的劳资部门（人员）计算。

$$人工费的计划成本=计划用工量×实际水平的工资率 \qquad (7-21)$$

$$计划用工量=\sum（分项工程量×工日定额）$$

式中，工日定额根据实际水平，考虑先进性，适当提高定额。

② 材料费的计划成本，由项目管理班子的材料部门（人员）计算。

$$材料费的计划成本=各种材料的计划用量×实际价格+工程用水的水费 \qquad (7-22)$$

③ 机械使用费的计划成本，由项目管理班子的机管部门（人员）计算。

$$机械使用费的计划成本=机械计划台班数×规定单价+机械用电的电费 \qquad (7-23)$$

④ 措施费的计划成本，由项目管理班子的施工生产部门和材料部门（人员）共同计算。计算的内容包括现场二次搬运费、临时设施摊销费、生产工具用具使用费、工程定位复测费、工程交点费以及场地清理费等项费用的测算。

⑤ 间接费用的计划成本，由建设工程项目经理部的财务部门（人员）计算。一般根据建设工程项目管理部内的计划职工平均人数，按历史成本的间接费用以及压缩费用的人均支出数进行测算。

7.3.4　施工项目成本计划执行情况检查与协调

项目经理部应定期检查成本计划的执行情况，并在检查后及时分析，采取措施，控制成本支出，保证成本计划的实现。

（1）绘制成本折线图。项目经理部应根据承包成本和计划成本，绘制月度成本折线图。在成本计划实施过程中，按月在同一图上点，形成实际成本折线，如图7-20所示。

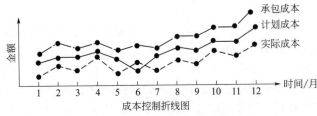

图 7-20　成本控制折线图注

图 7-20 不但可以看出成本发展动态，还可用以分析成本偏差。成本偏差有三种：

$$实际偏差＝实际成本－承包成本 \qquad (7-24)$$
$$计划偏差＝承包成本－计划成本 \qquad (7-25)$$
$$目标偏差＝实际成本－计划成本 \qquad (7-26)$$

应尽量减少目标偏差，目标偏差越小，说明控制效果越好。目标偏差为计划偏差与实际偏差之和。

（2）根据成本偏差，用因果分析图分析产生的原因，然后设计纠偏措施，制定对策，协调成本计划。对策要列成对策表，落实执行责任。最后，应对责任的执行情况进行考核。

7.3.5　施工项目成本核算

（1）施工项目成本核算制。施工项目成本核算制是施工项目管理的基本制度之一，成本核算是实施成本核算制的关键环节，是做好成本控制的首要条件。项目经理部应建立成本核算制，明确成本核算的原则、范围、程序、方法、内容、责任及要求。这项制度与项目经理责任制同等重要。

（2）成本核算的基础工作。由于成本核算是一项很复杂的工作，故应当具备一定的基础，除了成本核算制以外，主要有以下几项。

① 建立健全原始记录制度。

② 制定先进合理的企业成本核算标准（定额）。

③ 建立企业内部结算体制。

④ 对成本核算人员进行培训，使其具备熟练的必要核算技能。

（3）对施工项目成本核算的要求

① 以月为核算期，在每月末进行。

② 核算对象按单位工程划分，并与责任目标成本的界定范围相一致。

③ 坚持形象进度、施工产值统计、实际成本归集"三同步"。

④ 采取会计核算、统计核算和业务核算"三算结合"的方法。

⑤ 在核算中做好实际成本与责任目标成本的对比分析、实际成本与计划目标成本的对比分析。

⑥ 编制月度项目成本报告上报企业，以接受指导、检查和考核。

⑦ 每月末预测后期成本的变化趋势和状况，制定改善成本管理的措施。

⑧ 做好施工产值和实际成本的归集

a. 应按统计人员提供的当月完成工程量的价值及有关规定，扣减各项上缴税费后，作为当期工程结算收入。

b. 人工费应按照劳动管理人员提供的用工分析和受益对象进行账务处理，计入人工成本。

c.材料费应根据当月材料消耗和实际价格，计算当期消耗，计入工程成本；周转材料应实行内部租赁制，按照当月使用时间、数量、单价计算，计入工程成本。

d.机械使用费按照项目当月使用台班和单价计入工程成本。

e.其他直接费应根据有关核算资料进行账务处理，计入工程成本。

f.间接成本应根据现场发生的间接成本项目的有关资料进行账务处理，计入工程成本。

（4）施工项目成本核算信息关系。施工项目成本核算信息关系如图7-21所示。

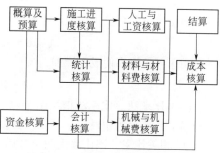

图7-21　施工项目成本核算信息关系

7.3.6　施工项目成本分析与考核

7.3.6.1　施工项目成本分析

成本分析的方法主要有对比分析法、因素分析法、差额计算法、比率法和挣值法。根据会计核算、统计核算和业务核算提供的资料，对项目成本的形成过程和影响成本升降的因素进行分析，寻求进一步降低成本的途径，增强项目成本的透明度和可控性，为实现成本目标创造条件。

（1）对比分析法。对比分析法是通过实际完成成本与计划成本或承包成本进行对比，找出差异，分析其原因，以便改进。这种方法简便易行，但应注意使比较的指标所含的内容一致。

（2）因素分析法。因素分析法又可称为连环替代法，可用来分析各种因素对成本形成的影响。例如某工程的材料成本资料如表7-15所示，用因素分析法分析各因素的影响时，如表7-16所示。分析的顺序是：先实物量指标，后货币量指标；先绝对量指标，后相对量指标。

表7-15　材料成本资料

项目	单位	计划	实际	差异	差异率/%
工程量	m³	100	110	+10	+10.0
单位材料消耗	kg/m³	320	310	−10	−3.1
材料单价	元/kg	40	42	+2.0	+5.0
材料成本	元	1280000	1432200	+152200	+12.0

表7-16　材料成本影响因素分析法

计算顺序	替换因素	影响成本的变动因素			成本/元	与前一次之差异/元	差异原因
		工程量/m³	单位材料消耗/kg	单价/元			
①替换基数		100	320	40.0	1280000		
②一次替换	工程量	110	320	40.0	1408000	128000	工程量增加
③二次替换	单耗量	110	310	40.0	1364000	−44000	单位消耗节约
④三次替换	单价	110	310	42.0	1432200	68200	单价提高
合计						15200	

（3）差额计算法。差额计算法是因素分析法的一种简化形式，仍按上例计算，结果如下。

由于工程量增加使成本增加：

$$（110-100）×320×40=128000（元）$$

由于单位消耗量节约使成本降低：

$$（310-320）×110×40=-44000（元）$$

由于单价提高使成本增加：

$$（42-40）×110×310=68200（元）$$

（4）比率法。比率法指用两个以上指标的比例进行分析的方法。该法的基本特点是先把对比分析的数值变为相对数，再观察其相互之间的关系。该法所用的比率有三种。

① 相关比率。该比率用两个性质不同而又相关的指标加以对比，得出比率，用来考查成本的状况，如成本利润率就是相关比率。

② 构成比率。某项费用占项目总成本的比重就是构成比率，可用来考查成本的构成情况，分析量、本、利的关系，为降低成本指明方向。

③ 动态比率。将同类指标不同时期的成本数值进行对比，就可求得动态比率，包括定比比率和环比比率两类，可用来分析成本的变化方向和变化速度。

（5）挣值法。挣值法主要用来分析成本目标实施与期望之间的差异，是一种偏差分析方法。其分析过程如下。

① 明确三个关键中间变量

a. 项目计划完成工作的预算成本（BCWS）。它是在成本估算阶段就确定的与项目活动时间相关的成本累积值。在项目的进度时间预算成本坐标中，随着项目的进展，BCWS 呈 S 状曲线不断增加，直到项目结束，达到最大值。其计算公式为：

$$BCWS=计划工作量×预算单价 \tag{7-27}$$

b. 项目已完工作的实际成本（ACWP）。项目在计划时间内，实际完工投入的成本累积总额。它同样也随着项目的推进而不断增加。

c. 项目已完工作的预算成本（BCWP），即"挣值"。它是项目在计划时间内，实际完成工作量的预算成本总额，也就是说，以项目预算成本为依据，计算出的项目已创造的实际已完工作的计划支付成本。其计算公式为：

$$BCWP=已完成工作量×该工作量的预算单价 \tag{7-28}$$

② 明确两种偏差的计算

a. 项目成本偏差 CV，其计算公式为：

$$CV=BCWP-ACWP \tag{7-29}$$

这个指标的含义为已完成工作量的预算成本与实际成本之间的绝对差异。当 CV>0 时，表明项目实施处于节支状态，完成同样工作所花费的实际成本少于预算成本；当 CV<0 时，表明项目处于超支状态，完成同样工作所花费的实际成本多于预算成本。

b. 项目进度偏差 SV，其计算公式为：

$$SV=BCWP-BCWS \tag{7-30}$$

这个指标的含义是截止到某一时点，实际已完成工作的预算成本同截止到该时点计划完成工作的预算成本之间的绝对差异。当 SV>0 时，表明项目实施超过计划进度；当 SV<0 时，表明项目实施落后于计划进度。

③ 明确两个指数变量

a. 进度绩效指数 SCI，其计算公式为：

$$SCI = BCWP/BCWS \tag{7-31}$$

这个指标的含义为以截止到某一时点的预算成本的完成量为衡量标准，计算在该时点之前项目已完工作量占计划应完工作量的比例。当 SCI > 1 时，表明项目实际完成的工作量超过计划工作量；当 SCI < 1 时，表明项目实际完成的工作量少于计划工作量。

b. 成本绩效指数 CPI，其计算公式为：

$$CPI = ACWP/BCWP \tag{7-32}$$

这个指标的含义为已完工作实际所花费的成本是已完工作计划花费的预算成本的多少倍。即用来衡量资金的使用效率。当 CPI > 1 时，表明实际成本多于计划成本，资金使用效率较低；当 CPI < 1 时，表明实际成本少于计划成本，资金使用效率较高。

【例 7-6】某土方工程总挖方量为 4000m³。预算单价为 45 元 /m³。该挖方工程预算总费用为 180000 元。计划用 10d 完成，每天 400m³。开工后第 7d 早晨刚上班时业主项目管理人员前去测量，取得了两个数据：已完成挖方 2000m³，支付给承包单位的工程进度款累计已达 120000 元。请用挣值法对该项目进行成本分析与考核。

【解】先计算已完工作预算费用，得 BCWP=45×2000=90000（元）。接着，查看项目计划，计划表明，开工后第 6 天结束时，承包单位应得到的工程进度款累计额 BCWS=108000 元。进一步计算得：

费用偏差：BCWP-ACWP = 90000-120000 = -30000（元），表明承包单位已经超支。

进度偏差：BCWP-BCWS = 90000-108000 = -18000（元），表明承包单位进度已经拖延。表示项目进度落后，较预算还有相当于价值 18000 元的工作量没有做。18000/（400×45）=1(d)，所以承包单位的进度已经落后 1 天。

另外，还可以通过成本绩效指数 CPI 和进度绩效指数 SCI 测量工作来判断项目是否按照计划进行。

$$CPI = ACWP/BCWP = 120000/90000 = 1.33$$
$$SCI = BCWP/BCWS = 90000/108000 = 0.83$$

CPI > 1，SCI < 1，给该项目亮黄牌。

7.3.6.2 施工项目成本考核

（1）施工项目成本考核的目的是通过衡量项目成本降低的实际成果，对成本指标完成情况进行总结和评价。

（2）施工项目成本考核应分层进行：企业对项目经理部进行成本管理考核；项目经理部对项目内部各岗位及各作业队进行成本管理考核。

（3）施工项目成本考核的内容是：既要对计划目标成本的完成情况进行考核，又要对成本管理工作业绩进行考核。

（4）施工项目成本考核的要求

① 企业对项目经理部进行考核时，以责任目标成本为依据。

② 项目经理部以控制过程为考核重点。

③ 成本考核要与进度、质量、安全指标的完成情况相联系。

④ 应形成考核文件，为对责任人进行奖罚提供依据。

案例：成本管理

任务7.4

施工项目安全管理

建议课时: 1学时

知识目标: 掌握施工项目安全管理方法。

能力目标: 能编制施工安全管理方案;能进行安全检查和整改。

思政目标: 提高安全意识和责任意识;树立以人为本的价值观。

7.4.1 《建筑法》对建筑施工企业安全生产管理的有关规定

(1)建筑施工企业安全生产管理必须坚持"安全第一,预防为主"的方针,建立健全安全生产的责任制度和群防群治制度。

(2)建筑工程设计应当符合按照国家相关建筑安全规程和技术规范,保证工程的安全性能。

(3)在编制施工组织设计时,应当根据建筑工程的特点制定相应的安全技术措施;对专业性较强的建设工程项目,应当编制专项安全施工组织设计,并采取安全技术措施。

(4)建筑施工企业在施工现场应当采取维护安全、防范危险、预防火灾等措施;有条件的,应当对施工现场实行封闭管理。施工现场对毗邻的建筑物、构筑物和特殊作业环境可能造成损害的,建筑施工企业应当采取安全防护措施。

(5)建设单位应当向建筑施工企业提供与施工现场相关的地下管线资料,建筑施工企业应当采取措施加以保护。

(6)建筑施工企业应当遵守有关环境保护和安全生产的法律、法规的规定,采取控制和处理施工现场的各种粉尘、废气、废水、固体废物以及噪声、振动对环境的污染和危害的措施。

(7)有下列情形之一的,建设单位应当按照国家有关规定办理申请批准手续:

① 需要临时占用规划批准范围以外场地的;

② 可能损坏道路、管线、电力、邮电通信等公共设施的;

③ 需要临时停水、停电、中断道路交通的;

④ 需要进行爆破作业的;

⑤ 法律、法规规定需要办理报批手续的其他情形。

(8)建设行政主管部门负责建筑安全生产的管理,并依法接受劳动行政主管部门对建筑安全生产的指导和监督。

(9)建筑施工企业必须依法加强对建筑安全生产的管理,执行安全生产责任制度,采取有效措施,防止伤亡和其他安全生产事故的发生。

建筑施工企业的法定代表人对本企业的安全生产负责。

(10)施工现场安全由建筑施工企业负责。实行施工总承包的,由总承包单位负责。分包单位向总承包单位负责,服从总承包单位对施工现场的安全生产管理。

（11）建筑施工企业应当建立健全劳动安全生产教育培训制度，加强对职工安全生产的教育培训；未经安全生产教育培训的人员，不得上岗作业。

（12）建筑施工企业和作业人员在施工过程中，应当遵守有关安全生产的法律、法规和建筑行业安全规章、规程，不得违章指挥或者违章作业。作业人员有权对影响人身健康的作业程序和作业条件提出改进意见，有权获得安全生产所需的防护用品。作业人员对危及生命安全和人身健康的行为有权提出批评、检举和控告。

（13）建筑施工企业必须为从事危险作业的职工办理意外伤害保险，支付保险费。

（14）涉及建筑主体和承重结构变动的装修工程，建设单位应当在施工前委托原设计单位或者具有相应资质条件的设计单位提出设计方案；没有设计方案的，不得施工。

（15）房屋拆除应当由具备保证安全条件的建筑施工单位承担，由建筑施工单位负责人对安全负责。

（16）施工中发生事故时，建筑施工企业应当采取紧急措施减少人员伤亡和事故损失，并按照国家有关规定及时向有关部门报告。

7.4.2 《建设工程安全生产管理条例》有关建设各方的安全责任

7.4.2.1　总则

（1）建设工程安全生产管理，坚持"安全第一、预防为主"的方针。

（2）建设单位、勘察单位、设计单位、施工单位、工程监理单位及其他与建设工程安全生产有关的单位，必须遵守安全生产法律、法规的规定，保证建设工程安全生产，依法承担建设工程安全生产责任。

（3）国家鼓励建设工程安全生产的科学技术研究和先进技术的推广应用，推进建设工程安全生产的科学管理。

7.4.2.2　建设单位的安全责任

（1）建设单位应当向施工单位提供施工现场及毗邻区域内供水、排水、供电、供气、供热、通信、广播电视等地下管线资料，气象和水文观测资料，相邻建筑物和构筑物、地下工程的有关资料，并保证资料的真实、准确、完整。建设单位因建设工程需要，向有关部门或者单位查询前款规定的资料时，有关部门或者单位应当及时提供。

（2）建设单位不得对勘察、设计、施工、工程监理等单位提出不符合建设工程安全生产法律、法规和强制性标准规定的要求，不得压缩合同约定的工期。

（3）建设单位在编制工程概算时，应当确定建设工程安全作业环境及安全施工措施所需费用。

（4）建设单位不得明示或者暗示施工单位购买、租赁、使用不符合安全施工要求的安全防护用具、机械设备、施工机具及配件、消防设施和器材。

（5）建设单位在申请领取施工许可证时，应当提供建设工程有关安全施工措施的资料。

依法批准开工的建设工程，建设单位应当自开工批准之日起15日内，将保证安全施工的措施报送建设工程所在地的县级以上地方人民政府建设行政主管部门或者其他有关部门备案。

（6）建设单位应当将拆除工程发包给具有相应资质等级的施工单位。

7.4.2.3　勘察、设计、工程监理及其他有关单位的安全责任

（1）勘察单位应当按照法律、法规和工程建设强制性标准进行勘察，提供的勘察文件应当真实、准确，满足建设工程安全生产的需要。

勘察单位在勘察作业时，应当严格执行操作规程，采取措施保证各类管线、设施和周边建筑物、构筑物的安全。

（2）设计单位应当按照法律、法规和工程建设强制性标准进行设计，防止因设计不合理导致生产安全事故的发生。

设计单位应当考虑施工安全操作和防护的需要，对涉及施工安全的重点部位和环节在设计文件中注明，并对防范生产安全事故提出指导意见。

采用新结构、新材料、新工艺的建设工程和特殊结构的建设工程，设计单位应当在设计中提出保障施工作业人员安全和预防生产安全事故的措施建议。

设计单位和注册建筑师等注册执业人员应当对其设计负责。

（3）工程监理单位应当审查施工组织设计中的安全技术措施或者专项施工方案是否符合工程建设强制性标准。

工程监理单位在实施监理过程中，发现存在安全事故隐患的，应当要求施工单位整改；情况严重的，应当要求施工单位暂时停止施工，并及时报告建设单位。施工单位拒不整改或者不停止施工的，工程监理单位应当及时向有关主管部门报告。

工程监理单位和监理工程师应当按照法律、法规和工程建设强制性标准实施监理，并对建设工程安全生产承担监理责任。

（4）为建设工程提供机械设备和配件的单位，应当按照安全施工的要求配备齐全有效的保险、限位等安全设施和装置。

（5）出租的机械设备和施工机具及配件，应当具有生产（制造）许可证、产品合格证。

出租单位应当对出租的机械设备和施工机具及配件的安全性能进行检测，在签订租赁协议时，应当出具检测合格证明。

（6）禁止出租检测不合格的机械设备和施工机具及配件。

在施工现场安装、拆卸施工起重机械和整体提升脚手架、模板等自升式架设设施，必须由具有相应资质的单位承担。

安装、拆卸施工起重机械和整体提升脚手架、模板等自升式架设设施，应当编制拆装方案、制定安全施工措施，并由专业技术人员现场监督。

施工起重机械和整体提升脚手架、模板等自升式架设设施安装完毕后，安装单位应当自检、出具自检合格证明，并向施工单位进行安全使用说明，办理验收手续并签字。

（7）施工起重机械和整体提升脚手架、模板等自升式架设设施的使用达到国家规定的检验检测期限的，必须经具有专业资质的检验检测机构检测。经检测不合格的，不得继续使用。

（8）检验检测机构对检测合格的施工起重机械和整体提升脚手架、模板等自升式架设设施，应当出具安全合格证明文件，并对检测结果负责。

7.4.2.4　施工单位的安全责任

（1）施工单位从事建设工程的新建、扩建、改建和拆除等活动，应当具备国家规定的注册

资本、专业技术人员、技术装备和安全生产等条件，依法取得相应等级的资质证书，并在其资质等级许可的范围内承揽工程。

（2）施工单位主要负责人依法对本单位的安全生产工作全面负责。施工单位应当建立健全安全生产责任制度和安全生产教育培训制度，制定安全生产规章制度和操作规程，保证本单位安全生产条件所需资金的投入，对所承担的建设工程进行定期和专项安全检查，并做好安全检查记录。

施工单位的项目负责人应当由取得相应执业资格的人员担任，对建设工程项目的安全施工负责，落实安全生产责任制度、安全生产规章制度和操作规程，确保安全生产费用的有效使用，并根据工程的特点组织制定安全施工措施，消除安全事故隐患，及时、如实报告生产安全事故。

（3）施工单位对列入建设工程概算的安全作业环境及安全施工措施所需费用，应当用于施工安全防护用具及设施的采购和更新、安全施工措施的落实、安全生产条件的改善，不得挪作他用。

（4）施工单位应当设立安全生产管理机构，配备专职安全生产管理人员。

专职安全生产管理人员负责对安全生产进行现场监督检查。发现安全事故隐患，应当及时向项目负责人和安全生产管理机构报告；对违章指挥、违章操作的，应当立即制止。

专职安全生产管理人员的配备办法由国务院建设行政主管部门会同国务院其他有关部门制定。

（5）建设工程实行施工总承包的，由总承包单位对施工现场的安全生产负总责。总承包单位应当自行完成建设工程主体结构的施工。总承包单位依法将建设工程分包给其他单位的，分包合同中应当明确各自的安全生产方面的权利、义务。总承包单位和分包单位对分包工程的安全生产承担连带责任。分包单位应当服从总承包单位的安全生产管理，分包单位不服从管理导致生产安全事故的，由分包单位承担主要责任。

（6）垂直运输机械作业人员、安装拆卸工、爆破作业人员、起重信号工、登高架设作业人员等特种作业人员，必须按照国家有关规定经过专门的安全作业培训，并取得特种作业操作资格证书后，方可上岗作业。

（7）施工单位应当在施工组织设计中编制安全技术措施和施工现场临时用电方案，对下列达到一定规模的危险性较大的分部分项工程编制专项施工方案，并附具安全验算结果，经施工单位技术负责人、总监理工程师签字后实施，由专职安全生产管理人员进行现场监督：基坑支护与降水工程；土方开挖工程；模板工程；起重吊装工程；脚手架工程；拆除、爆破工程；国务院建设行政主管部门或者其他有关部门规定的其他危险性较大的工程。对这些工程中涉及深基坑、地下暗挖工程、高大模板工程的专项施工方案，施工单位还应当组织专家进行论证、审查。

（8）建设工程施工前，施工单位负责项目管理的技术人员应当对有关安全施工的技术要求向施工作业班组、作业人员做出详细说明，并由双方签字确认。

（9）施工单位应当在施工现场入口处、施工起重机械、临时用电设施、脚手架、出入通道口、楼梯口、电梯井口、孔洞口、桥梁口、隧道口、基坑边沿、爆破物及有害危险气体和液体存放处等危险部位，设置明显的安全警示标志。安全警示标志必须符合国家标准。

施工单位应当根据不同施工阶段和周围环境及季节、气候的变化，在施工现场采取相应的安全施工措施。施工现场暂时停止施工的，施工单位应当做好现场防护，所需费用由责任方承担，或者按照合同约定执行。

（10）施工单位应当将施工现场的办公、生活区与作业区分开设置，并保持安全距离；办公、生活区的选址应当符合安全性要求。职工的膳食、饮水、休息场所等应当符合卫生标准。施工单位不得在尚未竣工的建筑物内设置员工集体宿舍。

施工现场临时搭建的建筑物应当符合安全使用要求。施工现场使用的装配式活动房屋应当具有产品合格证。

（11）施工单位对因建设工程施工可能造成损害的毗邻建筑物、构筑物和地下管线等，应当采取专项防护措施。

施工单位应当遵守有关环境保护法律、法规的规定，在施工现场采取措施，防止或者减少粉尘、废气、废水、固体废物、噪声、振动和施工照明对人和环境的危害和污染。

在城市市区内的建设工程，施工单位应当对施工现场实行封闭围挡。

（12）施工单位应当在施工现场建立消防安全责任制度，确定消防安全责任人，制定用火、用电、使用易燃易爆材料等各项消防安全管理制度和操作规程，设置消防通道、消防水源，配备消防设施和灭火器材，并在施工现场入口处设置明显标志。

（13）施工单位应当向作业人员提供安全防护用具和安全防护服装，并书面告知危险岗位的操作规程和违章操作的危害。

作业人员有权对施工现场的作业条件、作业程序和作业方式中存在的安全问题提出批评、检举和控告，有权拒绝违章指挥和强令冒险作业。

在施工中发生危及人身安全的紧急情况时，作业人员有权立即停止作业或者在采取必要的应急措施后撤离危险区域。

（14）作业人员应当遵守安全施工的强制性标准、规章制度和操作规程，正确使用安全防护用具、机械设备等。

（15）施工单位采购、租赁的安全防护用具、机械设备、施工机具及配件，应当具有生产（制造）许可证、产品合格证，并在进入施工现场前进行查验。

施工现场的安全防护用具、机械设备、施工机具及配件必须由专人管理，定期进行检查、维修和保养，建立相应的资料档案，并按照国家有关规定及时报废。

（16）施工单位在使用施工起重机械和整体提升脚手架、模板等自升式架设设施前，应当组织有关单位进行验收，也可以委托具有相应资质的检验检测机构进行验收；使用承租的机械设备和施工机具及配件的，由施工总承包单位、分包单位、出租单位和安装单位共同进行验收。验收合格的方可使用。

《特种设备安全监察条例》规定的施工起重机械，在验收前应当经有相应资质的检验检测机构监督检验合格。

施工单位应当自施工起重机械和整体提升脚手架、模板等自升式架设设施验收合格之日起30日内，向建设行政主管部门或者其他有关部门登记。登记标志应当置于或者附着于该设备的显著位置。

（17）施工单位的主要负责人、项目负责人、专职安全生产管理人员应当经建设行政主管部门或者其他有关部门考核合格后方可任职。

施工单位应当对管理人员和作业人员每年至少进行一次安全生产教育培训，其教育培训情况记入个人工作档案。安全生产教育培训考核不合格的人员，不得上岗。

（18）作业人员进入新的岗位或者新的施工现场前，应当接受安全生产教育培训。未经教育培训或者教育培训考核不合格的人员，不得上岗作业。

施工单位在采用新技术、新工艺、新设备、新材料时，应当对作业人员进行相应的安全生产教育培训。

（19）施工单位应当为施工现场从事危险作业的人员办理意外伤害保险。

意外伤害保险费由施工单位支付。实行施工总承包的，由总承包单位支付意外伤害保险费。意外伤害保险期限自建设工程开工之日起至竣工验收合格止。

7.4.3 施工项目安全管理的依据、方针和程序

（1）施工项目安全管理的依据。施工项目安全管理的依据主要有：《安全生产法》《建筑法》《消防法》《劳动法》《建筑安装工程安全技术规程》（国发［56］第40号），《企业职工伤亡事故报告和处理规定》（国务院第75号令），有关安全技术的国家标准，有关建筑施工安全强制性标准条文，安全技术行业标准，《建设工程安全生产管理条例》等。员工应熟悉安全控制的依据，做好安全控制工作。

（2）施工项目安全管理的方针。根据《安全生产法》和《建筑法》的规定，施工项目安全管理的方针是"安全第一，预防为主"。"安全第一"是重要的意思，体现了"以人为本"的理念，在生产中应把安全工作放在第一位，处理好安全与生产的辨证关系。"预防为主"是强调在生产中要做好预防工作，把事故消灭在发生之前，它是实现安全生产的基础。

（3）施工项目安全管理的程序。施工项目安全管理的程序是：确定施工安全目标，编制项目安全技术措施计划，项目安全技术措施计划实施，项目安全技术措施计划验证，持续改进直至兑现合同承诺。

（4）安全生产管理制度。根据国务院和《建筑法》的规定，建筑业企业应建立的安全生产管理制度有：安全生产责任制度，安全技术措施计划制度，安全生产教育制度，安全生产检查制度，伤亡事故、职业病统计报告和处理制度，安全监察制度等。项目经理部必须执行上述制度。

7.4.4 施工项目安全技术措施计划

7.4.4.1 项目安全管理目标

项目的安全管理目标应按"目标管理"方法在以项目经理为首的安全管理体系内进行分解，然后制定责任制度，实现责任安全控制目标。项目的安全管理目标是施工中人的不安全行为、物的不安全状态、环境的不安全因素和管理缺陷，确保没有危险，不出事故，不造成人身伤亡和财产损失。

7.4.4.2 危险源与事故

危险源是可能导致人身伤害或疾病、财产损失、工作环境破坏或以上情况组合的危险因素或有害因素。危险源可分为以下两类：第一类危险源是可能发生意外释放的能量的载体或危险物质，如电线和电、硫酸容器和硫酸、爆炸物品等；第二类危险源是造成约束、限制能量措施失效或破坏的各种不安全因素，如工人违反操作规程、不良的操作环境和条件、物的不安全状态等。

一般情况下，事故的发生是两类危险源共同作用的结果。第一类危险源是事故发生的前提，属于隐性因素。第二类危险源的出现是第一类危险源导致事故发生的必要条件，属于显性因素。在事故的发生发展过程中，两类危险源相互依存，相辅相成。第一类危险源是事故发生的主体，决定事故的严重程度；第二类危险源的出现难易，决定事故发生的可能性大小。

7.4.4.3 不安全因素分析

（1）人的不安全行为。人的不安全行为是人的生理和心理特点的反映，主要表现在身体缺陷、错误行为、违纪违章三个方面。

① 身体缺陷指疾病、职业病、精神失常、智商过低、紧张、烦躁、疲劳、易冲动、易兴奋、运动迟钝、对自然条件和其他环境过敏、不适应复杂和快速工作、应变能力差等。

② 错误行为指嗜酒、吸毒、吸烟、赌博、玩耍、嬉闹、追逐、误视、误听、误嗅、误触、误动作、误判断、意外碰撞和受阻、误入险区等。

③ 违纪违章指粗心大意、漫不经心、注意力不集中、不履行安全措施、安全检查不认真、不按工艺规程或标准操作、不按规定使用防护用品、玩忽职守、有意违章等。

管理的主题是人，而人又是管理的对象之一。人的行为是安全的关键。人的不安全行为可能导致安全事故，所以对人的不安全行为要认真加以分析，必须高度重视。统计资料表明：有88%的安全事故是由人的不安全行为所造成的，而人的生理和心理特点直接影响人的不安全行为。因此在安全管理中，一定要抓住人的不安全行为这一关键因素，采取相应对策。在采取对策时，又必须针对人的生理和心理特点对安全的影响，培养劳动者的自我保护能力，以结合自身生理和心理特点预防不安全行为发生，增强安全意识，搞好安全管理。

（2）物的不安全状态。如果人的心理和生理状态不能适应物质和环境条件，而物质和环境条件又不能满足劳动者生理和心理的需要，便会产生不安全行为，反之就可能预防安全伤害事故。

物的不安全状态表现为设备和装置的缺陷、作业场所的缺陷、物质和环境的危险源三个方面。

① 设备和装置的缺陷指机械设备的装置的技术性能降低、强度不够、结构不良、磨损、老化、失灵、腐蚀、物理和化学性能达不到要求等。

② 作业场所的缺陷指施工场地狭窄、立体交叉作业组织不当、多工种交叉作业不协调、道路狭窄、机械拥挤、多单位同时施工等。

③ 物质和环境的危险源有化学方面、机械方面、电气方面、环境方面的危险源等。

（3）环境的不安全因素。物质和环境均有危险源存在，是产生安全事故的另一类主要因素。在安全管理中，必须根据施工的具体条件，采取有效的措施断绝危险源。当然，在分析物质、环境因素对安全的影响时，也不能忽视劳动者本身生理和心理的特点。故在创造和改善物质、环境的安全条件时，也应从劳动者生理和心理状态出发，使两方面能相互适应。解决采光照明、树立色彩标志、调节环境温度、加强现场管理等，都是将人的不安全行为导因和物的不安全状态的排除结合起来考虑，并将心理和生理特点结合考虑以控制安全事故、确保安全的重要措施。

7.4.4.4 项目安全技术措施计划

项目安全技术措施计划的作用是配置必要的资源，建立保证安全的组织和制度，明确安全责任，制定安全技术措施，确保安全目标实现。在项目开工前施工准备时，项目经理部应编制安全技术措施计划，经项目经理批准后实施。

项目安全技术措施计划的内容有：工程概况，控制目标，控制程序，组织结构，职责权限，规章制度，资源配置，安全措施，检查评价，奖惩制度。在编制安全技术措施计划时，以下几点特殊情况应予遵守。

（1）安全预防的内容有：防火、防毒、防爆、防洪、防尘、防雷击、防触电、防高空坠落、防物体打击、防坍塌、防机械伤害、防溜车、防交通事故、防寒、防暑、防疫、防环境污染等。

（2）专业性较强的重要的施工项目，应编制专项安全施工组织设计并采取安全技术措施。

（3）对结构复杂、施工难度大的项目，除制定项目总体安全技术措施计划外，还必须制定单位工程或分部分项工程的安全技术措施。

（4）高空作业、井下作业等特殊工种专业性强的作业，以及电器、压力容器等特殊工种作业，应制定单项安全技术方案和措施，并应对管理人员和操作人员的安全作业资格和身体状况进行合格检查。

（5）安全技术措施。在施工中为防止工伤事故和职业病危害，要从技术上采取的措施，即施工安全技术措施。其主要内容包括安全防护设施和安全预防措施，是施工组织设计的必不可少的组成部分。制定安全技术措施要有前瞻性、针对性、可靠性和可操作性。由于工程分为结构共性较多的"一般工程"和结构比较复杂的"特殊工程"，故应当根据工程施工特点、不同的危险因素和季节要求，按照有关安全技术规程的规定，并结合以往的施工经验与教训，编制施工安全技术措施。工程开工前应进行施工安全技术措施交底。在施工中应通过下达施工任务书将施工安全技术措施落实到班组或个人。实施中应加强检查，进行监督，纠正违反安全技术措施的行为。

7.4.4.5 安全技术组织措施计划

为了进行安全生产，保障工人的健康和安全，必须加强安全技术组织措施管理，编制安全技术组织措施计划，进行预防，遵守下列有关规定。

（1）制定切实可行的安全技术措施。所有工程的施工组织设计（施工方案）都必须有安全技术措施，对爆破、吊装、水下、深坑、支模、拆除等大型特殊工程，都要编制单项安全技术方案，否则不得开工。安全技术措施要有针对性，要根据工程特点、施工方法、劳动组织和作业环境等情况来制定。施工现场道路、上下水及采暖管道、电气线路、材料堆放、临时和附属设施等的平面布置，都要符合安全、卫生和防火要求，并要加强管理，做到安全生产和文明生产。

（2）保证安全要有一定的资金投入。企业在编制施工技术财务计划的同时，必须编制安全技术措施计划。安全技术措施所需的设备、材料应列入物资、技术供应计划。对于每项措施，应该确定实现的期限和负责人。企业的领导人应该对安全技术措施计划的编制和贯彻执行负责。安全技术措施计划所需的经费，按照现行规定，属于增加固定资产的，由国家拨款；属于其他的支出摊入生产成本。企业不得将劳动保护费的拨款挪作他用。

（3）明确安全技术措施计划的范围。该范围包括以改善劳动条件（主要指影响安全和健康的）、防止伤亡事故、预防职业病和职业中毒为目的的各项措施，不要与生产、基建和福利等措施混淆。

（4）执行安全技术措施计划的通达性。企业编制和执行安全技术措施计划，必须走群众路线，计划要经过群众讨论，使其切合实际，力求做到花钱少、效果好。要组织群众定期检查，以保证计划的实现。

7.4.5 安全计划实施及安全管理的基本要求

7.4.5.1 安全生产责任制

项目经理部应根据安全生产责任制的要求，把安全责任目标分解到岗，落实到人。安全生产责任制必须经项目经理批准后实施。

（1）项目经理的安全职责。项目经理是项目安全生产第一责任人，应认真贯彻安全生产方针、政策、法规及各项规章制度，制定和执行安全生产管理办法，严格执行安全考核指标和安全生产奖惩办法，严格执行安全技术措施审批和施工安全技术措施交底制度；定期组织安全生产检查和分析，针对可能产生的安全隐患制定相应的预防措施；当施工过程中发生安全事故时，项目经理必须按安全事故处理的有关规定和程序及时上报和处置，并制定防止同类事故再次发生的措施。

（2）安全员的安全职责。落实安全设施的设置，对施工全过程的安全进行监督，纠正违章作业，配合有关部门排除安全隐患，组织安全教育和全员安全活动，监督劳保用品质量和正确使用。

（3）作业队长的安全职责。向作业人员进行安全技术措施交底，组织实施安全技术措施；对施工现场安全防护装置和设施进行验收；对作业人员进行安全操作规程培训，提高作业人员的安全意识，避免产生安全隐患；当发生重大或恶性工伤事故时，应保护现场，立即上报并参与事故调查处理。

（4）班组长的安全职责。安排施工生产任务时，向本工种作业人员进行安全措施交底；严格执行本工种安全技术操作规程，拒绝违章指挥；作业前应对本次作业所使用的机具、设备、防护用具及作业环境进行安全检查，消除安全隐患；检查安全标牌是否按规定设置，标识方法和内容是否正确完整；组织班组开展安全活动，召开上岗前安全生产会；每周应进行安全讲评。

（5）操作工人的安全职责。认真学习并严格执行安全技术操作规程，不违规作业；自觉遵守安全生产规章制度，执行安全技术交底和有关安全生产的规定；服从安全监督人员的指导，积极参加安全活动；爱护安全设施；正确使用防护用具；对不安全作业提出意见，拒绝违章指挥。

（6）承包人对分包人的安全生产责任。审查分包人的安全施工资格和安全生产保证体系，不应将工程分包给不具备安全生产条件的分包人；在分包合同中应明确分包人安全生产责任和义务；对分包人提出安全要求，并认真监督、检查；对违反安全规定冒险蛮干的分包人，应令其停工整改；承包人应统计分包人的伤亡事故，按规定上报，并按分包合同约定协助处理分包人的伤亡事故。

（7）分包人的安全生产责任。分包人对本施工现场的安全工作负责，认真履行分包合同规定的安全生产责任；遵守承包人的有关安全生产制度，服从承包人的安全生产管理，及时向承包人报告伤亡事故并参与调查，处理善后事宜。

（8）施工中发生安全事故时，项目经理必须按国务院安全行政主管部门的规定及时报告并协助有关人员进行处理。

7.4.5.2　实施安全教育

根据住房和城乡建设部的规定，建筑企业应实施三级安全教育，即公司、项目经理部和班组三级安全教育。

（1）公司的教育内容是：国家和地方有关安全生产的方针、政策、法规、标准、规范、规程和企业的安全规章制度等，包括《建筑法》和《建设工程安全管理条例》的有关规定。

（2）项目经理部的安全教育内容是：施工现场安全管理制度，施工现场环境管理制度，预防施工现场的不安全因素等。

（3）施工班组的安全教育内容是：本工种的安全操作规程，安全劳动纪律，事故案例剖析，正确使用安全防护装置（设施）及个人劳动防护用品的知识，本班组作业中的不安全因素及防范对策，作业环境安全知识，所使用的机具安全知识等。

7.4.5.3　安全技术交底的实施

（1）单位工程开工前，项目经理部的技术负责人必须将工程概况、施工方法、施工工艺、施工程序、安全技术措施，向承担施工的作业队负责人、工长、班组长和相关人员进行交底。

（2）结构复杂的分部分项工程施工前，项目经理部的技术负责人应有针对性地进行全面、详细的安全技术交底。

（3）项目经理部应保存双方签字确认的安全技术交底记录。

7.4.5.4 安全检查

安全检查是为了预知危险和消除危险。它告诉人们如何去识别危险和防止事故的发生。安全检查的目标是预防伤亡事故，不断改善生产条件和作业环境，达到最佳安全状态。安全检查的方式有：定期检查，日常巡回检查，季节性和节假日安全检查，班组的自检查和交接检查。安全检查的内容（"八查"）主要是查思想，查制度，查机械设备，查安全设施，查安全教育培训，查操作行为，查劳保用品使用，查伤亡事故的处理等。具体要求如下。

（1）定期对安全管理计划的执行情况进行检查和考核评价。

（2）根据施工过程的特点和安全目标的要求确定安全检查的内容。

（3）安全检查应配备必要的设备或器具。

（4）检查应采取随机抽样、现场观察和实地检测的方法，并记录检查结果，纠正违章指挥和违章作业。

（5）对检查结果进行分析，找出安全隐患部位，确定危险程度。

（6）编写安全检查报告并上报。

（7）安全检查可使用的方法有一般方法和安全检查表法。一般方法如表7-17所示。

表7-17 安全检查的一般方法

序号	安全检查方法	主要检查的内容
1	看	看现场环境和作业条件，看实物和实际操作，看记录和资料等
2	听	听汇报、听介绍、听反映、听意见或批评、听机械设备的运转响声或承重物发出的微弱声等
3	嗅	对挥发物、腐蚀物、有毒气体进行辨别
4	问	评影响安全问题，详细询问，寻根究底
5	查	查明问题、查对数据、查清原因，追查责任
6	测	测量、测试、监测
7	验	进行必要的试验或化验
8	析	分析安全事故的隐患、原因

安全检查表法是一种原始的、初步的定性分析方法，它通过事先拟订的安全检查明细表或清单，对安全生产进行初步的诊断和控制。

7.4.5.5 安全控制的基本要求

（1）只有在取得了安全行政主管部门颁发的《安全施工许可证》后方可施工。

（2）总包单位和分包单位都应持有《施工企业安全资格审查认可证》方可组织施工。

（3）各类人员必须具备相应的安全资格方可上岗。

（4）所有施工人员必须经过三级安全教育。

（5）特殊工程作业人员必须持有特种作业操作证。

（6）对查出的安全隐患要做到"五定"：定整改责任人；定整改措施；定整改完成时间；定整改完成人；定整改验收人。

（7）必须把好安全生产"六关"：措施关、交底关、教育关、防护关、检查关、改进关。

7.4.5.6　安全隐患

（1）区别通病、顽症、首次出现、不可抗力等类型，修订和完善安全整改措施。

（2）对查出的隐患立即发出整改通知单，由受检单位分析原因，制定纠正和预防措施。

（3）当场指出检查出的违章指挥和违章作业，限期纠正。

（4）跟踪检查与记录纠正措施和预防措施的执行情况。

7.4.5.7　职业健康安全事故分类

（1）职业伤害事故。职业伤害事故分为20类，包括：物体打击，车辆伤害，机械伤害，起重伤害，触电，淹溺，灼烫，火灾，高处坠落，坍塌，冒顶片帮，透水，放炮，火药爆炸，瓦斯爆炸，锅炉爆炸，容器爆炸，其他爆炸，中毒窒息，其他伤害。

（2）按事故后果严重程度分类

① 轻伤事故。轻伤事故指造成职工肢体或者某些器官功能性或器质性轻度损伤，表现为劳动能力轻度或暂时丧失的伤害，一般每个受伤人员休息1个工作日以上，105个工作日以下。

② 重伤事故。重伤事故一般指受伤人员肢体残缺或视觉、听觉等器官受到严重损伤，能引起人体长期存在功能障碍或劳动能力有重大损失的伤害，或造成每个受伤人员损失105工作日以上的失能伤害。

③ 死亡事故。一次事故中死亡职工1～2人的事故为死亡事故。

④ 重大伤亡事故。一次事故中死亡3人以上（含3人）的事故为重大伤亡事故。

⑤ 特大伤亡事故。一次死亡10人以上（含10人）的事故为特大伤亡事故。

⑥ 急性中毒事故。指生产性毒物一次或短期内通过人的呼吸道、皮肤或消化道大量进入体内，使人体在短时间内发生病变，导致职工立即中断工作，并必须进行急救或死亡的事故。急性中毒的特点是发病快，一般不超过1个工作日，有的毒物因毒性有一定的潜伏期，会使中毒人员在下班后数小时发病。

（3）职业病。职业病指经诊断因从事接触有毒有害物质或不良环境的工作而造成的急、慢性疾病。

职业病分为10大类共115种。主要包括：尘肺，职业性放射性疾病，职业中毒，物理因素所致职业病，生物因素所致职业病，职业性皮肤病，职业性眼病，职业性耳鼻喉口腔疾病，职业性肿瘤，其他职业病。

7.4.5.8　安全事故处理

（1）对安全事故的处理必须坚持"四不放过"的原则：事故原因不清楚不放过，事故责任者和员工没有受到教育不放过，事故责任者没有处理不放过，没有制定防范措施不放过。

（2）安全事故处理程序

① 报告安全事故。安全事故发生后，受伤者或最先发现事故的人员应立即用最快的传递手段，将发生事故的时间、地点、伤亡人数、事故原因等情况，上报至企业安全主管部门。企业安全主管部门视事故造成的伤亡人数或直接经济损失情况，按规定向政府主管部门报告。

② 事故处理。施工单位应立即组织抢救伤员、排除险情、防止事故蔓延扩大，做好标识，保护好现场。

③ 事故调查。项目经理应指定技术、安全、质量等部门的人员，会同企业工会代表组成调查组，开展调查。

④ 调查报告。调查组应把事故发生的经过、原因、性质、损失责任、处理意见、纠正和预防措施撰写成调查报告，并经调查组全体人员签字确认后报企业安全主管部门。

（3）伤亡事故处理。伤亡事故的处理程序是：迅速抢救伤员并保护好现场，组织调查组，现场勘察，分析事故原因，制定预防措施，写出调查报告，事故的审查和结案，员工伤亡事故登记记录。

7.4.5.9 建筑施工安全检查评定

《建筑施工安全检查标准》(JGJ 59—2011) 对建筑施工安全检查评定做出下列规定。

（1）对建筑施工中易发生伤亡事故的主要环节、部位和工艺等的完成情况作安全检查评价时，应采用检查评分表的形式，分为安全管理、文明工地、脚手架、基坑支护与模板工程、"三宝"（安全帽、安全带、安全网）"四口"（通道口、预留洞口、楼梯口、电梯井口）防护、施工用电、物料提升机与外用电梯、塔吊、起重吊装、施工机具共十项分项检查评分表和一张检查评分汇总表。

（2）除"三宝""四口"防护和施工机具外的检查评分表，均设立保证项目和一般项目，前者是检查的重点和关键。

（3）各分项检查评分表中，满分为100分。

（4）在检查评分中，当保证项目中有一项不得分或保证项目小计得分不足40分时，此检查评分表不得分。

（5）汇总表满分为100分。10个分项检查评分表分配见表7-18。

表 7-18　分项检查评分表在汇总报中所占分数

检查表名	安全管理	文明施工	脚手架	基坑支护与模板工程	三宝四口防护	施工用电	物料提升机与外用电梯	塔吊	起重吊装	施工机具
在汇总表中所占分数	10	20	10	10	10	10	10	10	5	5

（6）在汇总表中各分项项目实得分数按下式计算：

分项实得分＝该分项在汇总表中应得分×该分项在检查评分表中实得分÷100

（7）建筑施工安全检查评分，以汇总表的总得分及保证项目达标与否，作为对一个施工现场安全生产情况评价依据，分为优良、合格、不合格三个等级，如表7-19所示。

表 7-19　建筑施工安全检查评分标准

等级	标　准
优良级	保证项目均应达到规定的评分标准，汇总表得分应在80分及其以上
合格级	保证项目均应达到规定的评分标准，汇总表得分应在80分及其以上
	有一个分表未得分，但汇总得分值在75分及其以上
	起重吊装检查评分表或施工机具检查评分表未得分，但汇总得分值在80分及其以上
不合格	汇总得分值不足70分
	有一个分表未得分，且汇总表得分在75分以下
	起重吊装检查评分表或施工机具检查评分表未得分，且汇总表得分在80分以下

规范：安全生产管理计划

任务7.5

施工项目现场管理

建议课时: 1学时

知识目标: 掌握施工项目现场管理方法。

能力目标: 能编制施工现场管理方案,能进行施工现场管理。

思政目标: 提高安全意识和责任意识;树立严谨务实的工作作风;树立全面、协作和团结意识。

7.5.1 施工项目现场管理意义

施工项目现场指从事工程施工活动经批准占用的施工场地。该场地既包括红线以内占用的建筑用地和施工用地,又包括红线以外现场附近经批准占用的临时施工用地。施工项目现场管理是指这些场地如何科学筹划,合理使用,并与环境各因素保持协调关系,成为文明施工现场。

(1)施工项目现场是"枢纽站",将人、材、物有机地聚集在一起。良好的施工现场有助于施工活动正常进行。在施工现场,大量的物资进场后"停站"于此。活动于现场的劳动力、机械设备和管理人员,通过施工活动将这些物资一步步地转变成建筑物或构筑物。这个"枢纽站"管理好坏,涉及人流、物流和财流是否畅通,涉及施工生产活动是否顺利进行。

(2)施工项目现场是一个"绳结",把各专业管理联系在一起。各项专业管理工作按合理分工分头进行,又密切协作,相互影响,相互制约,很难截然分开。施工现场管理得好坏,直接关系到各项专业管理的技术经济效果。

(3)施工项目现场管理是一面"镜子",能照出施工单位的形象。通过观察工程施工现场,施工单位的精神面貌、管理面貌、施工面貌赫然显现。一个文明的施工现场有着重要的社会效益,会赢得很好的社会信誉,反之也会损害施工企业的社会信誉。

(4)工程施工现场管理是贯彻执行有关法规的"焦点"。施工现场与许多城市管理法规有关,诸如地产开发、城市规划、市政管理、环境保护、市容美化、环境卫生、城市绿化、交通运输、消防安全、文物保护、居民安全、人防建设、居民生活保障、工业生产保障、文明建设等方面的法规。每一个在施工现场从事施工和管理工作的人员,都应当有法制观念,执法、守法、护法。每一个与施工现场管理发生联系的单位都应关注工程施工现场管理。

总之,施工现场管理是一个严肃的社会问题和政治问题,具有重要的现实意义。

7.5.2 施工项目现场管理的内容

(1)合理规划施工用地。首先要保证场内占地的合理使用。当场内空间不充分时,应会同建设单位按规定向规划部门和公安交通部门申请,经批准后才能获得并使用场外临时施工用地。

(2)科学地进行施工总平面设计。施工组织设计中的施工总平面设计目的,就是对施工场地进行科学规划，以合理利用空间。在施工总平面图上，临时设施、大型机械、材料堆场、物资仓库、构件堆场、消防设施、道路及进出口、加工场地、水电管线、周转使用场地等，都应各得其所，关系合理合法，从而呈现出现场文明，有利于安全和环境保护，有利于节约，方便于工程施工。

（3）对施工现场的平面布置进行动态管理。根据施工进展的具体需要，按阶段调整施工现场的平面布置，不同的施工阶段，施工的需要不同，现场的平面布置亦应进行调整。当然，施工内容变化是主要原因，另外分包单位也随之变化，他们也会对施工现场提出新的要求。因此，施工现场不是一个固定不变的空间组合，而应当对它进行动态的管理和控制，但调整也不能太频繁，以免造成浪费。一些重大设施应基本固定，调整的对象应是调整费用不大的、规模小的设施，或已经失去作用的设施，代之以满足新需要的设施。

（4）加强对施工现场使用的检查。现场管理人员应经常检查现场布置是否依据施工平面图，是否符合各项规定，是否满足施工需要，还有哪些薄弱环节，从而为调整施工现场布置提供有用的信息，也使施工现场保持相对稳定，不被复杂的施工过程打乱或破坏。

（5）建立文明的施工现场。文明施工现场即指按照有关法规的要求，使施工现场和临时占地范围内秩序井然，文明安全，环境得到保持，绿地树木不被破坏，交通畅达，文物得以保存，防火设施完备，居民不受干扰，场容和环境卫生均符合要求。建立文明施工现场有利于提高工程质量和工作质量，提高企业信誉。为此，应当做到领导负责，系统把关，普遍检查，建章建制，责任到人，落实整改，严明奖惩。

① 领导负责，即公司和分公司均成立主要领导负责、各部门主管理人员参加的施工现场管理领导小组，在企业范围内建立以项目管理班子为核心的现场管理组织体系。

② 系统把关，即各管理业务系统对现场的管理进行分口负责，每月组织检查，发现问题便及时整改。

③ 普遍检查，即对现场管理的检查内容，按达标要求逐项检查，填写检查报告，评定现场管理先进单位。

④ 建章建制，即建立施工现场管理规章制度和实施办法，按章办事，不得违背。

⑤ 责任到人，即管理责任不但明确到部门，而且各部门要明确到员工个人，以便落实管理工作。

⑥ 落实整改，即对各种问题，一旦发现，必须采取措施纠正，避免再度发生。无论涉及哪一级、哪一部门、哪一个人，决不能姑息迁就，必须整改落实。

⑦ 严明奖惩。如果成绩突出，便应按奖惩办法予以奖励；如果有问题，要按规定给予必要的处罚。

（6）及时清场转移。施工结束后，项目管理班子应及时组织清场，将临时设施拆除，剩余物资退场，组织向新工程转移，以便整治规划场地，恢复被临时占用土地，不留"后遗症"。

（7）坚持现场管理标准化，堵塞浪费漏洞。现场管理标准化的范围很广，比较突出而又需要特别关注的是现场平面布置管理和现场安全生产管理，稍有不慎，就会造成浪费和损失。

① 现场平面布置管理。施工现场的平面布置，是根据工程特点和场地条件，以配合施工为前提合理安排的，有一定的科学根据。但是在施工过程中，往往会出现不执行现场平面布置，造成人力、物力浪费的情况。例如：材料、构件不按规定地点堆放，造成二次搬运，不仅浪费人力，材料、构件在搬运中还会受到损失；钢模和钢管脚手等周转设备，用后不予整修并堆放整齐，而是任意乱堆乱放，既影响场容整洁，又容易造成损失，特别是将周转设备放在路边，一旦车辆开过，轻则变形，重则报废；任意开挖道路，又不采取措施，造成交通中断，影响物资运输；排水系统不畅，一遇下雨，现场积水严重，电器设备受潮容易触电，水泥受潮就会变质报废。由此可见，施工项目一定要强化现场平面布置的管理，堵塞一切可能发生的漏洞，争创文明工地。

② 现场安全生产管理。现场安全生产管理的目的，在于保护施工现场的人身安全和设备安全，减少和避免不必要的损失。要达到这个目的，就必须强调按规定的标准去管理，不允许有任何细小的疏忽。否则，将会造成难以估量的损失，其中包括人身、财产和资金等损失。

a. 不遵守现场安全操作规程，容易发生工伤事故，甚至死亡事故，不仅项目要支付医药、抚恤费用，有时还会造成停工损失，本人和家属也将面临难以预估的痛苦。

b. 不遵守机电设备的操作规程，容易发生一般设备事故，甚至重大设备事故，不仅会损坏机电设备，还会影响正常施工。

c. 忽视消防工作和消防设施的检查，容易发生火警并可能因火警故障而影响对事故的有效抢救，其后果更是不可想象。

7.5.3   施工现场防火

7.5.3.1   施工现场防火的特点

施工现场防火的特点可以归纳为"五多""一差"。

（1）建筑工地场地狭小，且易燃建筑物多，很难实现应有的安全距离。因此，一旦起火，容易蔓延成灾，造成严重后果。

（2）建筑工地易燃材料多，如木材、木模板、脚手架木、沥青、油漆、乙炔发生器、保温材料、油毡等。因此，应特别加强管理。

（3）建筑工地临时用电线路多，容易漏电起火。

（4）在施工期间，随着工程的进展，工种增多，施工方法不同，会出现不同的火灾隐患。

（5）施工现场人员流动性大，交叉作业多，管理不便，火灾隐患不易发现。

（6）施工现场消防水源和消防道路均系临时设置，消防条件差，一旦起火，灭火困难。

总之，建筑施工现场产生火灾的危险性大，稍有疏忽，就有可能发生火灾事故。

7.5.3.2   消防工作的意义

我国的消防工作坚持"预防为主，消防结合"的方针。消防工作的意义在于：保卫社会主义建设和社会秩序的安全；保护国家财产和人民群众自己的财产；保障人民的生命安全和生活安定。

7.5.3.3   施工现场的火灾隐患

（1）石灰受潮发热起火。工地储存的生石灰，在遇水和受潮后，便会在熟化的过程中达到800℃左右温度，遇到可燃烧的材料后便会引火燃烧。

（2）木屑自燃起火。大量木屑堆积时，就会发热，积热量增多后，再吸收氧气，便可能自燃起火。

（3）熬沥青作业不慎起火。熬制沥青温度过高或加料过多，就会沸腾外溢，或产生易燃蒸气，接触炉火而起火。

（4）仓库内的易燃物触及明火就会燃烧起火。这些易燃物有塑料、油类、木材、酒精、油漆、燃料、防护用品等。

（5）焊接作业时火星溅到易燃物上引火。

（6）电气设备短路或漏电，冬期施工用电热法养护不慎起火。

（7）乱扔烟头，遇易燃物引火。

（8）烟囱、炉灶、火炕、冬季炉火取暖或养护，管理不善起火。

（9）雷击起火。

（10）生活用房不慎起火，蔓延至施工现场。

7.5.3.4　火灾预防管理工作

（1）对上级有关消防工作的政策、法规、条例要认真贯彻执行，将防火纳入领导工作的议事日程，做到在计划、布置、检查、总结、评比时均考虑防火工作，制定各级领导防火责任制。

（2）企业建立以下防火制度：各级安全防火责任制；工人安全防火岗位责任制；现场防火工具管理制度；重点部位安全防火制度；安全防火检查制度；火灾事故报告制度；易燃、易爆物品管理制度；用火、用电管理制度；防火宣传、教育制度等。

（3）建立安全防火委员会。由现场施工负责人主持，在进入现场后立即建立。有关技术、安全保卫、行政等部门参加，在项目经理的领导下开展工作。其职责如下。

① 贯彻国家消防工作方针、法律、文件及会议精神，结合本单位具体情况部署防火工作。

② 定期召开防火委员会会议，研究布置现场安全防火工作。

③ 开展安全消防教育和宣传。

④ 组织安全防火检查，提出消除隐患措施，并监督落实。

⑤ 制定安全消防制度及保证防火的安全措施。

⑥ 对防火灭火有功人员奖励，对违反防火制度及造成事故的人员批评、处罚以至追究责任。

（4）设专职、兼职防火员，成立义务消防组织。其职责如下。

① 监督、检查、落实防火责任制的情况。

② 审查防火工作措施并督促实施。

③ 参加制定、修改防火工作制度。

④ 经常进行现场防火检查，协助解决防火问题，发现火灾隐患有权指令停止生产或查封，并立即报告有关领导研究解决。

⑤ 推广消防工作先进经验。

⑥ 对工人进行防火知识教育，组织义务消防队员培训和灭火演习。

⑦ 参加火灾事故调查、处理、上报。

7.5.4　施工项目现场管理评价

为了加强施工现场管理，促进施工现场管理水平的提高，实现文明施工，确保工程质量和安全，应该对施工现场管理进行综合评价。评价内容应包括经营行为管理、工程质量管理、施工安全管理、文明施工管理及施工队伍管理五个方面。

7.5.4.1　评价内容

（1）经营行为管理评价。经营行为管理评价主要是对合同签订及履约、总分包、施工许可证、企业资质、施工组织设计及实施等情况进行评价。不得有下列行为：未取得施工许可证而擅自开工；企业资质等级与其承担的工程任务不符；层层转包；无施工组织设计；由于建筑施工企业的原因严重影响合同履约。

（2）工程质量管理评价。工程质量评价的主要内容是质量体系建立及运转情况、质量管理状况、质量保证资料情况。不得有下列情况：无质量体系；工程质量不合格；无质量保证资料。工程质量检查按有关标准、规范执行。

（3）施工安全管理评价。施工安全管理评价主要是对安全生产保证体系及执行，施工安全各项措施情况等进行评价。不得有下列情况：无安全生产保证体系；无安全施工许可证；施工现场的安全设施不合格；发生人员死亡事故。

（4）文明施工管理评价。文明施工管理评价主要是对场容场貌、料具管理、消防保卫、环境保护、职工生活状况等进行评价。不得有下列情况：施工现场的场容场貌严重混乱，不符合管理要求；无消防设施或消防设施不合格；职工集体食物中毒。

（5）施工队伍管理评价。施工队伍管理评价主要是对项目经理及其他人员持证上岗，民工的培训和使用，社会治安综合治理情况等进行评价。

7.5.4.2　评价方法

（1）进行日常检查制，每个施工现场一个月综合评价一次。

（2）检查之后评分，五个方面评分比重不同。假如总分满分为100分，可以给经营行为管理、工程质量管理、施工安全管理、文明施工管理、施工队伍管理分别评为20分、25分、25分、20分、10分。

（3）综合评分结果可用作对企业资质实行动态管理的依据之一，作为企业申请资质等级升级的条件，作为对企业进行奖罚的依据。

（4）一般说来，只有综合评分达70分及其以上，方可算作合格施工现场。如为不合格现场，应给该施工现场和项目经理警告或罚款。

任务7.6

施工项目风险管理

建议课时： 1学时
知识目标： 掌握施工项目风险管理方法。
能力目标： 能编制风险管理方案。
思政目标： 树立风险意识；改正急躁和侥幸的心理。

7.6.1　施工项目中的风险

7.6.1.1　风险的概念

风险指可以通过分析，预测其发生概率、后果很可能造成损失的未来不确定性因素。风险包括三个基本要素：一是风险因素的存在性；二是风险因素导致风险事件的不确定性；三是风险发生后其产生损失量的不确定性。

7.6.1.2　风险因素

风险因素是指能够引起或增加风险事件发生的机会或影响损失的严重程度的因素，是造成损失的内在或间接原因。根据其性质的不同，可将风险因素分为实质性风险因素、道德风险因素和心理风险因素。实质性风险因素是指能直接引起或增加损失发生机会或损失严重程度的因素，如环境污染就是影响人身体健康的实质性因素；道德风险因素是指由于人的品德、素质不良，促使风险事件发生的因素，如诈骗、偷工减料等行为；心理风险因素是指由于人主观上的疏忽或过失而导致风险事件发生的因素，如遗忘、侥幸导致损失的发生等。

7.6.1.3　风险事件

风险事件又称风险事故，是指直接导致损失发生的偶发事件，它可能引起损失和人身伤亡。

7.6.1.4　施工项目风险分类

项目的一次性使其不确定性要比其他经济活动大得多；而施工项目由于其特殊性，比其他项目的风险又大得多，使得它成为最突出的风险事业之一。因此，施工项目风险管理的任务是很重的。根据风险产生原因的不同，可以将施工项目的风险因素进行分类，如表 7-20 所示。

表 7-20　施工项目的风险因素分类

风险分类		风险因素
技术风险	设计	设计内容不全，缺陷设计、错误和遗漏、规范不恰当，未考虑地质条件，未考虑施工可能性等
	施工	施工工艺落后，施工技术和施工方案不合理，施工安全措施不当，应用新技术新方案的失败，未考虑现场情况
	其他	工艺设计未达到先进性指标，工艺流程不合理，未考虑操作安全性能等
非技术风险	自然与环境	不可抗拒的自然力，复杂的工程地质条件，恶劣的气候，施工对环境的影响
	政治法律	法律及规章的变化，战争、骚乱、罢工、经济制裁或禁运等
	经济	通货膨胀，汇率的变化，市场的动荡，社会各种摊派和征费的变化
	组织协调	业主和上级主管部门的协调不善，建筑工程各参建方之间的协调不当，业主内部组织协调不周等
	合同	合同条块遗漏，表达有误，合同类型选择不当，承发包模式选择不当，索赔管理不力，合同纠纷等
	人员	业主、设计、监理、工人、技术员、管理人员的素质不高等
	材料	原材料、成品、半成品的供货不足或不及时、数量差错和规格有问题，特殊材料和新材料的使用有问题，损耗和浪费等
	设备	施工设备供应不足，类型不配套，故障，选型不当
	资金	资金筹措方式不合理，资金不到位，资金短缺

7.6.2　施工项目风险管理具体内容

风险管理是通过识别风险，度量和评价风险，制定、选择和实施风险处理方案，从而达到风险控制目的的过程。

7.6.2.1　风险识别

在项目的早期阶段，风险信号大部分非常微弱，极易被人们忽视。再者，风险并不都是显露于外表，多数情况下是隐蔽于项目的各个环节，难以发现。风险有时甚至存在于种种假象之中，具有迷惑性。因此，识别和预测风险对项目管理具有非常重要的意义。

风险识别是风险管理的基础。风险识别是指风险管理人员在收集资料和调查研究之后，运用各种方法对尚未发生的潜在风险及客观存在的各种风险进行系统归类和全面识别。风险识别的主要内容是：识别引起风险的主要因素，识别风险的性质，识别风险可能引起的后果。风险识别的方法与工具如下所述。

（1）文件资料审核。从项目整体和详细的范围两个层次对项目计划、项目假设条件和约束因素、以往项目的文件资料审核中识别风险因素。

（2）信息收集整理

① 头脑风暴法。头脑风暴（brain storming，简称 BS）法，是美国的奥斯本（Alex F. Osborn）于 1939 年首创的，是最常用的风险识别方法。其实质就是一种特殊形式的小组会。它规定了一定的特殊规则和方法技巧，从而形成了一种有益于激励创造力的环境气氛，使与会者能自由畅想，无拘无束地提出自己的各种构想、新主意，并因相互启发、联想而引起创新设想的连锁反应，通过会议方式去分析和识别项目风险。其基本要求如下：

a. 参加者 6~12 人，最好有不同的背景，可从不同的角度分析观察问题，但最好是同一层次的人；

b. 鼓励参加者提出疯狂的（野性化的）、别出心裁的和极端的想法，甚至是想入非非的主张；

c. 鼓励修改、补充并结合他人的想法提出新建议；

d. 严禁对他人的想法提出批评；

e. 数量也是一个追求的目标，提议多多益善。

② 德尔菲法。德尔菲法（Delphi 法）是邀请专家匿名参加项目风险分析识别的一种方法。其做法是采用函询调查，对与所分析和识别的项目风险问题有关的专家分别提出问题，而后将他们回答的意见综合、整理、归纳，匿名反馈给各个专家，再征求意见，然后加以综合、反馈。如此反复循环，直至得到一个比较一致且可靠性较大的意见。

德尔菲法的特点一是匿名性，亦即背靠背，可以消除面对面带来的诸如权威人士或领导的影响；二是信息反馈、沟通比较好；三是预测的结果具有统计特性。

应用德尔菲法时应注意的是：专家人数不宜太少，一般以 10~50 人为宜；对风险的分析往往受组织者、参加者的主观因素影响，因此有可能发生偏差；预测分析的时间不宜过长，时间越长准确性越差。

③ SWOT 技术。SWOT 技术是综合运用项目的优势与劣势、机会与威胁各方面，从多视角对项目风险进行识别，也就是企业内外情况对照分析法。它是将外部环境中的有利条件（机会，opportunities) 和不利条件（威胁，threats)，以及企业内部条件中的优势 (strengths) 和劣势 (weaknesses) 分别计入田字形的表格，然后对照利弊优劣，进行经营决策。

④ 访谈法。访谈法是通过对资深项目经理或相关领域的专家进行访谈来识别风险。负责访谈的人员首先要选择合适的访谈对象；其次，应向访谈对象提供项目内外部环境、假设条件和约束条件的信息。访谈对象依据自己的丰富经验和掌握的项目信息，对项目风险进行识别。

⑤ 检查表（核对表）。检查表是有关人员利用本人掌握的丰富知识设计而成的。如果把人们经历过的风险事件及其来源罗列出来，写成一张检查表，那么，项目管理人员看了就容易开阔思路，容易想到本项目会有哪些潜在的风险。检查表可以包括多种内容，如以前项目成功或失败的原因、项目其他方面规划的结果（范围、成本、质量、进度、采购与合同、人力资源与沟通等计划成果）、项目班子成员的技能、项目可用的资源、项目产品或服务的说明书等，这些内容能够提醒人们还有哪些风险尚未考虑到。使用检查表的优点是：它使人们能按照系统化、规范化的要求去识别风险，且简单易行。其不足之处是：专业人员不可能编制一个包罗万象的检查表，因而检查表具有一定的局限性。

⑥ 流程图法。流程图法是将施工项目的全过程，按其内在的逻辑关系制成流程，针对流程中的关键环节和薄弱环节进行调查和分析，找出风险存在的原因，发现潜在的风险威胁，分析风险发生后可能造成的损失和对施工项目全过程造成的影响有多大等。

运用流程图分析，项目人员可以明确地发现项目所面临的风险，但流程图分析仅着重于流程本身，而无法显示发生问题时间阶段的损失值或损失发生的概率。

⑦ 因果分析图。因果分析图又称鱼刺图，它通过带箭头的线将风险问题与风险因素之间的关系表示出来。

⑧ 项目工作分解结构。风险识别要减少项目的结构不确定性，就要弄清项目的组成、各个组成部分的性质及它们之间的关系、项目同环境之间的关系等。项目工作分解结构是完成这项任务的有力工具。项目管理的其他方面，例如范围、进度和成本管理，也要使用项目工作分解结构。因此，在风险识别中利用这个已有的现成工具并不会给项目班子增加额外的工作量。

图7-22是一个污水处理项目按其组成而得到的项目工作分解结构图。从图中可以看出，如果该系统的海上出口不能按时完成，则整个系统就不能按时投入使用和运行，上游用户的污水排不出，其后果是不难想象的。海上出口工程在海底施工，其中会有什么风险，同样也就不难识别。

此外，还有敏感性分析法，事故树分析法，常识、经验和判断，试验或试验结果等，均可用来进行风险识别。

7.6.2.2 风险评价

风险分析与评价的过程如图7-23所示。

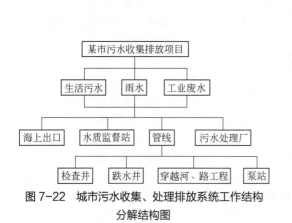

图7-22 城市污水收集、处理排放系统工作结构
分解结构图

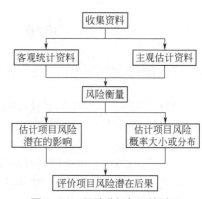

图7-23 风险分析与评价过程

风险评价的过程是对风险的不确定性进行量化，评价其潜在的影响。它包括的主要内容是：确定风险事件发生的概率，对项目目标影响的严重程度，如经济损失量、工期迟延量等；确定

项目总周期内对风险事件实际发生的经验、预测力及发生后的处理能力；评价所有风险的潜在影响，得到项目的风险决策变量值，作为项目决策的重要依据。

每一项风险都可用其出现的概率和潜在的损失值衡量。亦可借助于风险坐标进行分析，如图 7-24 所示。坐标上的九个格分别表示不同的风险量。

图 7-24 中，Ⅰ为可忽略且可容许风险；Ⅱ为可容许的风险；Ⅲ为中度风险；Ⅳ为重大风险；Ⅴ为不容许风险。

风险量化的方法很多，最常用的方法是求出风险量函数。

风险量表现为风险发生的概率（p）和潜在损失（q）的函数：

$$R = f(p,q) \tag{7-33}$$

式（7-33）反映的是风险量的基本原理，具有一定的通用性，其应用前提是建立 p 和 q 的连续函数关系。如果是以离散形式来表示风险的发生概率及其损失，风险量 R 相应地表示为：

$$R = \sum p_i \times q_i \tag{7-34}$$

式中 R——风险量；

p——风险事件发生的概率；

q——潜在的损失值；

i——表示风险事件的数量（$i = 1, 2, \cdots, n$）。

等风险量曲线是指风险量相同的风险事件所形成的曲线，如图 7-25 所示。在图 7-25 中，R_1、R_2、R_3 为 3 条不同的等风险两曲线。不同的等风险量曲线所表示的风险量大小与其风险坐标原点距离成正比，即距原点距离越远，风险越大，反之亦然。因此，$R_1 < R_2 < R_3$。

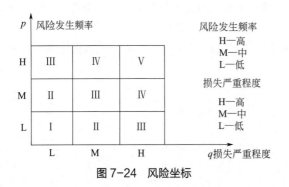

图 7-24   风险坐标

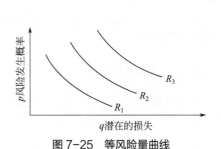

图 7-25   等风险量曲线

7.6.2.3   风险对策

风险对策也称为风险防范手段或风险管理技术。

（1）风险控制对策。风险控制对策是为避免或减少发生风险的可能性及各种潜在损失的对策。风险控制对策有风险回避和损失控制两种。

① 风险回避对策。风险回避对策就是通过回避项目风险因素而使潜在损失不发生。它通常是一种制度，用以强制禁止进行某种活动。

② 损失控制对策。损失控制对策就是通过减少损失发生的机会或通过降低所发生损失的严重性来处理风险。损失控制手段分为损失预防手段和损失减少手段两种。损失预防手段旨在减少或消除损失发生的可能性；损失减少手段是降低损失的潜在严重性。两者的组合是损失控制方案，其内容包括：制定安全计划，评估及监控有关系统及安全装置，重复检查工程建设计划，

制定灾难计划，制定应急计划等。

图 7-26 是损失控制图。从该图可见，"安全计划""灾难计划"和"应急计划"是损失控制计划的关键组成部分。

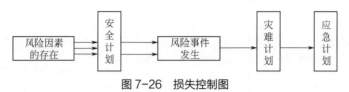

图 7-26　损失控制图

损失控制计划的编制要点是：各部门配合编制；计划要列出所有影响项目实施的事，明确各类人员的责任和义务。制定计划时应考虑：某种风险事件发生可能产生的后果及可能采取哪些措施，该事件发生时该由哪个部门负责；应列入包括模拟训练的人员培训；应设立检查人员定期检查各项计划的实施情况。安全计划应包括一般性安全要求，设备运转规程，以及各种保护措施。

灾难计划为现场人员提供明确的行动指南，以处理各种紧急事件。

应急计划是对付损失造成的局面的措施和职责。风险控制策划表如表 7-21 所示。

表 7-21　风险控制策划表

风险程度	措施
Ⅰ 可忽略的	不采取措施，不必保存文件记录
Ⅱ 可容许的	不需要另外的控制措施，应考虑投资效益更佳的解决方案或不增加额外成本的改进措施，需要监督以保障控制措施实施
Ⅲ 中度的	应努力降低风险，仔细测定并限定预防成本，并在规定的时间期限内实施降低风险的措施，在中度风险与严重伤害后果相关的场合，必须进一步评价，以更准确地确定伤害的可能性，从而确定是否需要改进控制措施
Ⅳ 重大的	直至风险降低后才能开始工作。为降低风险必须配给大量资源。当正在进行中的工作面临重大风险时，应采取应急措施
Ⅴ 不容许的	只有当风险已经降临时，才能开始或继续工作。如果无限地资源投入也不能降低风险，就必须禁止工作

（2）风险自留对策。风险自留是一种重要的财务性管理技术，即由自己承担因风险所造成的损失。风险自留对策有两种，即非计划性和计划性风险自留。

① 非计划性风险自留。当风险管理人员因没有认识到项目风险的存在而没有处理项目风险的准备时，风险自留是非计划性的，且是被动的。应通过减少风险识别失误和风险分析失误而避免这种风险自留。

② 计划性风险自留。计划性风险自留是指风险管理人员有意识地、不断地降低风险的潜在损失。

（3）风险转移对策

① 非保险转移。是指用合同规定双方的风险责任，从而将活动本身转移给对方以减少自身的损失。因此，合同中应包含责任和风险两大要素。合同转移的对象是发包人、供应人和分包人。

② 保险转移。是项目风险管理的最重要的转移技术。投保人付出了保险费，却提高了损失控制效率，并能在损失发生后得到补偿。工程保险的目标是最优的工程保险费和最理想的保障。应通过保险合同投保。风险对策归纳见表 7-22。

表 7-22　风险对策归纳

序号	风险对策划分	定义	说明
1	风险回避	以一定的方式中断风险源，避免可能产生的潜在损失	是一种消极的风险对策，建设工程中的风险是不可避免的，必须能够灵活运用其他的风险对策

续表

序号	风险对策划分		定义	说明	
2	损失控制	预防损失发生	降低或消除损失发生概率	预防计划	有针对性地预防损失的发生,具体措施有组织、管理、合同、技术
		减少损失发生	降低损失的严重性或遏制损失的进一步发展	灾难计划	在紧急情况发生后,能及时妥善处理,减少损失。在严重风险事件发生或即将发生时付诸实施
				应急计划	在风险损失基本确定后的计划,目的是减少进一步的损失,使所影响最小。在严重风险事件发生后实施
3	风险自留	非计划性自留	非计划地、被动地将风险留给自己承担	产生的主要原因:缺乏风险意识、风险识别、风险评价失误、风险决策实施延误等	
		计划性自留	主动地、有计划地、有意识地选择承担风险	选择一般性风险事件作为自留对象,对产生的损失进行补偿。常见的损失支付方式:从现金净收入中扣除、自我保险、母公司保险	
				适用条件:别无选择,损失可准确预测,企业有足够的承受能力,机会成本很大,内部服务优良	
4	风险转移	非保险转移	又称合同转移,转移给非保险人的对方当事人	形式:业主将合同责任和风险转移给对方当事人;承包商进行合同转让或分包;第三方担保。优点:可以转移某些不可保的潜在损失;被转移者往往能较好地进行损失控制	
		保险转移	购买保险,投保人把风险转移给保险公司	工程保险不能转移建设工程的所有风险,一是由于存在不可保的风险,二是由于有些风险不易保险	

规范:风险管理计划

任务7.7

施工项目合同管理

建议课时:1学时
知识目标:掌握施工项目合同管理方法。
能力目标:能编制施工项目合同方案。
思政目标:树立法制意识,提高对责任与义务的认识。

7.7.1 建筑工程合同类型

7.7.1.1 按照工程建设阶段分类

建设工程合同按照建设过程的勘察、设计、施工三个阶段所完成的承包内容划分为建设工程勘察合同、建设工程设计合同和建设工程施工合同。

（1）建设工程勘察合同。建筑工程勘察，是勘察人根据建筑工程的要求，查明、分析、评价建设场地的地质地理环境特征和岩土工程条件，编制建筑工程勘察文件的活动。建设工程勘察合同就是指发包人与勘察人就完成商定的勘察任务明确双方权利义务关系而签订的书面协议。

（2）建设工程设计合同。建筑工程设计是设计人根据建筑工程要求，对建筑工程所需的技术、经济、资源、环境等条件进行综合分析、论证，编制建筑工程设计文件的活动。建设工程设计合同就是指发包人与设计人就完成商定的工程设计任务、明确双方权利义务关系而签订的书面协议。

（3）建设工程施工合同。建筑工程施工是承包人根据建筑工程设计文件的要求，对建筑工程进行新建、扩建、改建的活动。建设工程施工合同就是指发包人与承包人为完成商定的建设工程项目的施工任务、明确双方权利义务关系而签订的书面协议。

7.7.1.2　按照承发包方式分类

（1）建设工程项目总承包合同。指发包人将工程建设的全过程，即从工程立项到交付使用全部发包给一个承包人的合同。

（2）单位工程施工承包合同。指发包人将建设工程中勘察、设计、施工等每一项分别发包给不同承包人的合同。

（3）分包合同。指经合同约定和发包人认可，从工程承包人承包的工程中承包部分工程而订立的合同。

7.7.1.3　按照承包工程计价方式分类

（1）总价合同。总价合同一般要求投标人按照招标文件要求报一个总价，在这个价格下完成合同规定的全部项目。总价合同分为可调总价合同和固定总价合同。固定总价合同即总价固定不变，除了业主要求建设项目有重大变更以外，一般不允许进行合同价格的调整。这类合同由于承包人承担了全部的工作量和价格风险，因此其报价必须考虑施工期间物价变化及工程量变化带来的影响。

（2）单价合同。这种合同是指根据发包人提供的资料，双方在合同中确定每一个单项工程单价，结算则按实际完成工程量乘以每项工程单价计算。单价合同是承包人按规定承担报价的风险，即对报价（主要指单价）的正确性和适宜性承担责任，而业主承担工程量变化风险的合同。单价合同中，由于合同当事人双方的风险得到了合理的分配，因此，这种合同不受工程类型的限制，在我国得到了广泛的应用。

（3）成本加酬金合同。成本加酬金合同是指业主不仅向承包人支付建设工程项目的实际成本，而且按事先约定的某一种方式支付酬金的合同。在这种合同中，由于业主是按实际成本对承包人进行结算，因此，承包人不承担任何风险，而业主承担了全部工程量和价格风险，这将导致承包人在工程中不会较好地进行成本控制，相反期望提高成本以提高自身的经济效益。

7.7.1.4　与建设工程有关的其他合同

（1）建设工程委托监理合同。指委托人与监理人签订的，为了委托监理人承担监理业务而明确双方权利义务关系的协议。

（2）建设工程物资采购合同。指出卖人转移建设工程物资所有权于买受人，买受人支付价款的明确双方权利义务关系的协议。

（3）建设工程保险合同。指发包人或承包人为防范特定风险而与保险公司签订的明确权利义务关系的协议。

（4）建设工程担保合同。指义务人（发包人或承包人）或第三人（或保险公司）与权利人（承包人或发包人）签订为保证建设工程合同全面、正确履行而明确双方权利义务关系的协议。

7.7.2　建筑工程施工合同的主要内容

7.7.2.1　建筑工程总承包合同的主要内容

由于建设工程项目规模和特点的差异。不同项目的合同内容可能会有很大的差别。以下主要分析建筑工程总承包合同的主要内容。

（1）词语含义及合同文件。总承包合同双方当事人应对合同中常用的或容易引起歧义的词语进行解释，赋予它们明确的含义；对合同文件的组成、顺序、合同使用的标准等，也应做出明确的规定。

（2）总承包内容。总承包合同双方当事人应对总承包的内容做出明确规定，一般包括从工程立项到交付使用的工程建设全过程。具体应包括勘察设计、设备采购、施工管理、试车考核（或交付使用）等方面的内容。具体的承包内容由当事人约定，如约定设计—施工的总承包、投资—设计—施工的总承包等。

（3）双方当事人的权利义务。发包人一般应当承担以下义务：按照约定向承包人支付工程款；向承包人提供现场；协助承包人申请有关许可证、执照和批准；如果发包人单方要求终止合同后，没有承包人的同意，在一定时期内不得重新开始实施该工程。

承包人一般应当承担以下义务：完成满足发包人要求的工程以及相关的工作；提供履约保证；负责工程的协调与恰当实施；按照发包人的要求终止合同。

（4）合同履行期限。合同应当明确规定交工的时间，同时也应对各阶段的工作期限做出明确规定。

（5）合同价款。应规定合同价款的计算方式、结算方式，以及价款的支付期限等。

（6）工程质量与验收。合同应当明确规定工程质量的要求，工程质量的验收方法、验收时间及确认方式。工程质量检验的重点应当是竣工验收，通过竣工验收，发包人才可以接收工程。

（7）合同的变更。建筑工程的特点决定了建筑工程总承包合同在履行中往往会出现一些事先没有估计到的情况。一般在合同期内的任何时间，发包人代表可以通过发布指示或者要求承包人以递交建议书的方式提出变更。

（8）风险、责任和保险。承包人应当保障和保护发包人、发包人代表以及雇员免遭由工程导致的一切索赔、损害和开支。应由发包人承担的风险也应做明确的规定。

（9）工程保修。合同应按国家的规定写明保修项目、内容、范围、期限及保修金额和支付办法。

（10）对设计、分包人的规定。承包人进行并负责工程的设计，设计应当由合格的设计人员进行；应当编制足够详细的施工文件，编制和提交竣工图、操作和维修手册；应对所有分包方遵守合同的全部规定负责，任何分包方代理人或者雇员的行为或者违约，完全视为承包人自己的行为或者违约，并负全部责任。

（11）索赔和争议的处理。合同应明确索赔的程序和争议的处理方式。对争议的处理，一般应以仲裁作为解决的最终方式。

（12）违约责任。合同应明确双方的违约责任，包括发包人不按时支付合同价款的责任、超越合同规定干预承包人工作的责任等；也包括承包人不能按合同约定的期限和质量完成工作的责任等。

7.7.2.2　工程合同文件组成及主要条款

不需要通过招标投标方式订立的工程合同，合同文件通常就是一份合同或协议书，最多在正式的合同或协议书后附一些附件，并说明附件与合同或协议书具有同等的效力。

通过招标投标方式订立的工程合同，因经过招标、投标、开标、评标、中标等一系列过程，合同文件不单单是一份协议书，通常由以下文件共同组成：本合同协议书；中标通知书；投标书及其附件；本合同专用条款；本合同通用条款；标准、规范及有关技术文件；图纸；工程量清单；工程报价单或预算书。当上述文件间前后矛盾或表达不一致时，以在前的文件为准。

一般合同应当具备如下条款：当事人的名称或姓名和住所；标的；数量；价款或酬金；履行期限、地点和方式；违约责任；解决争议的方法。

工程合同应当具备的主要条款如下。

（1）承包范围。建筑安装工程通常分为基础工程（含桩基工程）、土建工程、安装工程、装饰工程，合同应明确哪些内容属于承包方的承包范围，哪些内容是发包方另行发包。

（2）工期。承发包双方在确定工期时，应当以国家工期定额为基础，根据承发包双方的具体情况，并结合工程的具体特点，确定合理的工期。双方应对开工日期及竣工日期进行精确的定义，否则，日后易起纠纷。

（3）中间交工工程的开工和竣工时间。确定中间交工工程的工期，需与工程合同确定的总工期相一致。

（4）工程质量等级。工程质量等级标准分为不合格、合格和优良。不合格的工程不得交付使用。承发包双方可以约定工程质量等级达到优良或更高标准，但是应根据优质优价的原则确定合同价款。

（5）合同价款。又称工程造价，通常采用国家或者地方定额的方法进行计算确定。随着市场经济的发展，承发包双方可以协商自主定价，而无须执行国家、地方定额。

（6）施工图纸的交付时间。施工图纸的交付时间必须满足工程施工进度的要求。为了确保工程质量，严禁随意性的边设计、边施工、边修改的"三边工程"。

（7）材料和设备供应责任。承发包双方需明确约定哪些材料和设备由发包方供应，以及在材料和设备供应方面双方各自的义务和责任。

（8）付款和结算。发包人一般应在工程开工前支付一定的备料款（又称预付款）；工程开工后，按工程进度按月支付工程款；工程竣工后，应当及时进行结算，扣除保修金后应按合同约定的期限支付尚未支付的工程款。

（9）竣工验收。竣工验收是工程合同重要的条款之一。实践中，常见有些发包人为了达到拖欠工程款的目的，迟迟不组织验收或者验而不收。因此，承包人在拟订本条款时，应设法预防上述情况的发生，争取主动。

（10）质量保修范围和期限。建设工程的质量保修范围和保修期限应当符合《建设工程质量管理条例》的规定。

（11）其他条款。工程合同还包括隐蔽工程验收、安全施工、工程变更、工程分包、合同解除、违约责任、争议解决方式等条款，双方均要在签订合同时加以明确约定。

7.7.3 施工项目合同的履行

施工项目合同履行的主体是项目经理和项目经理部。项目经理部必须从施工项目的施工准备、施工、竣工至维修期结束的全过程中，认真履行施工合同，实行动态管理，跟踪收集、整理、分析合同履行中的信息，合理、及时地进行调整。还应对合同履行进行预测，及早提出和解决影响合同履行的问题，以避免或减少风险。

（1）项目经理部履行施工合同应遵守的规定

① 必须遵守《中华人民共和国民法典》《建筑法》规定的各项合同履行原则和规则。

② 在行使权力、履行义务时应当遵循诚实信用原则和坚持全面履行的原则。

③ 项目经理由企业授权负责组织施工合同的履行，并依据《中华人民共和国民法典》规定，与业主或监理工程师进行沟通和交流，开展合同的变更、索赔、转让和终止等工作。

④ 如果发生不可抗力致使合同不能履行或不能完全履行时，应及时向企业报告，并在委托权限内依法及时进行处置。

⑤ 遵守合同对约定不明条款、价格发生变化的履行规则，以及合同履行担保规则和抗辩权、代位权、撤销权的规则。

⑥ 承包人按专用条款的约定分包所承担的部分工程，并与分包单位签订分包合同。非经发包人同意，承包人不得将承包工程的任何部分分包。

⑦ 承包人不得将其承包的全部工程倒手转给他人承包，也不得将全部工程肢解后以分包的名义分别转包给他人。

（2）项目经理部履行施工合同应做的工作

① 应在施工合同履行前，针对工程的承包范围、质量标准和工期要求，承包人的义务和权力，工程款的结算、支付方式与条件，合同变更、不可抗力影响、物价上涨、工程中止、第三方损害等问题产生时的处理原则和责任承担，争议的解决方法等重要问题进行合同分析，对合同内容、风险、重点或关键性问题做出特别说明和提示，向各职能部门人员交底，落实根据施工合同确定的目标，依据施工合同指导工程实施和项目管理工作。

② 组织施工力量；签订分包合同；研究熟悉设计图纸及有关文件资料；多方筹集足够的流动资金；编制施工组织设计、进度计划、工程结算付款计划等，做好施工准备，按时进入现场，按期开工。

③ 制定科学周密的材料、设备采购计划，采购符合质量标准的价格低廉的材料、设备，按施工进度计划，及时进入现场，搞好供应和管理工作，保证顺利施工。

④ 按设计图纸、技术规范和规程组织施工；做好施工记录，按时报送各类报表；进行各种有关的现场或实验室抽检测试，保存好原始资料；制定各种有效措施，采取先进的管理方法，全面保证施工质量达到合同要求。

⑤ 按期竣工，试运行，通过质量检验，交付业主，收回工程价款。

⑥ 按合同规定，做好责任期内的维修、保修和质量回访工作。对属于承包方责任的工程质量问题，应负责无偿修理。

⑦ 履行合同中关于接受监理工程师监督的规定，如有关计划、建议需经监理工程师审核批准后方可实施；有些工序需监理工程师监督执行，所做记录或报表要得到其签字确认；根据监理工程师要求报送各类报表、办理各类手续；执行监理工程师的指令，接受一定范围内的工程变更要求等。承包商在履行合同中还要自觉地接受公证机关、银行的监督。

⑧ 项目经理部在履行合同期间，应注意收集、记录对方当事人违约事实的证据，即对发包

方或业主履行合同进行监督，作为索赔的依据。

7.7.4 施工项目合同履行中的问题及处理

施工项目合同履行过程中经常遇到不可抗力问题，以及施工合同的变更、违约、索赔、争议、终止与评价等问题。

7.7.4.1 发生不可抗力

不可抗力是指合同当事人不能预见、不能避免并不能克服的客观情况。建设工程施工中的不可抗力包括因战争、动乱、空中飞行物坠落或其他非发包方责任造成的爆炸、火灾，以及专用条款中约定程度的风、雨、雪、洪水、地震等自然灾害。

在订立合同时，应明确不可抗力的范围，双方应承担的责任。在合同履行中加强管理和防范措施。当事人一方因不可抗力不能履行合同时，有义务及时通知对方，以减轻可能给对方造成的损失，并应当在合理期限内提供证明。

因不可抗力事件导致的费用及延误的工期由合同双方承担责任：

（1）工程本身的损害、因工程损害导致第三方人员伤亡和财产损失以及运至施工现场用于施工的材料和待安装的设备的损害，由发包人承担；

（2）发包方承包方人员伤亡由其所在单位负责，并承担相应费用；

（3）承包人机械设备损坏及停工损失，由承包人承担；

（4）停工期间，承包人应工程师要求留在施工场地的必要的管理人员及保卫人员的费用由发包人承担；

（5）工程所需清理、修复费用，由发包人承担；

（6）延误的工期相应顺延。

因合同一方迟延履行合同后发生不可抗力的，不能免除迟延履行方的相应责任。

7.7.4.2 合同变更

合同变更是指依法对原来合同进行的修改和补充，即在履行合同项目的过程中，由于实施条件或相关因素的变化，而不得不对原合同的某些条款做出修改、订正、删除或补充。合同变更一经成立，原合同中的相应条款就应解除。合同变更是在条件改变时，对双方利益和义务的调整，适当及时的合同变更可以弥补原合同条款的不足。

合同变更一般由工程师提出变更指令，它不同于《建设工程施工合同（示范文本）》的工程变更或工程设计变更。后者是由发包人提出并报规划管理部门和其他有关部门重新审查批准。

（1）合同变更的理由

① 工程量增减。

② 资料及特性的变更。

③ 工程标高、基线、尺寸等变更。

④ 工程的删减。

⑤ 永久工程的附加工作，设备、材料和服务的变更等。

（2）合同变更的原则

① 合同双方都必须遵守合同变更程序，依法进行，任何一方都不得单方面擅自更改合同

条款。

② 合同变更要经过有关专家（监理工程师、设计工程师、现场工程师等）的科学论证和合同双方的协商。在合同变更具有合理性、可行性，而且由此而引起的进度和费用变化得到确认和落实的情况下方可实行。

③ 合同变更的次数应尽量减少，变更的时间亦应尽量提前，并在事件发生后的一定时限内提出，以避免或减少给建设工程项目建设带来的影响和损失。

④ 合同变更应以监理工程师、业主和承包商共同签署的合同变更书面指令为准，并以此作为结算工程价款的凭据。紧急情况下，监理工程师的口头通知也可接受，但必须在 48h 内追补合同变更书。承包人对合同变更若有不同意见可在 7～10d 内书面提出，但业主决定继续执行的指令，承包商应继续执行。

⑤ 合同变更所造成的损失，除依法可以免除的责任外，如由于设计错误，设计所依据的条件与实际不符，图与说明不一致，施工图有遗漏或错误等，应由责任方负责赔偿。

（3）合同变更的程序。合同变更的程序应符合合同文件的有关规定，如图 7-27 所示。

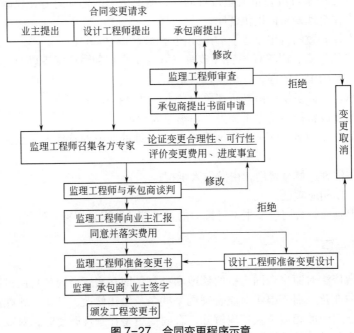

图 7-27　合同变更程序示意

7.7.4.3　合同解除

合同解除是在合同依法成立之后的合同规定的有效期内，合同当事人的一方有充足的理由，提出终止合同的要求，并同时出具包括终止合同理由和具体内容的申请，合同双方经过协商，就提前终止合同达成书面协议，宣布解除双方由合同确定的经济承包关系。

（1）合同解除的理由

① 施工合同当事双方协商，一致同意解除合同关系。

② 因为不可抗力或者是非合同当事人的原因，造成工程停建或缓建，致使合同无法履行。

③ 由于当事人一方违约致使合同无法履行。违约的主要表现如下。

　　a. 发包人不按合同约定支付工程款（进度款），双方又未达成延期付款协议，导致施工无法进行，承包人停止施工超过56d，发包人仍不支付工程款（进度款），承包人有权解除合同。

　　b. 承包人发生将其承包的全部过程或将其肢解以后以分包的名义分别转包给他人，以及将工程的主要部分或群体工程的半数以上的单位工程倒手转包给其他施工单位等转包行为时，发包人有权解除合同。

　　c. 合同当事人一方的其他违约行为致使合同无法履行，合同双方可以解除合同。

　　当合同当事一方主张解除合同时，应向对方发出解除合同的书面通知，并在发出通知前7d告知对方。通知到达对方时合同解除。对解除合同有异议时，按照解决合同争议程序处理。

　　（2）合同解除后的善后处理

　　① 合同解除后，当事人双方约定的结算和清理条款仍然有效。

　　② 承包人应当按照发包人要求妥善做好已完工程和已购材料、设备的保护和移交工作，按照发包人要求将自有机械设备和人员撤出施工现场。发包人应为承包人撤出提供必要条件，支付以上所发生的费用，并按合同约定支付已完工程款。

　　③ 已订货的材料、设备由订货方负责退货或解除订货合同，不能退还的货款和退货、解除订货合同发生的费用，由发包人承担。

7.7.4.4　违背合同

　　违背合同又称违约，是指当事人在执行合同的过程中，没有履行合同所规定的义务的行为。项目经理在违约责任的管理方面，首先要管好己方的履约行为，避免承担违约责任。如果发包人违约，应当督促发包人按照约定履行合同，并与之协商违约责任的承担。特别应当注意收集和整理对方违约的证据，以在必要时以此作为依据、证据来维护自己的合法权益。

　　（1）违约行为和责任。在履行施工合同过程中，主要的违约行为和责任如下。

　　① 发包人违约

　　a. 发包人不按合同约定支付各项价款，或工程师不能及时给出必要的指令、确认，致使合同无法履行，发包人承担违约责任，赔偿因其违约给承包人造成的直接损失，延误的工期相应顺延。

　　b. 未按合同规定的时间和要求提供材料、场地、设备、资金、技术资料等，除竣工日期得以顺延外，还应赔偿承包人因此而发生的实际损失。

　　c. 工程中途停建、缓建或由于设计变更或设计错误造成的返工，应采取措施弥补或减少损失。同时应赔偿承包方因停工、窝工、返工和倒运，人员、机械设备调迁，材料和构件积压等实际损失。

　　d. 工程未经竣工验收，发包单位提前使用或擅自动工，由此发生的质量问题或其他问题，由发包方自己负责。

　　e. 超过承包合同规定的日期验收，按合同的违约责任条款的规定，应偿付逾期违约金。

　　② 承包人违约

　　a. 承包工程质量不符合合同规定，负责无偿修理和返工。由于修理和返工造成逾期交付的，应偿付逾期违约金。

　　b. 承包工程的交工时间不符合合同规定的期限，应按合同中违约责任条款，偿付逾期违约金。

　　c. 由于承包方的责任，造成发包方提供的材料、设备等丢失或损坏，应承担赔偿责任。

　　（2）违约责任处理原则

　　① 承担违约责任应按"严格责任原则"处理，无论合同当事人主观上是否有过错，只要合同当事人有违约事实，特别是有违约行为并造成损失的，就要承担违约责任。

② 在订立合同时，双方应当在专用条款内约定发（承）包人赔偿承（发）包人损失的计算方法或者发（承）包人应当支付违约金的数额和计算方法。

③ 当事人一方违约后，另一方可按双方约定的担保条款，要求提供担保的第三方承担相应责任。

④ 当事人一方违约后，另一方要求违约方继续履行合同时，违约方承担继续履行合同、采取补救措施或者赔偿损失等责任。

⑤ 当事人一方违约后，对方应当采取适当措施防止损失的扩大，否则不得就扩大的损失要求赔偿。

⑥ 当事人一方因不可抗力不能履行合同时，应对不可抗力的影响部分（或者全部）免除责任，但法律另有规定的除外。当事人延迟履行后发生不可抗力的，不能免除责任。

7.7.4.5　合同争议的解决

合同争议，是指当事人双方对合同订立和履行情况以及不履行合同的后果所产生的纠纷。

（1）施工合同争议的解决方式。合同当事人在履行施工合同时，解决所发生争议、纠纷的方式有和解、调解、仲裁和诉讼等。

① 和解。和解是指争议的合同当事人，依据有关法律规定或合同约定，以合法、自愿、平等为原则，在互谅互让的基础上，经过谈判和磋商，自愿对争议事项达成协议，从而解决分歧和矛盾的一种方法。和解方式无需第三者介入，简便易行，能及时解决争议，避免当事人经济损失扩大，有利于双方的协作和合同的继续履行。

② 调解。调解是指争议的合同当事人，在第三方的主持下，通过其劝说引导，以合法、自愿、平等为原则，在分清是非的基础上，自愿达成协议，以解决合同争议的一种方法。调解有民间调解、仲裁机构调解和法庭调解三种。调解协议书对当事人具有与合同一样的法律约束力。运用调解方式解决争议，双方不伤和气，有利于今后继续履行合同。

③ 仲裁。仲裁也称公断，是双方当事人通过协议自愿将争议提交第三者（仲裁机构）做出裁决，并负有履行裁决义务的一种解决争议的方式。仲裁包括国内仲裁和国际仲裁。仲裁必须经双方同意并约定具体的仲裁委员会。仲裁可以不公开审理从而保守当事人的商业秘密，节省费用，一般不会影响双方日后的正常交往。

④ 诉讼。诉讼是指合同当事人相互间发生争议后，只要不存在有效的仲裁协议，任何一方向有管辖权的法院起诉并在其主持下，为维护自己的合法权益的活动。通过诉讼，当事人的权力可得到法律的严格保护。

除了上述四种主要的合同争议解决方式外，在国际工程承包中，又出现了一些新的有效的解决方式，正在被广泛应用。比如FIDIC（国际咨询工程师联合会）编制的《土木工程施工合同条件》中有关"工程师的决定"的规定。当业主和承包商之间发生任何争端，均应首先提交工程师处理。工程师对争端的处理决定，通知双方后，在规定的期限内，双方均未发出仲裁意向通知，则工程师的决定即被视为最后的决定并对双方产生约束力。

当承包商与业主（或分包商）在合同履行的过程中发生争议和纠纷时，应根据平等协商的原则先行和解，尽量取得一致意见。若双方和解不成，则可要求有关主管部门调解。双方属于同一部门或行业，可由行业或部门的主管单位负责调解；不属于上述情况的可由工程所在地的建设主管部门负责调解；若调解无效，根据当事人的申请，在受到侵害之日起一年之内，可送交工程所在地工商行政管理部门的经济合同仲裁委员会进行仲裁，超过一年期限者，一般不予受理。仲裁是解决经济合同的一项行政措施，是维护合同法律效力的必要手段。仲裁是依据法律、法令及有关政策，处理合同纠纷，责令责任方赔偿、罚款，直至追究有关单位或人员的行政责任或法律责任。处理合同纠纷也可不经仲裁，而直接向人民法院起诉。

一旦合同争议进入仲裁或诉讼，项目经理应及时向企业领导汇报和请示。因为仲裁和诉讼必须以企业（具有法人资格）的名义进行，由企业做出决策。

（2）争议发生后履行合同情况。在一般情况下，发生争议后，双方都应继续履行合同，保持施工连续，保护好已完工程。只有发生下列情况时，当事人方可停止履行施工合同：

① 单方违约导致合同确已无法履行，双方协议停止施工；

② 调解要求停止施工，且为双方接受；

③ 仲裁机关要求停止施工；

④ 法院要求停止施工。

7.7.4.6 合同履行的评价

合同终止后，承包人应对从投标开始直至合同终止的整个过程或达到规定目标的适宜性、充分性、有效性进行合同管理评价，其评价内容有：

① 合同订立过程情况评价；

② 合同条款的评价；

③ 合同履行情况评价；

④ 合同管理工作评价。

7.7.5 施工索赔

7.7.5.1 施工索赔的概念

索赔是在经济活动中，合同当事人一方因对方违约，或其他过错，或无法防止的外因而受到损失时，要求对方给予赔偿或补偿的活动。

在施工项目合同管理中的施工索赔，一般是指承包商（或分包商）向业主（或总承包商）提出的索赔，而把业主（或总承包商）向承包商（或分包商）提出的索赔称为反索赔，广义上统称索赔。

施工索赔是承包商由于非自身原因，发生合同规定之外的额外工作或损失时，向业主提出费用或时间补偿要求的活动。

7.7.5.2 通常可能发生的索赔事件

在施工过程中，通常可能发生的索赔事件如下。

（1）业主没有按合同规定的时间及数量交付设计图纸数量和设计资料，未按时交付合格的施工现场等，造成工程拖延和损失。

（2）工程地质条件与合同规定、设计文件不一致。

（3）业主或监理工程师变更原合同规定的施工顺序，扰乱了施工计划及施工方案，使工程数量有较大增加。

（4）业主指令提高设计、施工、材料的质量标准。

（5）由于设计错误或业主、工程师错误指令，造成工程修改、返工、窝工等损失。

（6）业主和监理工程师指令增加额外工程，或指令工程加速。

（7）业主未能及时支付工程款。

（8）物价上涨，汇率浮动，造成材料价格、工人工资上涨，承包商蒙受较大损失。

（9）国家政策、法令修改。

（10）不可抗力因素等。

7.7.5.3　施工索赔的起因和分类

施工索赔的分类见表7-23。

表7-23　施工索赔的分类

分类标准	索赔类别	索赔起因及相关解释
按索赔的目的分	工期延长索赔	由于非承包商方面原因造成工程延期时，承包商向业主提出的推迟竣工日期的索赔
	费用损失索赔	承包商向业主提出的，要求补偿因索赔事件发生而引起的额外开支和费用损失的索赔
按索赔的原因分	延期索赔	由于业主原因不能按原定计划的时间进行施工所引起的索赔 主要有：发包人未按照约定的时间和要求提供材料设备、场地、资金、技术资料，或设计图纸的错误和遗漏等原因引起停工、窝工
	工程变更索赔	合同中规定施工工作范围的变化而引起的索赔 主要是由于发包人或监理工程师提出的工程变更，由承包人提出但经发包人或监理工程师同意的工程变更；设计变更或设计错误、遗漏，导致工程变更、工作范围改变
	施工加速索赔 （又称赶工索赔、劳动生产率损失索赔）	如果业主要求比合同规定工期提前，或因前段的工程拖期，要求后一阶段弥补已经损失工期，使整个工程按期完工，需加快施工速度而引起的索赔 一般是延期或工程变更索赔的结果 施工加速应考虑加班工资、提供额外监管人员、雇佣额外劳动力、采用额外设备、改变施工方法造成现场拥挤、疲劳作业等使劳动生产率降低
	不利现场条件索赔	合同的图纸和技术规范中所描述的条件与实际情况有实质性不同，或合同中未做描述，但发生的情况是一个有经验的承包商无法预料时所引起的索赔 如复杂的现场水文地质条件或隐藏的不可知的地面条件等
按索赔的合同依据分	合同内索赔	索赔依据可在合同条款中找到明文规定的索赔 这类索赔争议少，监理工程师即可全权处理
	合同外索赔	索赔权利在合同条款内很难找到直接依据，但可来自普通法律，承包商需有丰富的索赔经验方能实现 索赔表现多为违约或违反担保造成的损害 此项索赔由业主决定是否索赔，监理工程师无权决定
	道义索赔 （又称额外支付）	承包商对标价估计不足，虽然圆满完成了合同规定的施工任务，但期间由于克服了巨大困难而蒙受了重大损失，为此向业主寻求优惠性质的额外付款 这是以道义为基础的索赔，既无合同依据，又无法律依据 对这类索赔监理工程师无权决定，只是在业主出于同情时才会超越合同条款给予承包商一定的经济补偿
按索赔处理方式分	单项索赔	在一项索赔事件发生时或发生后的有效期间内，立即进行的索赔 索赔原因单一、责任单一、处理容易
	总索赔 （又称一揽子索赔）	承包商在竣工之前，就施工中未解决的单项索赔，综合起来提出的总索赔 总索赔中的各单项索赔常常是因为较复杂而遗留下来的，加之各单项索赔事件相互影响，使总索赔处理难度大，金额也大

7.7.5.4 施工索赔的程序

（1）意向通知。索赔事件发生时或发生后，承包商应立即通知监理工程师，表明索赔意向，争取支持。

（2）提出索赔申请。索赔事件发生后的有效期内，承包商要向监理工程师提出正式书面索赔申请，并抄送业主。其内容主要是索赔事件发生的时间、实际情况及事件影响程度，同时提出索赔依据的合同条款等。

（3）提交索赔报告。承包商在索赔事件发生后，要立即搜集证据，寻找合同依据，进行责任分析，计算索赔金额，最后形成索赔报告，在规定期限内报送监理工程师，抄送业主。

（4）索赔处理。承包商在索赔报告提交之后，还应每隔一段时间主动向对方了解情况并督促其快速处理，并根据所提出意见随时提供补充资料，为监理工程师处理索赔提供帮助、支持与合作。

监理工程师（业主）接到索赔报告后，应认真阅读和评审，对不合理、证据不足之处提出反驳和质疑，与承包商经常沟通、协商，最后由监理工程师起草索赔处理意见，双方就有关问题协商、谈判。合同内单一索赔，一般协商就可以解决。对于双方争议较大的索赔问题，可由中间人调解解决，或进而由仲裁诉讼解决。施工索赔的程序如图7-28所示。

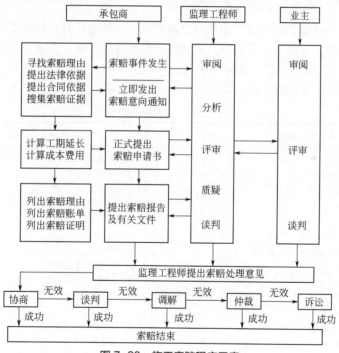

图7-28 施工索赔程序示意

7.7.5.5 索赔报告

索赔报告由承包商编写，应简明扼要，符合实际，责任清晰，证据可靠，计算方法正确，结果无误。索赔报告编制得好坏，是索赔成败的关键。

（1）索赔报告的报送时间和方式。索赔报告一定要在索赔事件发生后的有效期（一般为28d）内报送，过期索赔无效。

对于新增工程量、附加工作等应一次性提出索赔要求，并在该项工程进行到一定程度，能计算出索赔额时，提交索赔报告；对于已征得监理工程师同意的合同外工作项目的索赔，可以在每月上报完成工程量结算单的同时报送。

（2）索赔报告的基本内容

① 题目。高度概括索赔的核心内容，如"关于×××事件的索赔"。

② 事件。陈述事件发生的过程，如工程变更情况、不可抗力发生的过程，以及期间监理工程师的指令、双方往来信函、会谈的经过及纪要，着重指出业主（监理工程师）应承担的责任。

③ 理由。提出作为索赔依据的具体合同条款、法律、法规依据。

④ 结论。指出索赔事件给承包商造成的影响和带来的损失。

⑤ 计算。列出费用损失或工程延期的计算公式（方法）、数据、表格和计算结果，并依此提出索赔要求。

⑥ 综合。总索赔应在上述各分项索赔的基础上提出索赔总金额或工程总延期天数的要求。

⑦ 附录。包括各种证据材料，即索赔证据。

（3）索赔证据。索赔证据是支持索赔的证明文件和资料。它是附在索赔报告正文之后的附录部分，是索赔文件的重要组成部分。证据不全、不足或者没有证据，索赔是不可能成功的。

索赔的证据主要来源于施工过程中的信息和资料。承包商只有平时经常注意这些信息资料的收集、整理和积累，存档于计算机内，才能在索赔事件发生时，快速地调出真实、准确、全面、有说服力、具有法律效力的索赔证据来。

可以直接或间接作为索赔证据的资料很多，详见表7-24。

表7-24   索赔的证据

施工记录方面	财务记录方面
（1）施工日志	（1）施工进度款支付申请单
（2）施工检查员的报告	（2）工人劳动计时卡
（3）逐月分项施工纪要	（3）工人分布记录
（4）施工工长的日报	（4）材料、设备、配件等的采购单
（5）每日工时记录	（5）工人工资单
（6）同业主代表的往来信函及文件	（6）付款收据
（7）施工进度及特殊问题的照片或录像带	（7）收款单据
（8）会议记录或纪要	（8）标书中财务部分的章节
（9）施工图纸	（9）工地的施工预算
（10）业主或其代表的电话记录	（10）工地开支报告
（11）投标时的施工进度表	（11）会计日报表
（12）修正后的施工进度表	（12）会计总账
（13）施工质量检查记录	（13）批准的财务报告
（14）施工设备使用记录	（14）会计往来信函及文件
（15）施工材料使用记录	（15）通用货币汇率变化表
（16）气象报告	（16）官方的物价指数、工资指数
（17）验收报告和技术鉴定报告	

案例：索赔

案例：合同管理

思考与
练习

一、选择题

1. 建设工程项目施工成本管理涉及的时间范围是（ ）。

A. 从施工图预算开始至项目动工为止

B. 从工程投标报价开始至项目竣工结算完成为止

C. 从施工准备开始至项目竣工结算完成为止

D. 从工程投标报价开始至项目保证金返还为止

2. 关于建设工程项目施工成本的说法，正确的是（ ）。

A. 施工成本计划是对未来的成本水平和发展趋势做出估计

B. 施工成本核算是通过实际成本与计划的对比，评定成本计划的完成情况

C. 施工成本考核是通过成本的归集和分配，计算施工项目的实际成本

D. 施工成本管理是通过采取措施，把成本控制在计划范围内，并最大程度地节约成本

3. 下列施工成本管理的措施中，属于组织措施的是（ ）。

A. 选用合适的分包项目合同结构

B. 确定合理的施工成本控制工作流程

C. 确定合适的施工机械、设备使用方案

D. 对施工成本管理目标进行风险分析，并制定防范性对策

4. 关于施工成本控制程序的说法，正确的是（ ）。

A. 管理行为控制程序是成本全过程控制的重点

B. 指标控制程序是对成本进行过程控制的基础

C. 管理行为控制程序是项目成本结果控制的主要内容

D. 管理行为控制程序和指标控制程序在实施过程中相互制约

5. 建设工程项目进度控制的过程包括：①收集资料和调查研究；②进度计划的跟踪检查；③编制进度计划；④根据进度偏差情况纠偏或调整进度计划。其正确的工作步骤是（ ）。

A. ①→③→②→④ 　　　　　　B. ①→②→③→④

C. ①→③→④→② 　　　　　　D. ③→①→②→④

6. 建设工程施工进度控制中，业主方的任务是控制整个项目（ ）的进度。

A. 实施阶段 　　　　　　　　B. 决策阶段

C. 全寿命周期 　　　　　　　D. 使用阶段

7. 如果一个进度计划系统由总进度计划、项目子系统进度计划、项目子系统的单项工程进度计划组成，该进度计划系统是由（ ）的计划组成的计划系统。

A. 不同功能 　　　　　　　　B. 不同项目参与方

C. 不同深度 　　　　　　　　D. 不同周期

8. 下列项目进度控制措施中，属于组织措施的是（ ）。

A. 编制工程网络进度计划 　　B. 编制资源需求计划

C. 编制先进完整的施工方案 　D. 编制进度控制的工作流程

9. 为了实现项目的进度目标，应选择合理的合同结构，以避免过多的合同交界面而影响工程的进展，这属于进度控制的（ ）。

A. 组织措施 　　　　　　　　B. 经济措施

C. 技术措施 　　　　　　　　D. 管理措施

10. 为实现进度目标将要采取的经济激励措施所需要的费用，应在（ ）中考虑加快工程进度所需要的资金。

A. 工程预算
B. 投标报价
C. 投资估算
D. 工程概算

11. 根据《质量管理体系基础和术语》，质量控制的定义是（　　　）。

A. 质量管理的一部分，致力于满足质量要求的一系列相关活动

B. 工程建设参与者为了保证工作项目质量所从事工作的水平和完善程度

C. 对建筑产品具备的满足规定要求能力的程度所做的系统检查

D. 未达到建设工程项目质量要求所采取的作业技术和活动

12. 关于建设工程项目质量风险识别的说法，正确的是（　　　）。

A. 从风险产生的原因分析，质量风险分为自然风险、施工风险、设计风险

B. 可按风险责任单位和项目实施阶段分别进行风险识别

C. 因项目实施人员自身技术水平局限造成错误的质量风险属于管理风险

D. 风险识别的步骤是：分析每种风险的促发因素→画出质量风险结构层次图→将结果汇总成质量风险识别报告

13. 下列影响项目质量的环境因素中，属于管理环境因素的是（　　　）。

A. 项目现场施工组织系统

B. 项目所在地建筑市场规范程度

C. 项目所在地政府的工程质量监督

D. 项目咨询公司的服务水平

14. 某施工总承包单位依法将自己没有足够把握实施的防水工程分包给有经验的分包单位，属于质量风险应对的（　　　）策略。

A. 转移
B. 规避
C. 减轻
D. 自留

15. 建设工程项目质量管理的 PDCA 循环中，质量计划阶段的主要任务是（　　　）。

A. 明确质量目标并制定实现目标的行动方案

B. 展开建设工程项目的施工作业技术活动

C. 对计划实施过程进行科学管理

D. 对质量问题进行原因分析，采取措施予以纠正

16. 关于项目质量控制体系的说法，正确的是（　　　）。

A. 项目质量控制体系需要第三方认证

B. 项目质量控制体系是一个永久性的质量管理体系

C. 项目质量控制体系既适用于特定项目的质量控制，也适用于企业的质量管理

D. 项目质量控制体系涉及项目实施过程所有的质量责任主体

17. 下列项目质量控制体系中，属于质量控制体系第二层次的是（　　　）。

A. 建设单位项目管理机构建立的项目质量控制体系

B. 交钥匙工程总承包企业项目管理机构建立的项目质量控制体系

C. 项目设计总负责单位建立的项目质量控制体系

D. 施工设备安装单位建立的现场质量控制体系

18. 项目质量控制体系运行的核心机制是（　　　）。

A. 约束机制
B. 反馈机制
C. 持续改进机制
D. 动力机制

19. 关于施工安全技术措施要求和内容的说法，正确的是（　　　）。

A. 可根据工程进展需要实时编制

B. 应在安全技术措施中抄录制度性规定

C. 结构复杂的重点工程应编制专项工程施工安全技术措施

D. 小规模工程的安全技术措施中可不包含施工总平面图

20. 关于建设工程安全生产管理预警级别的说法，正确的是（　　）。

A. Ⅰ级预警表示生产活动处于正常状态

B. Ⅳ级预警一般用蓝色表示

C. Ⅱ级预警表示处于事故的上升阶段

D. Ⅲ级预警表示受到事故的严重威胁

21. 某工程施工期间，安全人员发现作业区内有一处电缆井盖遗失，随即在现场设置防护栏及警示牌，并设照明及夜间警示红灯。这是建设安全事故隐患处理中（　　）原则的具体体现。

A. 动态治理

B. 单项隐患综合治理

C. 冗余安全度治理

D. 直接隐患与间接隐患并治

22. 生产经营单位应急预案未按照有关规定备案的，由县级以上（　　）给予警告，并处罚款。

A. 建设主管部门

B. 安全生产监督管理部门

C. 建设工程质量监督机构

D. 人民政府

23. 根据《中华人民共和国招标投标法实施条例》（国务院令613号），投标有效期从（　　）起计算。

A. 提交投标文件的开始之日

B. 购买招标文件的截止之日

C. 提交投标文件的截止之日

D. 招标文件规定的开标之日

24. 在施工合同实施中，"项目经理将各种任务的责任分解，并落实到具体人员"的活动属于（　　）的内容。

A. 合同分析

B. 合同跟踪

C. 合同交底

D. 合同实施控制

25. 下列建设工程项目风险管理工作中，属于风险评估阶段的是（　　）。

A. 确定风险因素

B. 编制项目风险识别报告

C. 确定各种风险的风险量和风险等级

D. 对风险进行监控

26. 下列项目风险管理工作中，属于风险响应的是（　　）。

A. 收集与项目风险有关的信息

B. 监控可能发生的风险并提出预警

C. 确定各种风险的风险量和风险等级

D. 向保险公司投保难以控制的风险

二、简答题

某工程计划执行40d进行检查，如图7-29所示，试分析进度进展情况。如工期允许拖延，试对网络计划进行调整。

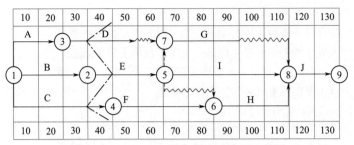

图7-29　计划执行40d进行检查情况（单位：d）

三、质量检查与分析案例

1. 背景

某建设工程项目在施工阶段，对施工现场制作的水泥预制板进行质量检查，抽查了500块，发现其中存在如表7-25所列问题。

表7-25　施工现场制作的水泥预制板进行质量检查结果

序号	存在的问题	数量
1	蜂窝麻面	23
2	局部露筋	10
3	强度不足	4
4	横向裂缝	2
5	纵向裂缝	1
合计		40

2. 问题

（1）应选择哪种统计分析方法来分析存在的问题？

（2）产品的主要质量问题是什么？

四、项目成本分析案例

某项目计划工期为4年，预算总成本为800万元。在项目实施的过程中，通过对成本的核算和有关成本与进度记录得知，在开工后第二年年末的实际情况是：开工后两年末实际成本发生额200万元，所完成工作的计划预算成本额为100万元。与项目预算成本比较可知：当工程过半时，项目的计划成本发生额应该是400万元。项目预算工期图如图7-30所示，试分析项目成本的执行情况和计划完工情况。

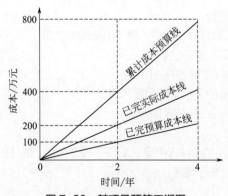

图7-30　某项目预算工期图

五、进度检查与分析案例

已知网络计划如图 7-31 所示，在第 5d 检查时，发现 A 工作已完成，B 工作已进行 1d，C 工作进行 2d，D 工作尚未开始。试用前锋线法和列表比较法，记录和比较进度情况。

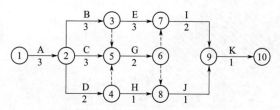

图 7-31　工程网络计划（单位：d）

六、质量检查与分析案例

1. 背景

某一大型基础设施项目，由某基础工程公司承包护坡桩工程。护坡桩混凝土设计强度为 C30。在混凝土护坡桩开始浇筑后，基础工程公司按规定预留了 40 组混凝土试块，根据其抗压强度试验结果，频数分布和频率如表 7-26 所列。

表 7-26　混凝土抗压强度试验结果

组号	分组区间	频数	频率
1	25.15 ~ 26.95	2	0.05
2	26.95 ~ 28.75	4	0.10
3	28.75 ~ 30.55	8	0.20
4	30.55 ~ 32.35	11	0.275
5	32.35 ~ 34.15	7	0.175
6	34.15 ~ 35.95	5	0.125
7	35.95 ~ 37.75	3	0.075

注：每一组的分组区间包含右区间，不包含左区间。

2. 问题

试根据表 7-26 中的资料绘制出直方图，如已知 C30 混凝土强度质量控制范围取值为上限 T_U = 38.2（MPa），下限 T_L = 24.8（MPa），请在直方图上绘出上限、下限，并对混凝土浇筑质量给予全面评价。

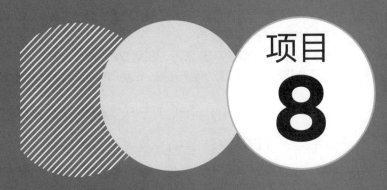

项目
8

工程项目收尾
管理

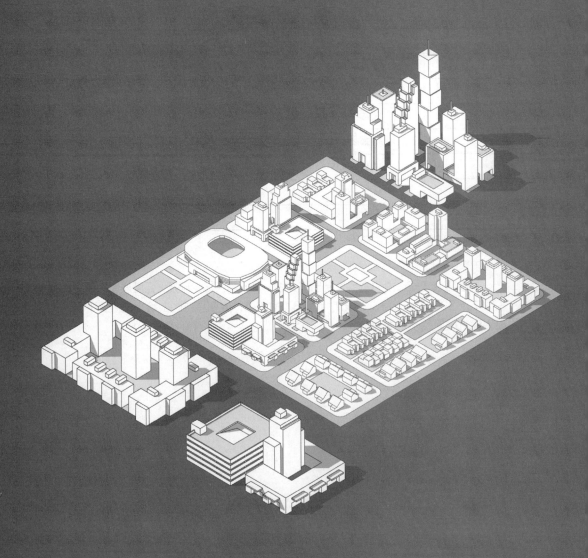

任务8.1

建设工程项目竣工验收阶段管理

建议课时： 1学时

知识目标： 掌握建设工程项目竣工验收的内容、流程与方法。

能力目标： 能编制建设工程项目竣工验收资料。

思政目标： 培养坚持原则、遵章守纪的品质，树立全面质量意识。

竣工验收阶段是建设工程项目建设全过程的终结阶段，当建设工程项目按设计文件及工程合同的规定内容全部施工完毕后，便可组织验收。通过竣工验收，移交建设工程项目产品，对项目成果进行总结、评价，交接工程档案资料，进行竣工结算，终止工程施工合同，结束建设工程项目实施活动及过程，完成建设工程项目管理的全部任务。

8.1.1 竣工验收的概念

（1）项目竣工。建设工程项目竣工是指建设工程项目经过承建单位的准备和实施活动，已完成了项目承包合同规定的全部内容，并符合发包单位的意图，达到了使用的要求，它标志着建设工程项目建设任务的全面完成。

（2）竣工验收。竣工验收是建设工程项目建设环节的最后一道程序，是全面检验建设工程项目是否符合设计要求和工程质量检验标准的重要环节，也是检查工程承包合同执行情况、促进建设项目交付使用的必然途径。我国《建设工程项目管理规范》（GB/T 50326—2017）对施工项目竣工验收的解释为"施工项目竣工验收是承包人按照施工合同的约定，完成设计文件和施工图纸规定的工程内容，经发包人组织竣工验收及工程移交的过程"。

① 施工项目竣工验收。施工项目竣工验收是承包人按照建设工程施工合同的约定，完成设计文件和施工图纸规定的工程内容，经业主组织验收后办理的工程交接手续。

② 建设项目竣工验收。建设项目竣工验收是指建设单位（项目业主）在建设项目按批准的设计文件所规定的内容全部建成后，向使用单位（国有资金建设的工程向国家）交工，接受使用单位（国家）验收的过程。

③ 施工项目和建设项目的竣工验收的区别。从竣工验收的类别、验收对象、验收时间、主持单位、参加单位以及验收目的等方面进行对比，施工项目和建设项目的竣工验收的区别如表8-1所列。

表 8-1 施工项目和建设项目的竣工验收的区别

验收类别	验收对象	验收时间	验收主持单位	验收参加单位	验收目的	二者关系
施工项目竣工验收	单项工程	单项工程完成后	建设单位（业主）	建设单位（业主）、设计、施工单位	交工	初步验收
建设项目竣工验收	项目总体	项目全部建成后	项目主管部门或国家	验收委员会、建设单位	移交固定资产	动用验收

（3）项目竣工验收的主体与客体。建设工程项目竣工验收的主体有交工主体和验收主体两方面，交工主体是承包人，验收主体是发包人。二者均是竣工验收行为的实施者，是互相依附而存在的。建设工程项目竣工验收的客体应是设计文件规定、施工合同约定的特定工程对象，即建设工程项目本身。在竣工验收过程中，应严格规范竣工验收双方主体的行为。对建设工程项目实行竣工验收制度是确保我国基本建设项目顺利投入使用的法律要求。

8.1.2　竣工验收的条件和标准

8.1.2.1　竣工验收的条件

建设工程项目必须具备规定的交付竣工验收条件才能进行竣工验收。具体竣工验收条件如下。

（1）设计文件和合同约定的各项施工内容已经施工完毕，竣工验收条件如下。

① 达到设计标准，符合使用要求。民用建筑工程完工后，承包人按照施工及验收规范和质量检验标准进行自检，不合格品已自行返修或整改，达到验收标准。水、电、暖、设备、智能化、电梯经过试验，符合使用要求。

② 辅助设施达到设计要求。生产性工程、辅助设施及生活设施，按合同约定全部施工完毕，室内外工程全部完成，建筑物、构筑物周围 2m 以内的场地平整，障碍物已清除，给排水、动力、照明、通信畅通，达到设计要求。

③ 工业项目的辅助设施达到生产要求。工业项目的各种管道设备、电气、空调、仪表、通信等设施已全部安装结束，已做完清洁、试压、吹扫、油漆、保温等工序，经过试运转，全部符合工业设备安装施工及验收规范和质量标准的要求。

④ 其他专业工程全部完工达到要求。按照合同的规定和施工图规定的工程内容全部施工完毕，已达到相关专业技术标准，质量验收合格，达到了交工的条件。

（2）有完整并经核定的工程竣工资料，符合验收规定。

（3）有勘察、设计、施工、监理等单位签署确认的工程质量合格文件。工程施工完毕，勘察、设计、施工、监理单位已按各自的质量责任和义务，签署了工程质量合格文件。

（4）工程使用的主要建筑材料、构配件、设备进场的证明及试验报告齐全，竣工验收条件如下。

① 现场使用的主要建筑材料（水泥、钢材、砖、砂、沥青等）应有材质合格证，必须有符合国家标准、规范要求的抽样试验报告。

② 混凝土、砂浆等施工试验报告，应按施工及验收规范和设计规定的要求取样。

③ 混凝土预制构件、钢构件、木构件等应有生产单位的出厂合格证。

④ 设备进场必须开箱检验，并有出厂质量合格证，检验完毕要如实做好各种进场设备的检查验收记录。

⑤ 有施工单位签署的工程质量保修书。

8.1.2.2 竣工验收的标准

（1）达到合同约定的工程质量标准。建设工程合同一经签订，就具有法律效力，对承发包双方都具有约束作用。合同约定的质量标准具有强制性，合同的约束作用规范了承发包双方的质量责任和义务，承包人必须确保工程质量达到双方约定的质量标准，不合格不得交付验收和使用。

（2）符合单位工程质量竣工验收的合格标准。我国国家标准《建筑工程施工质量验收统一标准》（GB 50300—2013）对单位（子单位）工程质量验收合格规定如下：

① 单位（子单位）工程所含分部（子分部）工程的质量均应验收合格；

② 质量控制资料应完整；

③ 单位（子单位）工程所含分部工程有关安全和功能的检测资料应完整；

④ 主要功能项目的抽查结果应符合相关专业质量验收规范的规定；

⑤ 观感质量验收应符合要求。

其他专业工程的竣工验收标准，也必须符合各专业工程质量验收标准的规定。合格标准是工程验收的最低标准，不合格一律不允许交付使用。

（3）单项工程达到使用条件或满足生产要求。组成单项工程的各单位工程都已竣工，单项工程按设计要求完成，民用建筑达到使用条件或工业建筑能满足生产要求，工程质量经检验合格，竣工资料整理符合规定。

（4）建设项目能满足建成投入使用或生产的各项要求。组成建设项目的全部单项工程均已完成，符合交工验收的要求。建设项目能满足使用或生产要求，并应达到以下标准：

① 生产性工程和辅助公用设施已按设计要求建成，能满足生产使用；

② 主要工艺设备配套，设施经试运行合格，形成生产能力，能产出设计文件规定的产品；

③ 必要的设施已按设计要求建成；

④ 生产准备工作能适应投产的需要；

⑤ 其他环保设施、劳动安全卫生、消防系统已按设计要求配套建成。

8.1.3 竣工验收的程序和准备

8.1.3.1 竣工验收的程序

建设工程项目进入竣工验收阶段，是一项复杂而细致的工作，项目管理的各方应加强协作配合，按竣工验收的程序依次进行，认真做好竣工验收工作。竣工验收程序如图8-1所示。

（1）竣工验收准备。工程交付竣工验收前的各项准备工作由项目经理部具体操作实施，项目经理全面负责，要建立竣工收尾小组，做好工程实体的自检，收集、汇总、整理完整的工程竣工资料，扎扎实实做好工程竣工验收前的各项竣工收尾及管理基础工作。

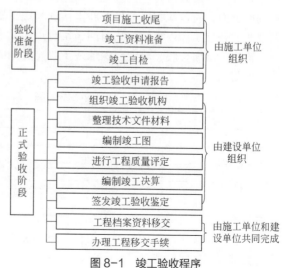

图8-1 竣工验收程序

（2）编制竣工验收计划。计划是行动的指南。项目经理部应认真编制竣工验收计划，并纳入企业施工生产计划进行实施和管理。项目经理部按计划完工并经自检合格的建设工程项目应填写工程竣工报告和工程竣工报验单，提交工程监理机构签署意见。

（3）组织现场验收。首先由工程监理机构依据施工图纸、施工及验收规范和质量检验标准、施工合同等对工程进行竣工预验收，提出工程竣工验收评估报告；然后由发包人对承包人提交的工程竣工报告进行审定，组织有关单位进行正式竣工验收。

（4）进行竣工结算。工程竣工结算要与竣工验收工作同步进行。工程竣工验收报告完成后，承包人应在规定的时间内向发包人递交工程竣工结算报告及完整的结算资料。承发包双方依据工程合同和工程变更等资料，最终确定工程价款。

（5）移交竣工资料。整理和移交竣工资料是建设工程项目竣工验收阶段必不可少且非常细致的一项工作。承包人向发包人移交的工程竣工资料应齐全、完整、准确，要符合国家城市建设档案管理、基本建设项目（工程）档案资料管理和建设工程文件归档整理规范的有关规定。

（6）办理交工手续。工程已正式组织竣工验收，建设、设计、施工、监理和其他有关单位已在工程竣工验收报告上签认，工程竣工结算办完，承包人应与发包人办理工程移交手续，签署工程质量保修书，撤离施工现场，正式解除现场管理责任。

8.1.3.2　竣工验收准备

（1）建立竣工收尾班子。项目进入收尾阶段，大量复杂的工作已经完成，部分剩余工作大多是零碎、分散、工程量不大的工作，往往不被重视，若忽视管理会影响到项目的进行；同时，临近项目结束，项目团队成员难免会有松散的心理，也会影响到收尾工作的正常进行。项目经理是项目管理的总负责人，全面负责建设工程项目竣工验收前的各项收尾工作。项目竣工验收前的组织与管理是项目经理应尽的基本职责。为此，项目经理要亲自挂帅建立竣工收尾班子，成员包括技术负责人、生产负责人、质量负责人、材料负责人、班组负责人等多方面的人员，要明确分工，责任到人，做到因事设岗、以岗定责。以责考核、限期完成工作任务，收尾项目完工要有验证手续，形成完善的收尾工作制度。

（2）制定、落实项目竣工收尾计划。项目经理要根据工作特点、项目进展情况及施工现场的具体条件，负责编制、落实有针对性的竣工收尾计划，并纳入统一的施工生产计划进行管理，以正式计划下达并作为项目管理层和作业层岗位业绩考核的依据之一。竣工收尾计划的内容要准确而全面，应包括收尾项目的施工情况和竣工资料整理，两部分内容缺一不可。竣工收尾计划要明确各项工作内容的起止时间、负责班组及人员。项目经理和技术负责人要把计划的内容层层落实，全面交底，一定要保证竣工收尾计划的完善和可行。竣工收尾计划可参照表 8-2 的格式编制。

表 8-2　施工项目竣工收尾计划

序号	收尾项目名称	工作内容	起止时间	作业队组	负责人	竣工资料	整理人	验证人

（3）竣工收尾计划的检查。项目经理和技术负责人应定期和不定期地对竣工收尾计划的执行情况进行严格的检查。

重要部位要做好详细的检查记录。检查中，各有关方面人员要积极协作配合，对列入竣工收尾计划的各项工作内容要逐项检查。认真核对，要以国家有关法律、行政法规和强制性标准为检查依据，发现偏差要及时纠正，发现问题及时整改。竣工收尾项目按计划完成一项，则按标准验证一项，消除一项，直至全部完成计划内容。

（4）建设工程项目竣工自检。项目经理部在完成施工项目竣工收尾计划，并确认已经达到了竣工的条件后，即可向所在企业报告，由企业自行组织有关人员依据质量标准和设计图纸等进行自检，填写工程质量竣工验收记录、质量控制资料核查记录、工程质量观感记录表等资料，对检查结果进行评定，符合要求后向建设单位提交工程验收报告和完整的质量资料，请建设单位组织验收。

具体来说，如果建设工程项目是承包人一家独立承包，应由企业技术负责人组织项目经理部的项目经理、技术负责人、施工管理人员和企业的生产、质检等部门对工程质量进行检验评定，并做好质量检验记录；如果建设工程项目实行的是总分包管理模式，则首先由分包人按质量验收标准对工程进行自检，并将验收结论及资料交总包人。总包人据此对分包工程进行复检和验收，并进行验收情况汇总。无论采用总包还是分包方式，自检合格后，总包人都要向工程监理机构递交工程竣工报验单，监理机构据此按《建设工程监理规范》（GB 50319—2013）的规定对工程是否符合竣工验收条件进行审查，符合竣工验收条件的予以签认。

（5）竣工验收预约。承包人全面完成工程竣工验收前的各项准备工作，经监理机构审查验收合格后，承包人向发包人递交预约竣工验收的书面通知，说明竣工验收前的各项工作已准备就绪，满足竣工验收条件。预约竣工验收的通知书应表达两个含义：一是承包人按施工合同的约定已全面完成建设工程施工内容，预验收合格；二是请发包人按合同的约定和有关规定，组织建设工程项目的正式竣工验收。

8.1.4　建设工程项目竣工资料

建设工程项目竣工资料是建设工程项目承包人按工程档案管理及竣工验收条件的有关规定，在工程施工过程中按时收集，认真整理，竣工验收后移交发包人汇总归档的技术与管理文件，是记录和反映建设工程项目实施全过程的工程技术与管理活动的档案。

在建设工程项目的使用过程中，竣工资料有着其他任何资料都无法替代的作用，它是建设单位在使用中对建设工程项目进行维修、加固、改建、扩建的重要依据，也是对建设工程项目的建设过程进行复查、对建设投资进行审计的重要依据。因此，从工程建设一开始，承包单位就应设专门的资料员按规定负责及时收集、整理和管理这些档案资料，不得丢失和损坏。在建设工程项目竣工以后，工程承包单位必须按规定向建设单位正式移交这些工程档案资料。

8.1.4.1　竣工资料的内容

工程竣工资料必须真实记录和反映项目管理全过程的实际，它的内容必须齐全、完整。按照我国《建设工程项目管理规范》的规定，竣工资料的内容应包括工程施工技术资料、工程质量保证资料、工程检验评定资料、竣工图和规定的其他应交资料。

（1）工程施工技术资料。工程施工技术资料是建设工程施工全过程的真实记录，是在施工全过程的各环节客观产生的工程施工技术文件，它的主要内容有：工程开工报告（包括复工报告）；项目经理部及人员名单、聘任文件；施工组织设计（施工方案及图纸会审记录或纪要）；

技术交底记录；设计变更通知；技术核定单；地质勘察报告；工程定位测量资料及复核记录；基槽开挖测量资料；地基钎探记录和钎探平面布置图；验槽记录和地基处理记录；桩基施工记录；试柱记录和补桩记录；沉降观测记录；防水工程抗渗试验记录；混凝土浇灌令；商品混凝土供应记录；工程复核记录；工程质量事故报告；工程质量事故处理记录；施工日志；建设工程施工合同，补充协议工程竣工报告；工程竣工验收报告；工程质量保修书；工程预（结）算书；竣工项目一览表；施工项目总结。

（2）工程质量保证资料。工程质量保证资料是建设工程施工全过程中全面反映工程质量控制和保证的依据性证明资料，应包括原材料、构配件、器具及设备等的质量证明、合格证明、进场材料试验报告等。各专业工程质量保证资料的主要内容从6个方面表述于表8-3中。

表8-3 各专业工程质量保证资料的主要内容

质量保证资料分类	主要内容	质量保证资料分类	主要内容
（1）土建工程主要质量保证资料	① 钢材出厂合格证、试验报告 ② 焊接试（检）验报告、焊条（剂）合格证 ③ 水泥出厂合格证或试验报告 ④ 砖出厂合格证或试验报告 ⑤ 防水材料合格证或试验报告 ⑥ 构件合格证 ⑦ 混凝土试块试验报告 ⑧ 砂浆试块试验报告 ⑨ 土壤试验、打（试）柱记录 ⑩ 地基验槽记录 ⑪ 结构吊装、结构验收记录 ⑫ 隐蔽工程验收记录 ⑬ 中间交接验收记录等	（3）建筑电气安装主要质量保证资料	①主要电气设备、材料合格证 ② 电气设备试验、调整记录 ③ 绝缘、接地电阻测试记录 ④ 隐蔽工程验收记录等
		（4）通风与空调工程主要质量保证资料	①材料、设备出厂合格证 ② 空调调试报告 ③ 制冷系统检验、试验记录 ④ 隐蔽工程验收记录等
		（5）电梯安装工程主要质量保证资料	①电梯及附件材料合格证 ② 绝缘、接地电阻测试记录 ③ 空、满、超载运行记录 ④ 调整试验报告等
（2）建筑采暖卫生与煤气工程主要质量保证资料	① 材料、设备出厂合格证 ② 管道、设备强度、焊口检查和严密性试验记录 ③ 系统清洗记录 ④ 排水管潜水、通水、通球试验记录 ⑤ 卫生洁具盛水试验记录 ⑥ 锅炉、烘炉、煮炉设备试运转记录	（6）建筑智能化工程主要质量保证资料	①材料、设备出厂合格证、试验报告 ② 隐蔽工程验收记录 ③ 系统功能与设备调试记录

（3）工程检验评定资料。工程检验评定资料是建设工程施工全过程中按照国家现行工程质量检验标准，对建设工程项目进行单位工程、分部工程、分项工程的划分，再由分项工程、分部工程、单位工程逐级对工程质量做出综合评定的资料。工程检验评定资料的主要内容有：

① 施工现场质量管理检查记录；

② 检验批质量验收记录；

③ 分项工程质量验收记录；

④ 分部（子分部）工程质量验收记录；

⑤ 单位（子单位）工程质量竣工验收记录；

⑥ 单位（子单位）工程质量控制资料核查记录；

⑦ 单位（子单位）工程安全和功能检验资料核查及主要功能抽查记录；

⑧ 单位（子单位）工程观感质量检查记录等。

（4）竣工图。竣工图是真实反映建设工程竣工后实际成果的重要技术资料，是建设工程进行竣工验收的备案资料，也是建设工程进行维修、改建、扩建的主要依据。

工程竣工后，有关单位应及时编制竣工图，工程竣工图应逐张加盖"竣工图"章。"竣工图"章的内容应包括：发包人、承包人、监理人等单位名称，图纸编号，编制人，审核人，负责人，编制时间等。具体情况如下。

① 没有变更的施工图，可由承包人（包括总包和分包）在原施工图上加盖"竣工图"章标志，即作为竣工图。

② 在施工中对于只有一般性设计变更，能将原施工图加以修改补充作为竣工图的，可不再重新绘制，由承包人负责在原施工图（必须是新蓝图）上注明修改的部分，并附设计变更通知和施工说明，加盖"竣工图"章标志后可作为竣工图。

③ 建设工程项目结构形式改变、工艺改变、平面布置改变、项目改变及其他重大改变，不宜在原施工图上修改、补充的，由责任单位重新绘制改变后的竣工图。承包人负责在新图上加盖"竣工图"章标志作为竣工图。变更责任单位如果是设计人，由设计人负责重新绘制；责任单位是承包人，由承包人重新绘制；责任单位若是发包人，则由发包人自行绘制或委托设计人员绘制。

（5）规定的其他应交资料

① 地方行政法规、技术标准已有规定的应交资料。

② 施工合同约定的其他应交资料等。

8.1.4.2　竣工资料的收集整理

（1）竣工资料的收集整理要求

① 工程竣工资料要真实可靠，必须如实反映建设工程项目建设全过程，资料的形成应符合其规律性和完整性，填写时做到字迹清楚、数据准确、签字手续完备、齐全可靠。

② 工程竣工资料的收集和整理，应建立制度，根据专业分工的原则实行科学收集，定向移交，归口管理，要做到竣工资料不损坏、不变质和不丢失，组卷时符合规定。

③ 工程竣工资料整理应是随施工进度进行及时收集和整理的动态过程，发现问题及时处理、整改，不留尾巴。

④ 整理工程竣工资料的依据：一是国家有关法律、法规、规范对工程档案和竣工资料的规定；二是现行建设工程施工及验收规范和质量评定标准对资料内容的要求；三是国家和地方档案管理部门以及工程竣工备案部门对工程竣工资料移交的规定。

（2）竣工资料的分类组卷

① 一般单位工程，文件资料不多时，可将文字资料与图纸资料组成若干盒，分六个案卷，即立项文件卷、设计文件卷、施工文件卷、竣工文件卷、声像材料卷、竣工图卷。

② 综合性大型工程，文件资料比较多，则各部分根据需要可组成一卷或多卷。

③ 文件材料和图纸材料原则上不能混装在一个装具内，如果文件材料较少需装在一个装具内时，文件材料必须用软卷皮装订，图纸不装订，然后装入硬档案盒内。

④ 卷内文件材料排列顺序要依据卷内的材料构成而定，一般顺序为封面、目录、文件材料部分、备考表、封底，组成的案卷力求美观、整齐。填写目录应与卷内材料内容相符；编写页号以独立卷为单位，单面书写的文字材料页号编在右下角。双面书写的文字材料页号，正面编写在右下角，背面编写在左下角，图纸一律编写在右下角，按卷内文件排列先后用阿拉伯数字从"1"开始依次标注。

⑤ 图纸折叠方式采用图面朝里、图签外露（右下角）的国标技术制图复制折叠方法。

⑥ 案卷和装具的采用应符合国家标准《建设工程文件归档规范》(GB/T 50328—2014)，外装尺寸为300mm(高)×220mm(宽)，卷盒厚度尺寸分别为60mm、50mm、40mm、30mm、20mm五种。

8.1.4.3　竣工资料的移交验收

竣工资料的移交验收是建设工程项目交付竣工验收的重要内容。建设工程项目的交工主体即承包人在建设工程竣工验收后，一方面要把完整的建设工程项目实体移交给发包人，另一方面要把全部应移交的竣工资料交给发包人。交付竣工验收的建设工程项目必须有与竣工资料目录相符的分类组卷档案。

（1）竣工资料的归档范围。凡是列入归档范围的竣工资料，承包人都必须按规定将自己责任范围内的竣工资料按分类组卷的要求移交给发包人，发包人对竣工资料验收合格后，将全部竣工资料整理汇总，按规定向档案主管部门移交备案。竣工资料的归档范围应符合《建设工程文件归档规范》（GB/T 50328—2014）（2019年版）的规定。

（2）竣工资料的交接要求。总包人必须对竣工资料的质量负全面责任，对各分包人做到"开工前有交底，施工中有检查，竣工时有预检"，确保竣工资料达到一次交验合格。总包人根据总分包合同的约定，负责对分包人的竣工资料进行中检和预检，需要整改的待整改完成后再进行整理汇总，一并移交发包人。承包人根据建设工程施工合同的约定，在建设工程竣工验收后，按规定和约定的时间，将全部应移交的竣工资料交给发包人，并应符合城建档案管理的要求。

（3）竣工资料的移交验收。在竣工资料的移交验收阶段，发包人接到竣工资料后，应根据竣工资料移交验收办法和国家及地方有关标准的规定，组织有关单位的项目负责人、技术负责人对资料的质量进行检查，验证手续是否完备，应移交的资料项目是否齐全，所有资料符合要求后，承发包双方按编制的移交清单签字、盖章，按资料归档要求双方交接，竣工资料交接验收完成。

8.1.5　建设工程项目竣工验收管理

建设工程项目进入竣工阶段，承发包双方和工程监理机构应加强配合协调，按竣工验收管理工作的基本要求按照程序进行，为建设工程项目竣工验收的开展创造条件。

8.1.5.1　竣工验收的方式

竣工验收的方式因承包的建设工程项目范围不同会有所不同。如果一个建设项目分成若干个合同由不同的承包商负责实施，各承包商在完成了合同规定的工程内容后或者按合同的约定承包项目可分步移交的，均可申请交工验收。一般来说，工程交付竣工验收可以按以下三种方式分别进行。

（1）单位工程（或专业工程）竣工验收。单位工程（或专业工程）竣工验收是指承包人以单位工程或某专业工程内容为对象，独立签订建设工程施工合同，达到竣工条件后，承包人可单独进行交工，发包人根据竣工验收的依据和标准，按施工合同约定的工程内容组织竣工验收。单位工程（或专业工程）竣工验收又称为中间验收。

（2）单项工程竣工验收。单项工程竣工验收又称交工验收，是指在一个总体建设项目中，一个单项工程已按设计图纸规定的工程内容完成，能满足生产要求或具备使用条件。承包人向监理人提交"工程竣工报告"和"工程竣工报验单"，经签认后应向发包人发出"交付竣工验收通知书"，说明工程完工情况、竣工验收准备情况、设备无负荷单机试车情况，具体约定交付竣工验收的有关事宜。发包人按照约定的程序，依照国家颁布的有关技术标准和施工承包合同，组织有关单位和部门对工程进行竣工验收。验收合格的单项工程，在全部工程验收时，原则上不再办理验收手续。

（3）全部工程的竣工验收。全部工程的竣工验收是指建设项目已按设计规定全部建成、达到竣工验收条件，由发包人组织设计、施工、监理等单位和档案部门进行全部工程的竣工验收。对一个建设项目的全部工程竣工验收而言，大量的竣工验收基础工作已在单位工程或单项工程竣工验收中进行了。对已经交付竣工验收的单位工程（中间交工）或单项工程并已办理了移交手续的，原则上不再重复办理验收手续，但应将单位工程或单项工程竣工验收报告作为全部工程竣工验收的附件加以说明。全部工程的竣工验收又称动用验收。

8.1.5.2　竣工验收的依据

建设工程项目进行竣工验收的依据，实质上就是承包人在工程建设过程中建设的依据，主要包括以下依据。

（1）主管部门文件。包括设计任务书或可行性研究报告，用地、征地、拆迁文件，初步设计文件等。

（2）工程设计文件。包括施工图纸及有关说明。

（3）国家标准和规范。包括现行的工程施工及验收、工程质量检验评定等相关规范和标准。

（4）双方签订的施工合同。

（5）设计变更通知书。它是对施工图纸的修改和补充。

（6）设备技术说明书。它是进行设备安装调试、检验、试车、验收和处理设备质量、技术等问题的重要依据。

（7）外资工程有关规定。外资工程应依据我国有关规定提交竣工验收文件。国家规定，凡有引进技术和引进设备的建设项目，要做好引进技术和引进设备的图纸、文件的收集和整理工作，并交档案部门统一管理。

8.1.5.3　工程竣工验收报验

承包人完成工程设计和施工合同以及其他文件约定的全部内容，工程质量经自检合格，各项竣工资料准备齐全，确认具备工程竣工报验的条件，承包人即可填写并递交"工程竣工报告"和"工程竣工报验单"。

8.1.5.4　工程竣工验收组织

发包人收到承包人递交的"交付竣工验收通知书"后，应及时组织勘察、设计、施工、监理等单位，按照竣工验收程序对工程进行验收核查。

（1）组建竣工验收委员会或验收小组。大型项目、重点工程、技术复杂的工程，根据需要应组成验收委员会；一般建设工程项目，组成验收小组即可。竣工验收工作由发包人组织，主要参加人员有发包方，勘察、设计、总承包及分包单位的负责人、发包单位的工地代表、建设主管部门、备案部门的代表等。

（2）竣工验收委员会或验收小组的职责

① 审查项目建设的各个环节，听取各单位的情况汇报；

② 审阅工程竣工资料；

③ 实地考察建筑工程及设备安装工程情况；

④ 全面评价项目的勘察、设计、施工和设备质量以及监理情况，对工程质量进行综合评估；

⑤ 对遗留问题做出处理决定；

⑥ 形成工程竣工验收会议纪要；

⑦ 签署工程竣工验收报告。

（3）建设单位组织竣工验收

① 汇报与检查。由建设单位组织，建设、勘察、设计、施工、监理单位分别汇报工程合同履约情况和工程建设各个环节执行法律、法规和工程建设强制性标准的情况。

② 审阅各种竣工资料。验收组人员应对照资料目录清单，逐项进行检查，看其内容是否齐全，符合要求。

③ 实地查验工程质量。参加验收各方，应对竣工项目实体进行目测检查。

④ 全面评价。对工程勘察、设计、施工、监理单位各管理环节和工程实物质量等方面做出全面评价，形成经验收组人员签署的工程竣工验收意见。

⑤ 协商与仲裁。参与工程竣工验收的建设、勘察、设计、施工、监理单位等各方不能形成一致意见时，应当协商提出解决的方法，待意见一致后，重新组织竣工验收。当不能协商解决时，由建设行政主管部门或者其委托的建设工程质量监督机构裁决。

⑥ 签署工程竣工验收报告。工程竣工验收合格后，建设单位应当及时提出签署"工程竣工验收报告"，由参加竣工验收的各单位代表签名，并加盖竣工验收各单位的公章。

8.1.5.5　办理工程移交手续

工程通过竣工验收，承包人应在发包人对竣工验收报告签认后的规定期限内向发包人递交竣工结算和完整的结算资料，在此基础上承发包双方根据合同约定的有关条款进行工程竣工结算。承包人在收到工程竣工结算款后，应在规定期限内向发包人办理工程移交手续。具体内容如下。

（1）现场移交。向发包人移交钥匙时，建设工程项目室内外应清扫干净，达到窗明、地净、灯亮、水通、排污畅通、动力系统可以使用。此过程即按竣工项目一览表在现场移交工程实体。

（2）资料移交。按竣工资料目录交接工程竣工资料，资料的交接应在规定的时间内，按工程竣工资料清单目录进行逐项交接，办清交验签章手续。

（3）签署质量保证书。办理工程移交手续时，要按工程质量保修制度签署工程质量保修书。原施工合同中未包括工程质量保修书附件的，在移交竣工工程时应按有关规定签署或补签工程质量保修书。

（4）撤离现场。承包人在规定时间内按要求撤出施工现场，解除施工现场全部管理责任。

（5）交接的其他事宜。

8.1.6　工程竣工结算

8.1.6.1　工程竣工结算的概念

工程竣工结算是指施工单位所承包的工程按照合同规定的内容全部竣工并经建设单位和有关部门验收后，由施工单位根据施工过程中实际发生的变更情况对原施工图预算或工程合同造价进行增减调整修正，再经建设单位审查，重新确定工程造价并作为施工单位向建设单位办理工程价款清算的技术经济文件。

竣工结算的目的在于建设工程项目开工前，编制或确定施工图预算或工程合同价。但是在施工过程中，工程地质条件的变化、设计考虑不周或设计意图的改变、材料的代换、工程量的增减、施工图的设计变更、施工现场发生的各种签证等多种因素，都会使原施工图预算或工程合同确定的工程造价发生变化，为了如实地反映竣工工程实际造价，在建设工程项目竣工后，应及时编制竣工结算。

8.1.6.2　工程竣工结算的编制依据

（1）工程竣工报告及工程竣工验收单。

（2）经审查的施工图预算或中标价格。

（3）施工图纸及设计变更通知单、施工现场工程变更记录、技术经济签证。

（4）建设工程施工合同或协议书。

（5）预算定额、取费定额及调价规定。

（6）有关施工技术资料。

（7）工程质量保修书。

（8）其他有关资料。

8.1.6.3　工程竣工结算的作用

（1）竣工结算是施工单位与建设单位结算工程价款的依据。

（2）竣工结算是建设单位编制竣工决算的主要依据。

（3）竣工结算是建设单位、设计单位及施工单位进行技术经济分析和总结工作，以便不断提高设计水平与施工管理水平的依据。

（4）竣工结算是核定施工企业生产成果，考核工程实际成本的依据。

（5）竣工结算工作完成以后，标志着施工单位和建设单位双方权利和义务的结束，即双方合同关系的解除。

8.1.6.4　工程竣工结算的编制原则

（1）具备结算条件的项目，才能编制竣工结算。具体内容如下。

① 结算的建设工程项目必须是已经完成的项目，对于未完成的工程不能办理竣工结算。

② 结算的项目必须是质量合格的项目，也就是说并不是对承包商已完成的工程全部支付，而是支付其中质量合格的部分。对于工程质量不合格的部分应返工，待质量合格后才能结算。返工消耗的工程费用，不能列入工程结算。

（2）确定竣工结算应实事求是。工程竣工结算一般是在施工图预算或工程合同价的基础上，根据施工中所发生更改变动的实际情况，调整、修改预算或合同价进行编制的。所以在工程结算中要坚持实事求是的原则，施工中发生并经有关人员签认的变更，才可以计算变更的费用，根据实际情况进行增减。

（3）严格遵守国家和地区的各项有关规定，严格履行合同条款。工程竣工结算要符合国家或地区的法律、法规及定额、费用的要求，严格禁止在竣工结算中弄虚作假。

8.1.6.5　工程价款结算的方式

工程价款结算的方式，根据施工合同的约定，主要有以下几种。

（1）按月结算。即实行旬末或月中预支，月中结算，竣工后清算的办法。跨年度竣工的工程，在年终进行工程盘点，办理年度结算。

（2）竣工后一次结算。即建设项目或单位工程全部建筑安装工程建设期在 12 个月以内，或者工程承包合同价值在 100 万元以下的，可实行工程价款每月月中预支，竣工后一次结算。

（3）分段结算。即当年开工，当年不能竣工的单项工程或单位工程按照工程形象进度，划分不同阶段进行结算。分段结算可以按月预支工程款。

（4）承发包双方约定的其他结算方式。

8.1.6.6　工程竣工结算的有关规定

住房和城乡建设部和国家市场监督管理总局制定的《建设工程施工合同（示范文本）》通用条款中对竣工结算做了详细规定，这些规定对于规范工程竣工结算行为具有一定的意义。

（1）承包人应当在工程竣工验收合格后约定的期限内提交竣工结算文件。

（2）发包人收到承包人递交的竣工结算报告及结算资料后的约定期限内进行核实并予以答复。逾期未答复的，竣工结算文件视为已被认可。

（3）发包人对竣工结算文件有异议，应当在答复期内向承包人提出，并可以在提出之日起的约定期限内与承包人协商。

（4）发包人在协商期内未与承包人协商或者经协商未能与承包人达成协议，应当委托工程造价咨询单位进行竣工核算审核。

（5）发包人应当在协商期满后的约定期内向承包人提出工程造价咨询单位出具的竣工核算审核意见。

（6）办完竣工结算手续后，承包人和发包人应按国家和当地建设行政主管部门的规定，将竣工结算报告及结算资料按分类管理的要求纳入工程竣工资料汇总。承包人将其作为工程施工技术资料归档，发包人则作为编制工程竣工决算的依据，并按规定及时向有关部门移交进行竣工备案。

8.1.6.7　工程竣工结算的编制与检查

（1）工程竣工结算的编制内容。工程竣工结算的编制内容主要有：单位工程竣工结算书；单项工程综合结算书；项目总结算书；竣工结算说明书。

① 单位工程竣工结算书。单位工程竣工结算书是工程结算中最基本的内容，如果合同约定的建设工程项目就是单位工程，则单位工程竣工结算书要求的内容即为工程竣工结算编制的内容，一般包括以下几项。

a. 封面。内容包括工程名称、建设单位、建筑面积、结构类型、层数、结算造价、编制日期等，还包括建设单位、施工单位、审批单位及编制人、复核人、审核人的签字盖章。

b. 编制说明。内容包括工程概况、编制依据、结算范围、变更内容、双方协商处理的事项及其他必须说明的问题。

c. 工程结算总值计算表。内容包括各地建设行政主管部门规定的建设工程费用项目。

d. 工程结算表。内容包括定额编号、分部分项工程名称、单位、工程量、基价、合价、人工费、材料费、机械费等。

e. 工程量增减计算表。内容包括工程量增加部分和减少部分计算的过程与结果。

f. 材料价差计算表。内容包括增加的和减少的材料名称、数量、价差等。

② 单项工程综合结算书。如果建设工程项目是由多个单位工程构成的，则将各单位工程竣工结算书汇总，即可得出单项工程竣工综合结算书。

③ 项目总结算书。由多个单项工程构成的建设项目，将各单项工程综合结算书按规定格式汇总，即为建设项目总结算书。

④ 竣工结算说明书。

（2）工程竣工结算的编制方法。编制工程竣工结算，应按承发包双方约定的方法进行。一般是在原工程预算或合同价的基础上，按以下步骤进行。

① 根据所收集、整理的各种结算资料，如设计变更、技术核定、现场签证、工程量核定单等，先进行工程量的增减调整计算。

② 进行相应的直接费的增减调整计算。

③ 按取费标准的规定计算各项费用。

④ 进行汇总，形成单位工程结算造价。根据工程具体情况汇总即可得出单项工程结算或建设项目总结算。即

$$竣工结算工程价款=工程预算或合同款价款价+工程变更及签证调整数额$$
$$-预付及已结算工程价款$$

（3）工程竣工结算的检查。工程竣工结算编制完成后，项目经理部要组织熟悉工程施工情况和预结算的有关专业人员进行认真细致的检查核对，以确保竣工结算造价的准确合理，公平公正。检查要有针对性，重点检查以下几方面。

① 设计变更和现场签证等结算资料是否齐全。

② 项目设置是否完整，有无沉项或重项。

③ 工程量的数量是否准确，有无少算、多算或计算错误。

④ 定额单价的套用及各项费率的选用是否合理，有无套错定额或重复套价。

⑤ 结算造价的计算程序是否正确，如果计算程序选错了，结果会有较大的出入。

验收相关表格示例

任务8.2

建设工程项目产品回访与保修

建议课时： 1学时

知识目标： 掌握建设工程项目回访的内容与方法，掌握建设工程项目保修的内容与程序。

能力目标： 能进行建设工程项目回访，能办理建设工程项目保修手续。

思政目标： 培养坚守诚信的品质，树立为用户服务的观念；树立全面质量意识。

8.2.1 建设工程项目产品回访与保修概述

8.2.1.1 建设工程项目产品回访与保修的含义

我国已经把工程交工后保修确定为我国的一项基本法律制度。建设工程质量保修是指建设

工程项目在办理竣工验收手续后，在规定的保修期限内，因勘察、设计、施工、材料等原因造成的质量缺陷，应当由施工承包单位负责维修、返工或更换，由责任单位负责赔偿损失。这里的质量缺陷是指工程不符合国家或行业现行的有关技术标准、设计文件及合同中对质量的要求等。

建设工程项目竣工验收交接后，建设工程项目的承包人应按照法律的规定和施工合同的约定，认真履行建设工程项目产品的回访与保修义务。在双方约定的质量保修期内，承包人应向使用人提供"工程质量保修书"中承诺的保修服务，并按照谁造成的质量问题由谁承担经济责任的原则处理经济问题。

回访是一种产品售后服务的方式，建设工程项目回访广义来讲是指建设工程项目的设计、施工、设备及材料供应等单位，在工程竣工验收交付使用后，自签署工程质量保修书起的一定期限内，主动去了解项目的使用情况和设计质量、施工质量、设备运行状态及用户对维修方面的要求，从而发现产品使用中的问题并及时地去处理。

8.2.1.2　建设工程项目产品回访与保修的依据

（1）《建筑法》。《建筑法》第六十二条规定：建筑工程实行质量保修制度。具体的保修范围和最低保修期限由国务院规定。

（2）《民法典》。《民法典》规定：建设工程施工合同的内容包括质量保修范围和质量保证期；因施工人员的原因致使建设工程质量不符合约定的，发包人有权要求施工人员在合理期限内无偿修理或者返工、改建。

（3）《建设工程质量管理条例》。《建设工程质量管理条例》第三十九条规定："建设工程实行质量保修制度。建设工程承包单位在向建设单位提交工程竣工验收报告时，应当向建设单位出具质量保修书。质量保修书中应当明确建设工程的保修范围、保修期限和保修责任等。"

（4）《建设工程项目管理规范》。《建设工程项目管理规范》规定：回访保修的责任应由承包人承担，承包人应建立施工项目交工后的回访与保修制度，听取用户意见，提高服务质量，改进服务方式；承包人应建立与发包人及用户的服务联系网络，及时取得信息，并按计划、实施、验证、报告的程序，搞好回访与保修工作。

8.2.2　建设工程项目保修

8.2.2.1　建设工程项目产品保修范围与保修期

（1）保修范围。一般来说，各种类型的建筑工程及建筑工程的各个部位都应该实行保修。《建筑法》中规定：建筑工程的保修范围应当包括地基基础工程、主体结构工程、屋面防水工程和其他土建工程，以及电气管线、上下水管线的安装工程，供热、供冷系统工程等项目。

（2）保修期。保修期的长短直接关系到承包人、发包人及使用人的经济责任大小。根据《建设工程项目管理规范》规定：建筑工程保修期为自竣工验收合格之日起计算，在正常使用条件下的最低保修期限。

《建设工程质量管理条例》规定，在正常使用条件下建设工程的最低保修期限为：

① 基础设施工程、房屋建筑的地基基础工程和主体结构工程，为设计文件规定的该工程的合理使用年限；

② 屋面防水工程、有防水要求的卫生间、房间和外墙面的防渗漏，为 5 年；

③ 供热与供冷系统，为 2 个采暖期、供冷期；

④ 电器管线、给排水管道、设备安装和装修工程，为 2 年。

其他项目的保修期限由发包方与承包方在"工程质量保修书"中具体约定。

8.2.2.2　保修期责任

（1）属于设计方的原因。由于设计原因造成的质量缺陷，应由设计方承担经济责任。当由承包方进行维修时，其费用数额可按合同约定，通过发包方向设计者索赔，不足部分由发包方补偿。

（2）属于承包方的原因。由于承包方未严格按照国家现行施工及验收规范、工程质量验收标准、设计文件要求和合同约定组织施工，造成的工程质量缺陷，所产生的工程质量保修，应当由承包方负责修理并承担经济责任。

（3）属于发包方的原因。由于发包方供应的建筑材料、构配件或设备不合格造成的工程质量缺陷，或由发包方指定的分包方造成的质量缺陷，均应由发包方自行承担经济责任。

（4）属于使用方的原因。由于使用方未经许可自行改建造成的质量缺陷，或由于使用方使用不当造成的损坏，均应由使用方自行承担经济责任。

（5）其他原因。由于地震、洪水、台风等不可抗力原因造成的损坏或非施工原因造成的事故，不属于规定的保修范围，承包方不承担经济责任。负责维修的经济责任由国家根据具体政策规定。

（6）在保修期后的建筑物合理使用寿命内，因建设工程使用功能的缺陷造成的工程使用损害，由建设单位负责维修，并承担责任方的赔偿责任。不属于承包方保修范围的工程，但发包方或使用方有意委托承包方修理、维护时，承包方应提供服务，并在双方签订的协议中明确服务的内容和质量要求，费用由发包方或使用方按协议约定的方式承担。

（7）保修保险。有的项目经发包方和承包方协商，根据工程的合理使用年限，采用保修保险方式。该方式不需要扣保留金，保险费由发包方支付，承包方应按约定的保修承诺，履行其保修职责和义务。推行保修保险可以有效地转移和规避工程的风险，符合国际惯例做法，对承发包双方都有利。

8.2.2.3　保修做法

（1）发送保修书。在工程竣工验收的同时，施工单位应向建设单位发送"房屋建筑工程质量保修书"。工程质量保修书属于工程竣工资料的范围，它是承包方对工程质量保修的承诺。其内容主要包括保修范围和内容、保修时间、保修责任、保修费用等。

（2）填写"工程质量修理通知书"。在保修期内，建设工程项目出现质量问题影响使用，使用人应填写"工程质量修理通知书"告知承包人，注明质量问题及部位、联系维修方式，要求承包人派人前往检查修理。修理通知书发出日期为约定起始日期，承包人应在 7d 内派出人员执行保修任务。

（3）实施保修服务。承包人接到"工程质量修理通知书"后，必须尽快派人前往检查，并会同做关单位和人员共同做出鉴定，提出修理方案。明确经济责任，组织人力、物力进行修理，履行工程质量保修的承诺。

（4）验收。承包人将发生的质量问题处理完毕后，要在保修证书的"保修记录"栏内做好记录，并经建设单位验收签认，以表示修理工作完结。涉及结构安全问题的应当报当地建设行政主管部门备案。涉及经济责任为其他人的，应尽快办理。

8.2.3　建设工程项目回访

8.2.3.1　回访工作计划

工程交工验收后，承包人应该及时编制回访工作计划，做到有计划、有组织、有步骤地对每项已交付使用的建设工程项目主动进行回访。回访工作计划应包括以下内容。

（1）主管回访保修业务的部门。

（2）回访保修的执行单位。

（3）回访的对象（发包人或使用人）及其工程名称。

（4）回访时间安排和主要内容。

（5）回访工程的保修期限。

8.2.3.2　回访工作记录

回访工作记录的主要内容包括：参与回访人员；回访发现的质量问题；发包人或使用人的意见；对质量问题的处理意见等。在全部回访工作结束后，应编写"回访服务报告"，全面总结回访工作的经验和教训，促进工作进一步改进和提高。"回访服务报告"的内容应包括：回访建设单位和建设工程项目的概况；使用单位或用户对交工工程的意见；对回访工作的分析和总结；提出质量改进的措施对策等。回访归口主管部门应依据回访记录对回访服务的实施效果进行检查验证。

8.2.3.3　回访工作方式

（1）例行性回访。根据回访年度工作计划的安排，对已交付竣工验收并在保修期内的工程，统一组织例行性回访，收集用户对工程质量的意见。回访可用电话询问、召开座谈会及登门拜访等行之有效的方式，一般半年或一年进行一次。

（2）季节性回访。季节性回访主要是针对随季节变化容易产生质量问题的工程部位进行回访，所以这种回访具有季节性特点，如雨季回访基础工程、屋面工程和墙面工程的防水和渗漏情况，冬季回访采暖系统的使用情况，夏季回访通风空调工程等。了解有无施工质量缺陷或使用不当造成的损坏等问题。发现问题立即采取有效措施，及时加以解决。

（3）技术性回访。技术性回访主要是了解在工程施工过程中所采用的新材料、新技术、新工艺、新设备等的技术性能和使用后的效果，以及设备安装后的技术状态，从用户那里获取使用后的第一手资料，发现问题及时补救和解决。这样也便于总结经验和教训，为进一步完善和推广创造条件。

（4）特殊性回访。主要是对一些特殊工程、重点工程或有影响的工程进行专访。由于工程的特殊性，可将服务工作往前延伸，包括交工前的访问和交工后的回访，可以定期或不定期进行，目的是听取发包人或使用人的合理化意见或建议，及时解决出现的质量问题，不断积累特殊工程施工及管理经验。

房屋建筑工程质量保修书（示范文本）

思考与练习

简答题

1. 项目竣工验收必须满足什么条件？

2. 建设工程项目竣工验收的准备工作有哪些？

3. 工程竣工资料主要有哪些内容？

4. 工程竣工图的编制有哪些具体要求？

5. 竣工验收组织的构成和职责分别是什么？

6. 工程竣工验收的依据有哪些？

7. 建设工程项目竣工结算有什么作用？

8. 编制竣工结算的依据是什么？

9. 工程价款的结算方式有哪几种？

10. 建设工程项目管理全面分析的评价指标有哪些？

11. 建设工程项目管理可以从哪些方面进行单项分析？

12. 建设工程项目管理考核评价的主体和对象是什么？

13. 建设工程项目管理考核评价的依据是什么？

14. 建设工程项目管理考核评价的资料中，由项目经理部提供的有哪些？

15. 施工单位进行工程回访与保修有什么意义？

16. 在正常使用条件下，建设工程的最低保修期限有哪些规定？

17. 简述建设工程项目保修的经济责任。

18. 回访工作计划应包括什么内容？

19. 回访工作的方式有哪几种？

参 考 文 献

[1] 中华人民共和国住房和城乡建设部. 建设工程项目管理规范（GB/T 50326—2017）[S]. 北京：中国建筑工业出版社，2017.

[2] 中华人民共和国住房和城乡建设部. 工程网络计划技术规程（JGJ/T 121—2015）[S]. 北京：中国建筑工业出版社，2015.

[3] 中华人民共和国住房和城乡建设部. 混凝土结构工程施工质量验收规范（GB 50204—2015）[S]. 北京：中国建筑工业出版社，2015.

[4] 中华人民共和国住房和城乡建设部. 砌体结构工程施工质量验收规范（GB 50203—2011）[S]. 北京：中国建筑工业出版社，2011.

[5] 中华人民共和国住房和城乡建设部. 建筑地基基础工程施工质量验收标准（GB 50202—2018）[S]. 北京：中国建筑工业出版社，2018.

[6] 中华人民共和国住房和城乡建设部. 建筑施工组织设计规范（GB/T 50502—2009）[S].北京：中国建筑工业出版社，2009.

[7] 建筑施工手册编写组. 建筑施工手册[M]. 4版. 北京：中国建筑工业出版社，2003.

[8] 侯洪涛，南振江. 建筑施工组织[M]. 北京：人民交通出版社，2007.

[9] 危道军，刘志强. 工程项目管理[M].2版.武汉：武汉理工大学出版社，2009.

[10] 中华人民共和国住房和城乡建设部. 建设工程监理规范（GB/T 50319—2013）[S].北京：中国建筑工业出版社，2013.

[11] 克罗彭伯格.现代项目管理[M]. 戚安邦，等译. 北京：机械工业出版社，2010.

[12] 丛培经. 建设工程项目管理案例精选[M]. 北京：中国建筑工业出版社，2005.